电能计量与装表接电

主　　编　吴　琦
副 主 编　陈怀奎　邢应春
编写人员　吴化龙　王锌桐　赵　枫　谭玉茹
　　　　　马璐瑶　姜　睿　胡元凯　黄　洁
主　　审　张惠忠　黄　健

合肥工业大学出版社

内 容 提 要

本书依据电力行业职业教育教学指导委员会最新的课程标准和培养方案编写,采用项目引领、任务驱动的教学模式,着重体现课程内容与行业、企业、岗位技术标准相对接,使理论知识与实际应用更好地结合在一起,适应高等职业学校学生的就业岗位需求。

本书主要内容包括:电能表、互感器、电能计量装置的接线及差错电量计算、电能计量装置的误差、电能计量装置的安装与验收、电能计量装置的检查及故障处理、低压接户线、进户线及配套设备安装、互感器的现场检查与测量、智能电能表与用电信息采集系统、综合实训等。

本书可以作为电气类、电力类高等职业教育的专业教材,也可以作为岗位培训参考教材和自学用书。

图书在版编目(CIP)数据

电能计量与装表接电/吴琦主编 .—合肥:合肥工业大学出版社,2014.5
(2023.8 重印)
ISBN 978 - 7 - 5650 - 1763 - 6

Ⅰ.①电… Ⅱ.①吴… Ⅲ.①电能计量—高等职业教育②电能表—安装—高等职业教育—教材 Ⅳ.①TM933.4

中国版本图书馆 CIP 数据核字(2014)第 041558 号

电能计量与装表接电

主编 吴 琦　　　　　　　　　　　责任编辑　陆向军

出　版	合肥工业大学出版社	版　次	2014 年 5 月第 1 版
地　址	合肥市屯溪路 193 号	印　次	2023 年 8 月第 3 次印刷
邮　编	230009	开　本	710 毫米×1010 毫米　1/16
电　话.	综合编辑部:0551 - 62903028	印　张	17.5
	市场营销部:0551 - 62903198	字　数	320 千字
网　址	www. hfutpress. com. cn	印　刷	安徽联众印刷有限公司
E-mail	hfutpress@163. com	发　行	全国新华书店

ISBN 978 - 7 - 5650 - 1763 - 6　　　　　　　　　　定价:35.00 元
如果有影响阅读的印装质量问题,请与出版社市场营销部联系调换。

前　　言

《电能计量与装表接电》依据电力行业职业教育教学指导委员会最新的课程标准和培养方案编写,参考了国家电网公司生产技能人员职业能力培训规范及培训教材,采用项目引领、任务驱动的教学模式,遵循"实用、够用、突出技能"的原则,力求做到将"专业与企业、岗位对接;专业课程内容与技术标准对接;教学过程与生产过程对接;学历证书与职业资格对接"。改变专业课理论抽象难懂的教学状况,激发学生的学习兴趣和学习动力,最大限度满足学生就业能力的提升要求。

本书主要内容包括:电能表、互感器、电能计量装置的接线及差错电量计算、电能计量装置的误差、电能计量装置的安装与验收、电能计量装置的检查及故障处理、低压接户线、进户线及配套设备安装、互感器的现场检查与测量、智能电能表与用电信息采集系统、综合实训等。

本书由吴琦教授主编,陈怀奎、邢应春副主编,张惠忠、黄健主审,编写人员:吴化龙、王锌桐、赵枫、谭玉茹、马璐瑶、姜睿、胡元凯、黄洁。另外,四川电力职业技术学院张冰副教授为本书编写提供了参考资料并提出宝贵意见,在此表示感谢。

由于水平有限,难免有疏漏之处,恳请读者提出宝贵意见,使其不断完善。

2016. 4

目　录

项目1　电能表

项目简介

本项目包括四个工作任务:单相感应式电能表的结构及工作原理、三相感应式电能表的结构及工作原理、电子式电能表的基本结构及工作原理、无功电能表。通过对各类电能表的工作原理的介绍,掌握电能表的结构、参数及原理分析。

任务1　单相感应式电能表的结构及工作原理

任务描述

本任务介绍了单相感应式电能表的结构组成和工作原理。通过知识讲解,掌握单相感应式电能表的结构组成和工作原理。

一、单相感应式电能表的结构

(一)测量机构

测量机构是电能表的核心,主要包括:

1. 驱动元件

包括电压元件和电流元件。由铁芯和线圈组成,作用是产生交变磁通,穿过铝盘,在铝盘上产生驱动力矩,使铝盘转动。

(1)电压元件

由电压铁芯、电压线圈组成,产生电压工作磁通穿过铝盘。

(2)电流元件

由电流铁芯、电流线圈组成,产生电流工作磁通穿过铝盘。

2. 转动元件

包括铝盘和转轴,作用是将铝盘的转数传递给计度器。铝盘轻、导电性能好、耐腐蚀,所以转盘材料用铝,有的电能表铝盘上打两个对称小孔,是防止电能表潜动。有的电能表采用钢片、钢丝型结构,也是防止电能表潜动。

3. 制动元件

包括永久磁铁和调整装置,作用是使电能表做匀速转动。永久磁铁的材料,需要具有较大的矫顽力和剩磁感应强度。

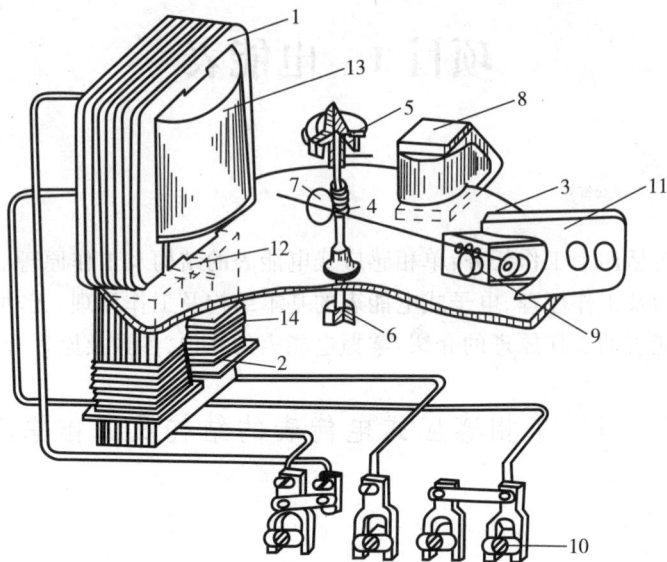

图 1-1　单相交流感应式电能表测量机构简图

1—电压铁芯;2—电流铁芯;3—转盘;4—转轴;5—上轴承;6—下轴承;7—蜗轮;

8—制动元件;9—计度器;10—接线端子;11—铭牌;12—回磁极;13—电压线圈;14—电流线圈

4. 轴承

包括上轴承和下轴承,上轴承起导向作用,下轴承支撑铝盘和转轴的重量,下轴承有钢珠宝石型和磁力轴承两种结构。

5. 计度器

累积铝盘的转数,显示客户消耗的电能。有字轮式和指针式两种,常用的是字轮式结构,读数方便。

(二)辅助机构

1. 基架

支撑和固定测量机构和调整装置。

2. 外壳

包括底座和表盖。

3. 端钮盒

将电能表的电流回路、电压回路与外部电路连接。要求它具有良好的机械强度和绝缘性能。

4. 铭牌

铭牌装在计度器的框架上,主要内容有:型号、额定电压、基本电流和额定最大电流、电能表常数、额定频率、准确度等级、制造厂等。

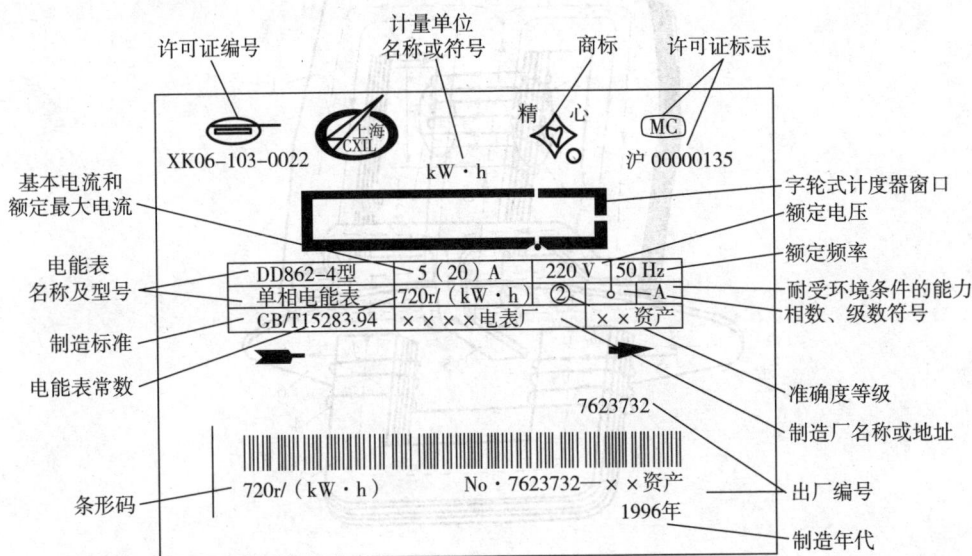

图 1-2 单相电能表铭牌

（三）误差调整装置

包括满载调整、轻载调整、相位角调整和防潜调整。

二、单相感应式电能表的工作原理

（一）转动原理

电流工作磁通 $\dot{\Phi}_I$ 从不同位置两次穿过铝盘，电压工作磁通 $\dot{\Phi}_U$ 一次穿过铝盘，所以构成"三磁通"型感应式电能表。电流工作磁通 $\dot{\Phi}_I$ 和电压工作磁通 $\dot{\Phi}_U$ 分别在铝盘上产生感应电流 i_{PI}、i_{PU}，电流磁通 $\dot{\Phi}_I$ 和电压磁通感应电流 i_{PU} 之间、电压磁通 Φ_U 和电流磁通感应电流 i_{PI} 之间彼此产生交链作用，产生一个电磁力，使得铝盘转动。分析得知一个周期内平均电磁力的方向是逆时针方向，所以铝盘作逆时针转动。

（二）驱动力矩的基本公式

通过分析，得到电能表驱动力矩的基本公式 $M_Q = K\Phi_I\Phi_U\sin\Psi$

式中，Ψ——电流磁通超前电压磁通的相位角；

K——系数。

基本公式表明：电能表的驱动力矩和穿过铝盘的两个工作磁通以及它们之间的相位角的正弦值乘积成正比。

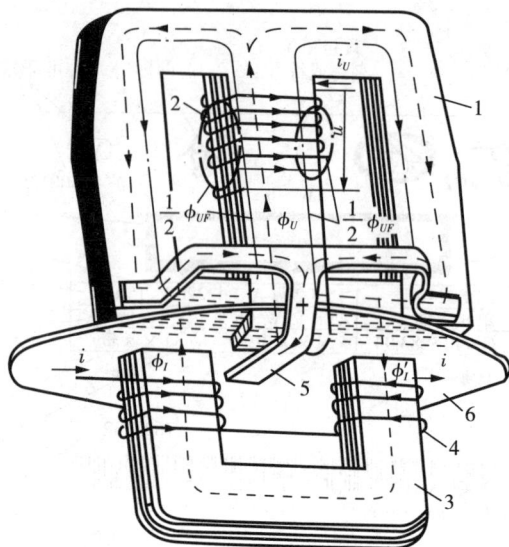

图 1-3　电能表内磁通的分布情况

1—电压铁芯;2—电压线圈;3—电流铁芯;4—电流线圈;5—回磁极;6—转盘

$$M_Q = K\Phi_I\Phi_U\sin\Psi = KUI\sin\Psi = KUI\sin(90°-\varphi) = KUI\cos\varphi = KP$$

即电能表的驱动力矩 M_Q 与负载的有功功率 P 成正比,表明:客户用电负荷大,电能表转得块,负荷小转得慢,不用电电能表不转。

所以电能表正确计量满足的条件:

1. 电流工作磁通正比于负荷电流;

2. 电压工作磁通正比于工作电压;

3. $\Psi = 90°-\varphi$;

4. 铝盘需要制动力矩,使铝盘保持匀速转动。

(三)制动力矩 M_T

客户用电,线路有负荷电流,铝盘产生驱动力矩,电能表转动,根据物理学知识,电能表会越转越快,这样显然是不行的。因此,必须在铝盘上产生一个制动力矩,大小与驱动力矩相等,方向相反,因为惯性存在,所以铝盘保持匀速转动。电能表内设置永久磁铁就起这样的作用,制动力矩 M_T 的方向是顺时针。

(四)电能表的相量图

单相电能表的理想相量图以及实际相量图。

相量图绘制:电压 U、电流 I、电压磁通 $\dot{\Phi}_U$、电流磁通 $\dot{\Phi}_I$ 之间的关系。

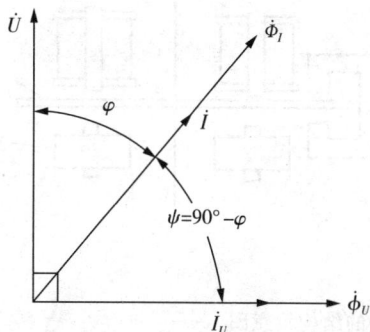

图 1-4 理想相量图

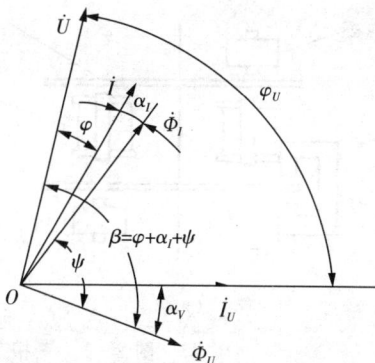

图 1-5 单相感应式电能表相量图

思考与练习

1. 简述单相感应式电能表的组成及各自的作用。
2. 写出单相感应式电能表驱动力矩的基本公式，说明其含义。
3. 电能表正确计量应满足哪些条件？
4. 绘制单相电能表理想相量图和实际相量图。

任务 2 三相感应式电能表的结构及工作原理

任务描述

本任务介绍了三相感应式电能表的结构。通过知识讲解，掌握三相感应式电能表的结构和工作原理。

一、三相感应式电能表的结构

三相感应式电能表同样由驱动元件、转动元件、制动元件、轴承、计度器、辅助机构和误差调整装置组成。三相感应式电能表有两组或三组驱动元件，产生的驱动力矩共同作用在铝盘上，由一个计度器显示。

（一）三相三线电能表

三相三线电能表有两组驱动元件，它的转动元件分为双转盘和单转盘两种。

1. 两元件双转盘（a）

2. 两元件单转盘（b）

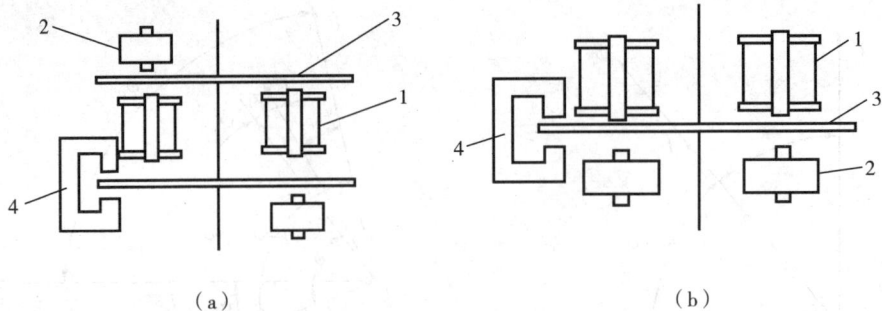

（a）　　　　　　　　　　　　　　（b）

图 2-1　三相三线电能表的结构示意图

（a）双转盘式结构；（b）单转盘式结构

1—电压元件；2—电流元件；3—转盘；4—永久磁铁

（二）三相四线电能表

三相四线电能表有三组驱动元件，它的转动元件分为双转盘和三转盘两种。

1. 三元件双转盘（a）

2. 三元件三转盘（b）

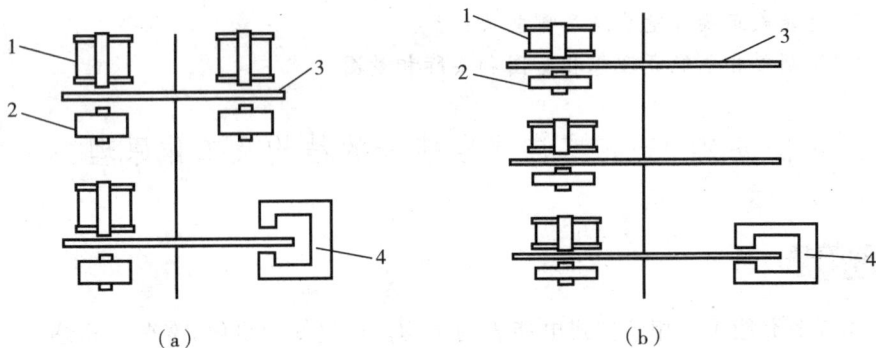

（a）　　　　　　　　　　　　　　（b）

图 2-2　三相四线电能表的结构示意图

（a）双转盘式结构；（b）三转盘式结构

1—电压元件；2—电流元件；3—转盘；4—永久磁铁

二、三相感应式电能表的工作原理

三相电路的有功计量，通常采用三相三线制有功电能表或三相四线制有功电能表，也可采用两块单相表或三块单相表。后面我们将介绍，根据单相电能表的正确接线方式，推导电能表有功计量的表达式，可以得出结论，计量值等于客户实际消耗值。三相电能表的计量结果与单相表一样，能正确计量三相电路负载消耗的电能量。

（一）三相三线电能表的计量

三相三线电能表适用于三相三线制电路的有功计量。

（二）三相四线电能表的计量

三相四线电能表适用于三相四线制电路的有功计量。

思考与练习

1. 三相三线电能表和三相四线电能表各有几组驱动元件？
2. 三相三线电能表和三相四线电能表各适用于什么场合？

任务 3　电子式电能表的基本结构及工作原理

任务描述

本任务介绍了电子式电能表的结构。通过知识讲解,掌握电子式电能表的结构和测量原理。

电子式电能表也称静止式电能表,具有优良的性能,目前已经推广使用。它有以下特点:功能强大、准确度等级高、过载强、外磁场影响小、重量轻便于安装、防窃电能力强。

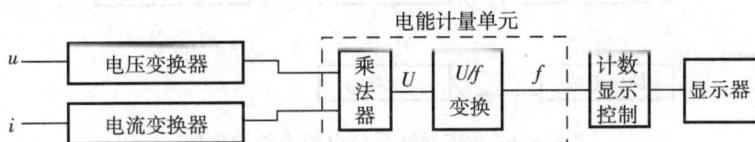

图 3-1　电子式电能表工作原理框图

一、电流采样器

要测量几安培或几十安培的交流电流,必须将其转变为等效的小信号交流电流,否则无法测量。直接接入式电子式电能表采用锰铜分流片;经互感器接入式电子式电能表采用二次侧互感器级联,达到前级互感器二次侧不带强电的目的。

二、电压采样器

100 V、220 V 的被测电压,必须经分压器或电压互感器转变为等效的小信号电压,送入乘法器。电子式电能表内使用的分压器有电阻网络或电压互感器。

（一）电阻网络

采用电阻网络的最大优点是线性好、成本低；缺点是不能实现电气隔离。

（二）电压互感器

采用电压互感器的最大优点是可实现一次侧和二次侧的电气隔离，并可提高电能表的抗干扰能力；缺点是成本高。

三、乘法器

完成两个互不相关的模拟信号（如输入电能表内连续变化的电压和电流）进行相乘作用的电子电路，一般有两个输入端和一个输出端，是一个三端网络。

实现两个输入模拟量相乘的方法有多种。乘法器是电子式电能表的核心部分，简单介绍数字乘法器。

采用数字乘法器，由计算机软件完成乘法运算，保证电能表的测量准确度。微处理器主要用于数据处理，控制双通道 A/D 转换，同时对电压、电流进行采样，由微处理器完成相乘功能，并累积电能。

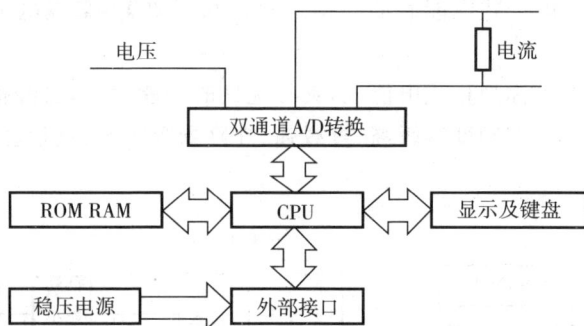

图 3-2　数字乘法器的电能表结构框图

四、U/f 转换器

电子式电能表常用双向积分式 U/f 转换器，输出频率 f 与输入电压 U 成正比。

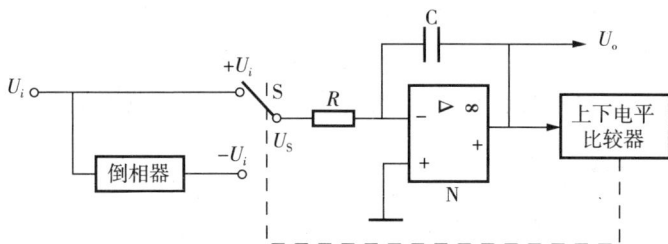

图 3-3　双向积分式电压/频率转换器的原理电路图

五、分频计数器

分频,就是将输出信号的频率分为输入信号频率的整数分之一;计数,就是对输入的频率信号累计脉冲数目。

电子式电能表,分频器和计数器一般采用 CMOS 集成电路器件。集成电路器件工作可靠性高、抗干扰能力强、功耗低。

六、显示器

目前常用的显示器有三种:液晶(LCD)、发光二极管(LED)、荧光管(FIP)。

思考与练习

1. 试画出电子式电能表的工作原理图。
2. 试画出数字乘法器电能表的结构框图。

任务 4　无功电能表

任务描述

本任务介绍了无功电能表的结构和工作原理。通过知识讲解,掌握无功电能表的作用和工作原理。

一、无功电能表的用途

供电公司根据客户消耗的有功电能收取电费,为什么还要进行无功计量?

变压器的容量 $S=UI$(单位:kVA)是一定的,输出有功功率 $P=UI\cos\varphi$(单位:kW),无功功率 $Q=UI\sin\varphi$(单位:kVar)。$\cos\varphi$ 值偏小会对电网产生较大的损耗,$\cos\varphi$ 值的计算,需要测量无功电量 W_Q,所以需装设无功电能表。

二、无功电能表的种类

有功电能表的驱动力矩 M_Q 是正比于有功功率 P,所以有功电能表可以进行有功计量。如果电能表的驱动力矩 M_Q 是正比于无功功率 Q,就可以进行无功计量。根据这一思路,制造无功电能表,使得 $M_Q=K\,UI\sin\varphi$。

(一)正弦型无功电能表

1. 单相正弦型无功电能表

单相电能表驱动力矩基本公式 $M_Q=K\Phi_I\Phi_U\sin\Psi=K\Phi_I\Phi_U\sin(\beta-\alpha_I-\varphi)$

若 $\beta-\alpha_I=0°$，这样 $M_Q=K\Phi_I\Phi_U\sin(-\varphi)=-KUI\sin\varphi=-KQ$

公式中的"一"说明驱动力矩方向反了，解决的办法将测量机构的电流线圈的进线端子与出线端子对调一下。

普通电能表 $\beta-\alpha_I=90°$，现在要求 $\beta-\alpha_I=0°$，解决的办法是将电压线圈串个电阻 R_U，减小 β，电流线圈并个电阻 R_I，增大 α_I，这样就制成了单相正弦型无功电能表。

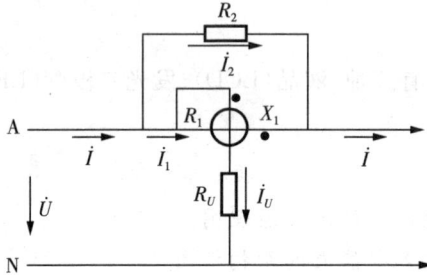

图 4-1 单相正弦型无功电能表的原理接线图

接线方式：$U-I$ $\beta-\alpha_I=0°$

单相正弦型无功电能表相量图，如图 4-2 所示。

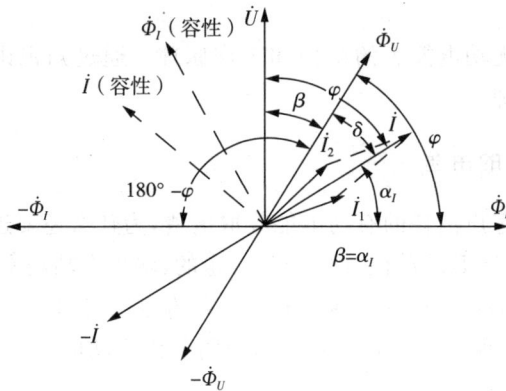

图 4-2 单相正弦型无功电能表的相量图

$$M_Q=K\Phi_I\Phi_U\sin(180°-\varphi)=KUI\sin(180°-\varphi)=KUI\sin\varphi$$

2. 三相两元件正弦型无功电能表

根据单相正弦型无功电能表的工作原理，可以制成三相两元件正弦型无功电能表。

接线方式：$U_{AB}-I_A$，$U_{CB}-I_C$ $\beta-\alpha_I=0°$

三相两元件正弦型无功电能表相量图,如图 4 - 3(b)所示。

$$M_Q = KU_{AB}I_A\sin(150°-\varphi) + KU_{CB}I_C\sin(210°-\varphi)$$

$$= K\sqrt{3}UI\sin\varphi = KQ$$

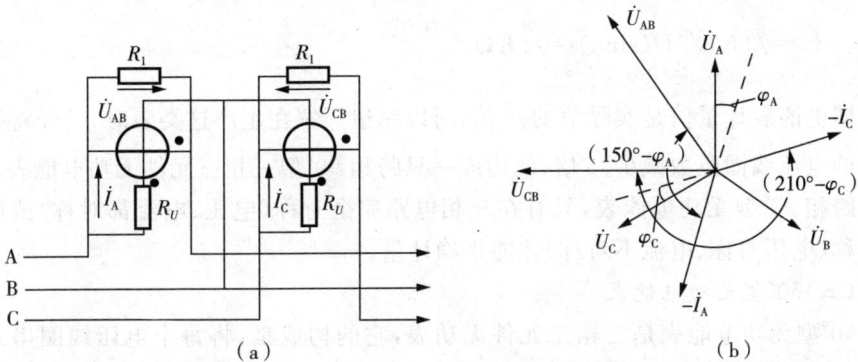

图 4 - 3 两元件三相正弦型无功电能表原理接线图和相量图

(a)原理接线图;(b)相量图

正弦型无功电能表的优点,不论电压是否对称,电流是否平衡,都能正确计量,不会产生线路附加误差;缺点是功耗大,成本高,目前很少采用。

(二)跨相 90°型无功电能表

通过改变电能表的接线方式,用于无功计量。在三相四线制电路中,将每组元件的电压线圈,分别跨接在滞后相应电流线圈所接相的相电压 90°的线电压上,故称为跨相 90°接线。

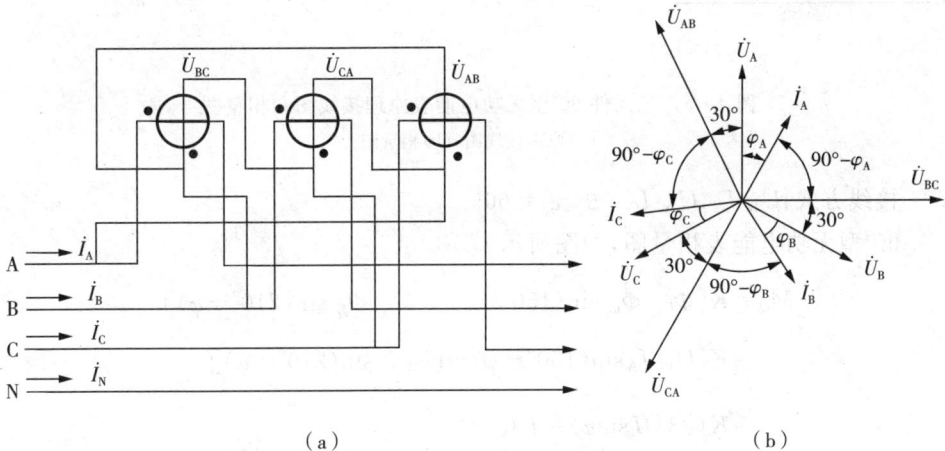

图 4 - 4 跨相 90°型三相无功电能表原理接线图和相量图

(a)原理接线图;(b)相量图

接线方式: $U_{BC}I_A$, $U_{CA}I_B$, $U_{AB}I_C$ $\beta-\alpha_I=90°$

跨相90°型无功电能表相量图,如图所示。

$$M_Q=K[U_{BC}I_A\cos(90°-\varphi)+U_{CA}I_B\cos(90°-\varphi)+U_{AB}I_C\cos(90°-\varphi)]$$

$$=\sqrt{3}K(\sqrt{3}UI\sin\varphi)=\sqrt{3}KQ$$

即电能表计量值是实际值的$\sqrt{3}$倍,所以制造厂家在生产这类表时,已经将每组元件的电流线圈匝数减少$\sqrt{3}$倍,就构成一只跨相90°型三相三元件无功电能表。

跨相90°型无功电能表,只有在三相电路完全对称(电压、电流都对称)或简单不对称(电压对称、电流不对称)才能正确计量。

(三)60°型无功电能表

60°型无功电能表是三相二元件无功表,它的构成是,将每个电压线圈串入电阻R_U,普通电能表$\beta-\alpha_I=90°$,现在要求$\beta-\alpha_I=60°$,因此称为60°型无功电能表。

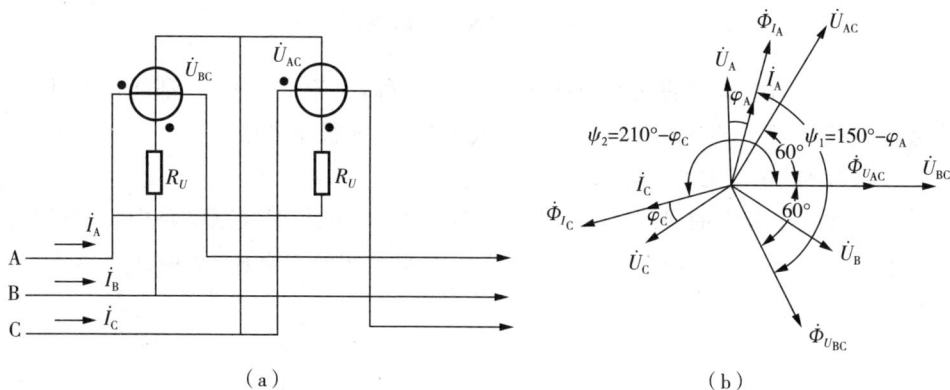

图4-5 二元件60°型无功电能表原理接线图和相量图
(a)原理接线图;(b)相量图

接线方式: $U_{BC}I_A$, $U_{AC}I_C$ $\beta-\alpha_I=60°$

60°型无功电能表相量图,如图所示。

$$M_Q=K[\Phi_{U_{BC}}\Phi_{I_A}\sin(150°-\varphi)+\Phi_{U_{AC}}\Phi_{I_C}\sin(210°-\varphi)]$$

$$=K[U_{BC}I_A\sin(150°-\varphi)+U_{AC}I_C\sin(210°-\varphi)]$$

$$=K(\sqrt{3}UI\sin\varphi)=KQ$$

同样,60°型无功电能表,只有在三相电路完全对称(电压、电流都对称)或简单不对称(电压对称、电流不对称)才能正确计量。

思考与练习

1. 简述装设无功电能表的的作用。
2. 试画出单相正弦型无功电能表的接线图,推导其驱动力矩表达式。
3. 试画出跨相 90°型无功电能表的接线图,推导其驱动力矩表达式。

综合练习

一、单选题

1. 《供电营业规则》中规定,移表是移动用电(　　)位置的简称。
   A. 配电装置　　　　B. 供电装置　　　　C. 计量装置　　　　D. 受电装置
2. 电能表的容量应按(　　)的大小来选择。
   A. 额定电压　　　　B. 额定电流　　　　C. 负荷大小　　　　D. 功率因素
3. 电能表铭牌上有一三角形标志,该三角形内置一代号,如 A、B 等,该标志指的是电能表(　　)组别。
   A. 制造条件　　　　B. 使用条件　　　　C. 安装条件　　　　D. 运输条件
4. 电能表的额定电压是根据(　　)确定的。
   A. 设备容量　　　　B. 负荷电流　　　　C. 电网供电电压　　D. 额定电流
5. 电子式电能表的显示单元主要采用(　　)显示器。
   A. LED 数码管
   B. LCD 液晶显示器
   C. LED 数码管或 LCD 液晶显示器
6. 电能计量装置包括(　　)。
   A. 电能表、互感器、计费系统
   B. 电能表、互感器及其二次回路
   C. 进户线、电能表、互感器
7. 低压供电,负荷电流为(　　)及以下时,宜采用直接接入式电能表。
   A. 40A　　　　　　B. 50A　　　　　　C. 60A　　　　　　D. 80A
8. 安装在配电盘、控制盘上的电能表外壳(　　)。
   A. 无须接地　　　　　　　　　　B. 必须接地
   C. 必须多点接地　　　　　　　　D. 必须一点接地
9. 铭牌标志中 5(20)A 的 5 表示(　　)。
   A. 基本电流　　　　　　　　　　B. 负载电流
   C. 最大额定电流　　　　　　　　D. 工作电流

10. 如果一只电能表的型号为DSD9型,这只表应该是( )。

   A. 三相三线多功能电能表   B. 三相预付费电能表

   C. 三相最大需量表   D. 三相线复费率电能表

11. DD862-4型单相电能表的电流规格为5(20)A,当此电能表工作在20A时,电能表( )。

   A. 能长期工作但不能保证准确度

   B. 能保证准确度但不能长期工作

   C. 能长期工作且保证准确度

12. DTSD型电能表是( )。

   A. 三相四线全电子式多功能电能表

   B. 三相三线全电子式多功能电能表

   C. 三相三线全电子式复费率电能表

   D. 三相四线全电子式电能表

13. 端钮盒作用是将电能表电压、电流线圈( )连接起来。

   A. 与外电路   B. 电阻   C. 调整装置   D. 电感

14. 三相三线有功电能表能准确测量( )的有功电能。

   A. 对称三相三线电路   B. 三相四线电路

   C. 不完全对称三相电路   D. 三相电路

15. 在三相对称电路中不能准确测量无功电能的三相电能表有( )。

   A. 正弦型三相无功电能表

   B. 60°三相无功电能表

   C. 跨相90°接线的三相有功电能表

   D. 三相有功电能表

16. 余弦型三相无功电能表适用于( )。

   A. 三相电路   B. 三相简单不对称电路

   C. 三相完全不对称电路   D. 以上A、B、C均不对

17. 单相电能表电压线圈并接在负载端时,将( )。

   A. 正确计量   B. 电能表停走   C. 少计量   D. 可能引起潜动

18. 下列不影响电能计量装置准确性的是( )。

   A. 实际运行电压   B. 实际二次负载的功率因数

   C. TA变比   D. 电能表常数

19. 对于单相供电的家庭照明用户,应该安装( )。

   A. 单相长寿命技术电能表   B. 三相三线电能表

   C. 三相四线电能表   D. 三相复费率电能表

20. 单相智能电能表在 Q/GDW 1355—2013 中规定的标定电流为（　　　）。

　　A. 1.5A,0.3A　B. 1.5A,5A　　　C. 5A,10A　　　　D. 10A,20A

21. 在感应式电能表中,电磁元件不包括（　　　）。

　　A. 电压元件　　　B. 电流元件　　　C. 制动磁钢　　　　D. 驱动元件

22. 属于感应式仪表的是（　　　）。

　　A. 指针式电压表　　　　　　　　B. 指针式电流表

　　C. DD862 型电能表　　　　　　　D. 数字万用表

23. 下列各种无功电能表中,不需要加装阻容元件的是（　　　）。

　　A. 跨相 90°型无功电能表

　　B. 60°型无功电能表

　　C. 正弦无功电能表

　　D. 采用人工中性点接线方式的无功电能表

24. 全电子式电能表采用的原理有（　　　）。

　　A. 电压、电流采样计算　　　　　B. 霍尔效应

　　C. 热电偶　　　　　　　　　　　D. 以上 A、B、C 均包括

25. 只在电压线圈上串联电阻元件以改变夹角的无功电能表是（　　　）。

　　A. 跨相 90°型无功电能表　　　　B. 60°型无功电能表

　　C. 正弦无功电能表　　　　　　　D. 两元件差流线圈无功电能表

26. 15min 最大需量表计量的是（　　　）。

　　A. 计量期内最大的一个 15min 的平均功率

　　B. 计量期内最大的一个 15min 功率瞬时值

　　C. 计量期内最大 15min 的平均功率的平均值

　　D. 计量期内最大 15min 的功率瞬时值

27. 我国正在使用的分时表大多为（　　　）。

　　A. 机械式　　　　　　　　　　　B. 全电子式

　　C. 机电式　　　　　　　　　　　D. 全电子和机电式

28. 关于电能表铭牌,下列说法正确的是（　　　）。

　　A. D 表示单相、S 表示三相、T 表示三相低压、X 表示复费率

　　B. D 表示单相、S 表示三相三线、T 表示三相四线、X 表示无功

　　C. D 表示单相、S 表示三相低压、T 表示三相高压、X 表示全电子

　　D. D 表示单相、S 表示三相、T 表示三相高压、X 表示全电子

29. 电能表是依靠驱动元件在转盘上产生涡流旋转工作的,其中在圆盘上产生涡流的驱动元件有（　　　）。

　　A. 电流元件　　　　　　　　　　B. 电压元件

　　C. 制动元件　　　　　　　　　　D. 电流元件和电压元件

30. 我国的长寿命技术单相电能表一般采用(　　)。

　　A. 单宝石轴承　B. 双宝石轴承　C. 磁推轴承　　D. 电动轴承

31. 电能表铭牌上有一○形标志,该圆圈内置一数字,如 1、2 等,该标志指的是电能表的(　　)。

　　A. 耐压试验等级　　　　　　　　B. 准确度等级

　　C. 抗干扰等级　　　　　　　　　D. 使用条件组别

32. 复费率电能表为电力部门实行(　　)电价提供计量手段。

　　A. 两部制　　　B. 功率因数调整　C. 不同时段分时　D. 储蓄

33. 某单相用户的负载为 2000W,每天使用 5 小时,一天用电为(　　)kW · h。

　　A. 10　　　　　B. 400　　　　　C. 2000　　　　D. 10000

34. 对于 A/D 转换型电子式多功能电能表,提高 A/D 转换器的采样速率,可提高电能表的(　　)。

　　A. 精度　　　　B. 功能　　　　C. 采样周期　　D. 稳定性

35. 电子式电能表的关键部分是(　　)。

　　A. 工作电源　B. 显示器　　C. 电能测量单元　D. 单片机

36. 现代精密电子式电能表使用最多的有两种测量原理,即(　　)。

　　A. 霍尔乘法器和时分割乘法器

　　B. 时分割乘法器和 A/D 采样型

　　C. 热偶乘法器和二级管电阻网络分割乘法器

　　D. 霍尔乘法器和热偶乘法器

37. 对应能满足电能表各项技术要求的最大电流叫做(　　)。

　　A. 最大电流　B. 额定电流　　C. 额定最大电流

38. 全电子式多功能电能表与机电一体式电能表的主要区别在于电能测量单元的(　　)。

　　A. 测量原理　B. 结构　　　C. 数据处理方法　D. 采样器

39. 脉冲的(　　)就是指电子式电能表的每个脉冲代表多少个千瓦时的电能量。

　　A. 电能当量　B. 功率当量　　C. 频率当量　　　D. 脉冲频率

40. 感应式电能表可用于(　　)

　　A. 直流电路　　　　　　　　　　B. 交流电路

　　C. 交流和直流电路　　　　　　　D. 主要用于交流电路

41. 在电能表型号中,表示电能表的类别代号是(　　)

A. N　　　　　B. L　　　　　C. M　　　　　D. D

42. 在电能表组别代号中,D 表示单相,S 表示三相三线,(　　)表示三相四线,X 表示无功,B 表示标准。

A. M　　　　　B. J　　　　　C. T　　　　　D. K

43. 在电能表的用途代号中,Z 表示最大需量,(　　)表示分时计费。S 表示电子式,Y 表示预付费,D 表示多功能,M 表示脉冲式。

A. M　　　　　B. X　　　　　C. T　　　　　D. K

44. DT862 型电能表,含义为(　　)有功电能表,设计序号 862。

A. 三相四线　　B. 三相三线　　C. 三相五线　　D. 两相三线

45. DX 型是(　　)电能表

A. 三相四线　　B. 三相有功　　C. 三相无功　　D. 单相

46. DT 型四(　　)电能表

A. 三相四线　　B. 三相有功　　C. 三相无功　　D. 单相

47. DS 型(　　)电能表

A. 三相四线　　B. 三相三线有功　C. 三相无功　　D. 单相

48. DD 型是(　　)电能表

A. 三相四线　　B. 三相有功　　C. 三相无功　　D. 单相

49. 三个驱动元件的电能表用于(　　)供电系统测量和记录电能

A. 二相三线制　B. 三相三线制　　C. 三相四线制　D. 三相五线制

50. 感应式单相电能表驱动元件由电流元件和(　　)组成。

A. 转动元件　　B. 制动元件　　C. 电压元件　　D. 齿轮

51. 电能表的电压小钩松动可能会使电能表转盘不转或微转,导致记录电量(　　)

A. 增加　　　　　　　　　B. 减少

C. 正常　　　　　　　　　D. 有时增加,有时减少

52. 三相四线制电能表的电压线圈应(　　)在电源端的火线与零线之间

A. 串接　　　　B. 跨接　　　　C. 连接　　　　D. 混接

53. 1kW·h 电能可供"220V,40W"的灯泡正常发光时间是(　　)h

A. 100　　　　　B. 200　　　　　C. 95　　　　　D. 25

54. 电能表常数的正确单位是(　　)

A. 度/小时　　B. r/kW·h　　C. R/kW·h　　D. 度/kW·h

55. 三只单相电能表测三相四线电路有功电能表时,电能消耗等于三只电能表读数的(　　)。

A. 几何和　　　B. 代数和　　　C. 分数值　　　D. 绝对值之和

56. 三相四线有功电能表有(   )驱动元件

　　A. 一组　　　　　　B. 二组　　　　　　C. 三组　　　　　　D. 四组

57. 凡执行功率因数调整电费的电力客户应装设带有防盗装置的电能表或双向的(   )。

　　A. 有功电能表　　B. 无功电能表　　C. 最大需量表　　D. 单相电能表

58. 电能表的额定电压是根据(   )确定的。

　　A. 设备容量　　　B. 负荷电流　　　C. 电网供电电压　D. 额定电流

59. 2.0级的电能表误差范围是±(   )%。

　　A. 0.2　　　　　　B. 1　　　　　　　C. 2　　　　　　　D. 3

60. 我们通常所说的一只5A.220V单相电能表,这儿的5A是指这只电能表的(   )

　　A. 标定电流　　　B. 额定电流　　　C. 瞬时电流　　　　D. 最大额定电流

61. 表示有功电能表常数方法正确的是(   )。

　　A. r(imp)/kW·h　　　　　　　　　B. r/千瓦时(imp)

　　C. r(imp)/kVA　　　　　　　　　　D. r/千伏安 rh(imp)

62. 利用无功电能表的计量结果和有功电能表的计量结果就可以计算出用电的(   )。

　　A. 功率因数　　　　　　　　　　　B. 瞬时功率因数

　　C. 平均功率因数　　　　　　　　　D. 加权平均功率因数

63. 既在电流线圈上并联电阻又在电压线圈上串联电阻的是(   )

　　A. 跨相90°接法

　　B. 60°型无功电能表

　　C. 正弦无功电能表

　　D. 采用人工中性点接线方式的无功电能表

64. 三相三线二表法有功功率表达式为(   )。

　　A. $P = U_{ab}I_a\cos(\Phi_a) + U_{cb}I_c\cos(\Phi_c)$

　　B. $P = U_{ab}I_a\cos(30° + \Phi_a) + U_{cb}I_c\cos(30° - \Phi_c)$

　　C. $P = U_{ab}I_a\cos(30° - \Phi_a) + U_{cb}I_c\cos(30° + \Phi_c)$

　　D. $P = U_{ab}I_a\cos(30° + \Phi_a) + U_{bc}I_b\cos(30° + \Phi_b) + U_{ca}I_c\cos(30° + \Phi_c)$

二、多选题

1. 电子型电能表标准装置主要由(   )三部分组成。

　　A. 电源回路　　　B. 电压回路　　　C. 电流回路　　　D. 电路回路

2. 电能表的相数、线数的标示通常有(   )、三相三线无功等。

　　A. 单相有功　　　B. 三相三线有功　C. 三相四线有功　D. 三相四线无功

3. 交流电能表按接线方式可分为（　　）电能表。

　　A. 单相　　　　　B. 复费率　　　　C. 三相三线　　　D. 三相四线

4. 《供电营业规则》中规定，计量装置安装后，发生哪些情况，用户应及时告知供电企业，以便供电企业采取措施。（　　）

　　A. 计费电能表丢失　　　　　　　B. 计费电能表损坏

　　C. 计费电能表过负荷烧坏　　　　D. 计费电能表停走

5. 《供电营业规则》中规定，哪些情况下，供电企业应负责换表，不收费用；其他原因引起的，用户应负担赔偿费或修理费。（　　）

　　A. 因供电企业责任致使计费电能表出现或发生故障的

　　B. 不可抗力致使计费电能表出现或发生故障的

　　C. 用户私自增容致使计费电能表出现或发生故障的

　　D. 用户故意致使计费电能表出现或发生故障的

6. 交流电能表按接线方式可分为（　　）电能表。

　　A. 单相　　　　　B. 复费率　　　　C. 三相三线　　　D. 三相四线

三、判断题

1. 电能表的型号是用字母和数字的排列来表示的。一般由类别代号、组别代号、用途代号、设计序号组成。（　　）

2. 电能表总线应为铜线，中间不得有接头。（　　）

3. 居民用户的电能表能计量有功电能也能计量无功电能。（　　）

4. 电能表驱动元件的主要作用是产生转动力矩。（　　）

5. 居民用户一般使用的是2.0级电能表。（　　）

6. 三相四线制用电的用户，只要安装三相三线电能表，不论三相负荷对称或不对称，都能正确计量。（　　）

7. 无功电能表的转动方向，不但与无功功率的大小有关，还决定于负载的性质和三相电路相序。（　　）

8. 电能表的额定最大电流是指电能表能满足其制造标准规定的准确度的最大电流值。（　　）

9. 三相三线电能表是由三组驱动元件组成的。（　　）

10. 单相电能表接线时，相线与零线可对换接。（　　）

11. 客户负荷电流为100A，宜采用25(100)A直接接入式电能表。（　　）

12. 电子式电能表的常数是指每千瓦小时圆盘的转数。（　　）

13. 电能表能否正确计量负载消耗的电能，与时间有关。（　　）

14. 电能表应安装在清洁干燥场所。（　　）

15. 三相三线有功电能表适应于测量任何三相电路的有功电能。（　　）

16. 三相四线电能表型号的系列代号为 S。（　　　）

17. 三相四线有功电能表不论是正相序接线还是逆相序接线,从接线原理来看均可正确计量。（　　　）

18. 三相四线制的电路的有功功率测量,只能用三相三线表。（　　　）

19. 三相四线制供电系统中,零线电位的高低完全决定于零线中流过的电流的大小。（　　　）

20. 用三表法测量三相四线电路电能时,电能表反映的功率之和等于三相负载消耗的有功功率。（　　　）

21. 用万用表测量某一电路的电阻时,必须切断被测电路的电源,不能带电进行测量。（　　　）

22. 有功电能表准确度等级分为 0.5、1、2 级,无功电能表准确度等级分为 2、3 级。（　　　）

四、问答题

1. 电能表安装时有哪些要求?

2. 安装电能表应注意的事项是什么?

3. 简述三相电子式多功能电能表的测量内容有哪些?

五、计算题

某照明用户,有彩电一台 80W,40W 的白炽灯二盏,一台 120W 的流衣机,电炊具 800W。由单相电源供电,电压有效值为 220V,在 5(20) 和 10(40) 的单相电能表中应选择容量多大的电能表?

项目 2　互感器

项目简介

本项目包括五个工作任务：电压互感器的结构及工作原理、电压互感器的正确使用、电流互感器的结构及工作原理、电流互感器的正确使用、电容式电压互感器。通过各类互感器的工作原理的介绍，掌握电流互感器、电压互感器的正确使用方法。

任务 5　电压互感器的结构及工作原理

任务描述

本任务介绍了电压互感器的结构组成和工作原理。通过知识讲解，掌握电压互感器的结构和工作原理。

一、电压互感器的结构(TV)

电压互感器由铁芯和线圈组成。二次电压的额定值是 100 V。

(一)电压互感器的分类

按电压变换原理分类：

1. 电磁式电压互感器：以电磁感应来变换电压；

2. 电容式电压互感器：以电容分压来变换电压；

3. 光电式电压互感器：以光电元件来变换电压。

(二)电压互感器的型号

□□—□：

分别代表：产品型号、设计序号、电压等级(kV)。

如：JDJ—10

J：电压互感器

D：单相

J：油绝缘

10：一次侧工作电压 10 kV

（三）电压互感器的参数

1. 额定电压

额定一次电压,指可以长期加在一次绕组上的电压,一般是线电压。

额定二次电压,指加在二次绕组上的电压,是 100 V。

2. 额定电压变比

$$K_U = U_{1N}/U_{2N}$$

3. 额定负载

额定负载在额定电压下,输出额定容量,通常用视在功率(单位:VA)表示。

$$S = U_{2N}^2 Y = 10\,000Y$$

4. 准确度等级

电压互感器存在一定误差,根据电压互感器在规定条件下作误差试验,确定电压互感器的准确度等级。准确度等级有:0.01、0.02、0.05、0.1、0.2、0.5、1.0 级。

5. 极性标志

采用"减极性",电压互感器一次和二次绕组的端子应有极性标志。

二、电压互感器的工作原理

电压互感器的结构和工作原理与变压器相似,由相互绝缘的一次、二次绕组绕在公共的闭合铁芯上,只是变压器容量大、保护完备,两者的用途不同。

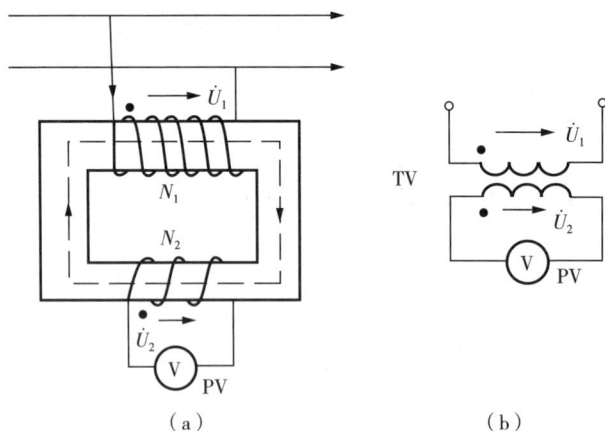

图 5-1 电压互感器的原理结构图和接线图

(a)原理结构图;(b)接线图

电压互感器将高电压变为低电压供电给仪表,一次绕组匝数 N_1 多,二次绕组

匝数 N_2 少。一次绕组与线路并联,二次绕组与测量仪表或继电器的电压线圈并联。

由于　$K_U = U_{1N}/U_{2N} U = E = 4.44 f\Phi N$

所以　$K_U = U_{1N}/U_{2N} = E_1/E_2 = N_1/N_2$

这是理想电压互感器的电压变比,即额定变比,也等于一次绕组与二次绕组的匝数比。此时,电压互感器误差为 0。

思考与练习

1. 试画出电压互感器的原理结构图和接线图。
2. 理想电压互感器的基本公式是什么?

任务 6　电压互感器的正确使用

任务描述

本任务介绍了电压互感器的接线方式和使用注意事项。通过知识讲解,掌握电压互感器的正确使用。

一、准确性

(一)额定电压

电压互感器的额定电压是指加在一次绕组上的线电压,能够长期工作。电压等级有:10 kV、35 kV、110 kV、220 kV、500 kV。

(二)准确度等级

电压互感器的准确度等级比电能表的准确度等级高一级,计量装置通常采用 0.2 级、0.5 级电压互感器。

(三)接线方式

电压互感器有 V 形和 Y 形两种接线方式。

(四)额定容量

实际容量小于额定容量,但不能太小,采用公式 $0.25 Se < S_2 < Se$ 进行选择。

S:实际负载容量　　Se:额定容量

另外,电压互感器的每相二次负载不一定相等,应按最大一相负载来选择。

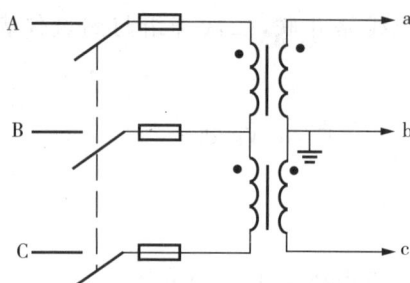

图 6-1　电压互感器 V 形接线

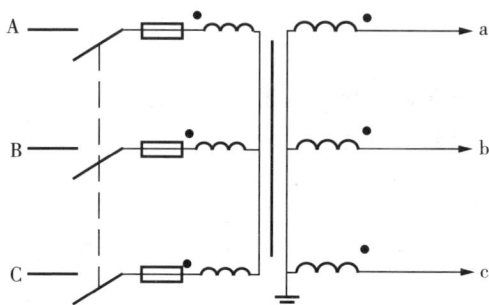

图 6-2　电压互感器 Y 形接线

二、安全性

1. 极性采用"减极性",按要求的相序进行接线。
2. 电压互感器严禁二次侧短路运行。
3. 电压互感器二次侧应可靠接地,保证人身和仪表安全。

思考与练习

1. 试画出电压互感器的接线方式图。
2. 正确使用电压互感器的注意事项有哪些?

任务7　电流互感器的结构及工作原理

任务描述

本任务介绍了电流互感器的结构和工作原理。通过知识讲解,掌握电流互感器的结构和工作原理。

一、电流互感器的结构(TA)

电流互感器由铁芯和线圈组成。二次电流额定值一般是 5 A。

（一）电流互感器的分类

按工作原理分类：

电磁式电流互感器、电子式电流互感器、光电式电流互感器。

（二）电流互感器的型号

□□—□：

分别代表：产品型号、设计序号、电压等级(kV)。

如：LDC—10

L：电流互感器

D：单匝式

C：瓷绝缘

10：一次侧工作电压 10 kV

（三）电流互感器的参数

1. 额定电流比

是指一次额定电流 I_{1e} 与二次额定电流 I_{2e} 之比。

$$K_I = I_{1N}/I_{2N}$$

如：一次额定电流是 200 A，则 $K_I = I_{1N}/I_{2N} = 200/5$

2. 额定电压

是指一次绕组长期能够承受的最大电压，它只是说明电流互感器的绝缘强度，与额定容量无关。如：LDC—10，一次额定电压 10 kV。

3. 额定容量

是指二次额定电流通过二次额定负载时所消耗的视在功率（单位：VA）表示。

$$S_{2e} = I_{2N}^2 Z_{2N} = 25 Z_{2N}$$

4. 准确度等级

电流互感器存在一定误差，根据电流互感器在规定条件下作误差试验，确定电流互感器的准确度等级。准确度等级有：0.01、0.02、0.05、0.1、0.2、0.2 S、0.5、0.5 S、1.0 级。

5. 极性标志

采用"减极性"，电流互感器一次和二次绕组的端子应有极性标志。

电流互感器一次电流 $\dot{I}_1$ 与二次电流 $\dot{I}_2$ 方向相反，所以称为"减极性"。

二、电流互感器的工作原理

电流互感器的结构和工作原理与变压器相似,由相互绝缘的一次、二次绕组绕在公共的闭合铁芯上,只是变压器容量大,保护完备,两者的用途不同。

电流互感器一次侧与被测线路串联,二次侧串联测量仪表或继电器的电流线圈,一次绕组匝数 N_1 少,二次绕组匝数 N_2 多。电流互感器的二次侧千万不能装设熔断器,因为二次侧开路,会产生一个很高的电势,危及人身、仪表安全。

理想电流互感器 $K_I = I_{1e}/I_{2e} = N_2/N_1$

磁势公式 $I_1 N_1 = I_2 N_2$,考虑到相量 $\dot{I}_1 N_1 + \dot{I}_2 N_2 = 0$

此时,电流互感器误差为 0,一次侧电流 $\dot{I}_1$ 与二次侧电流 $\dot{I}_2$ 方向相反。

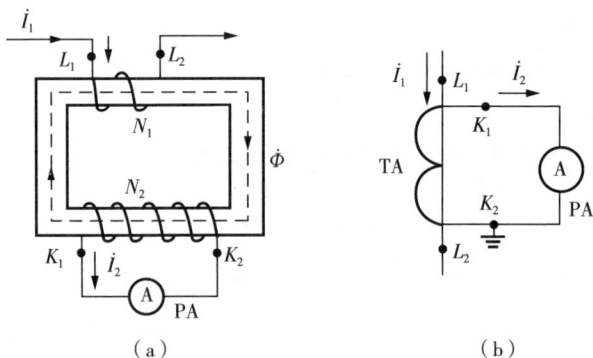

图 7-1 电流互感器原理结构图和接线图

(a)原理结构图;(b)接线图

实际电流互感器磁势公式 $\dot{I}_1 N_1 + \dot{I}_2 N_2 = \dot{I}_{10} N_1$

$\dot{I}_{10} N_1$:激磁安匝, $\dot{I}_{10}$:激磁电流,正常运行时,激磁电流很小。

思考与练习

1. 试画出电流互感器的原理结构图和接线图。

2. 理想电流互感器的基本公式是什么?

任务8 电流互感器的正确使用

任务描述

本任务介绍了电流互感器的接线方式和使用注意事项。通过知识讲解,掌握电流互感器的正确使用。

一、准确性

(一)额定电压

电流互感器的额定电压是指加在一次绕组上的线电压。能够长期工作,有:10 kV、35 kV、110 kV、220 kV、500 kV。

(二)额定变比

长期通过电流互感器一次侧的最大工作电流应小于一次额定电流,大于一次额定电流的1/3。电流互感器的一次额定电流有:50 A、75 A、100 A、150 A、200 A、300 A、400 A、600 A、800 A、1 000 A、1 500 A、2 000 A、3000 A 等。

(三)准确度等级

电流互感器的准确度等级比电能表的准确度等级高一级,计量装置通常采用0.2级、0.5级电流互感器。

(四)接线方式

电流互感器有 V 形(两相星形)和 Y 形(三相星形)两种接线方式。

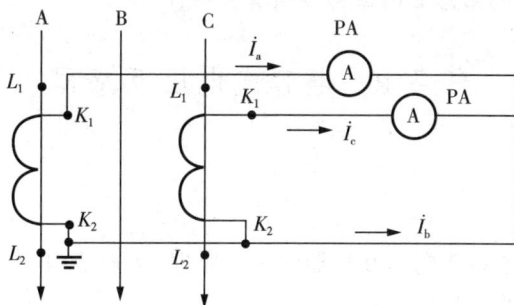

图 8-1 两相星形(V形)接线原理图

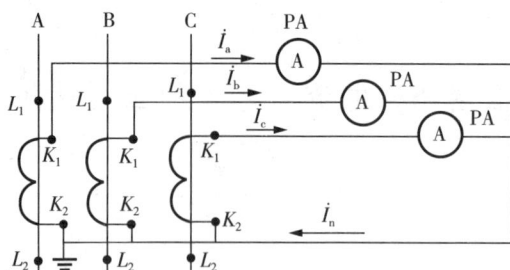

图 8-2　三相星形(Y形)接线原理图

(五)额定容量

实际容量小于额定容量,但不能太小,采用公式 $0.25\,S_2e \leqslant S_2 \leqslant S_2e$ 进行选择。

S:实际负载容量　S_2e:额定容量　Z_b:负载阻抗

另外,电流互感器接线方式不同,计算 Z_b 的公式不同。

二、安全性

1. 绕组极性采用"减极性"。

2. 电流互感器二次侧不能装设熔断器,严禁二次开路运行。若二次开路,二次侧电流为0,一次侧电流全部变为激磁电流,二次侧会产生几千伏的电压,危及人身和仪表安全。

3. 电流互感器二次侧可靠接地,保证人身和仪表安全。

思考与练习

1. 试画出电流互感器的接线方式。

2. 正确使用电流互感器的注意事项有哪些?

任务9　电容式电压互感器

任务描述

本任务介绍了电容式电压互感器的工作原理、基本结构。通过知识讲解,掌握电容式电压互感器的工作原理和误差。

一、电容式电压互感器的工作原理、基本结构(TVC)

随着电力系统电压等级的增高,电磁式电压互感器的体积越来越大,成本随之增高,因此研制了电容式电压互感器。电容式电压互感器供 110 kV 及以上系统用。

（一）工作原理

电容式电压互感器的工作原理如图 9-1 所示。

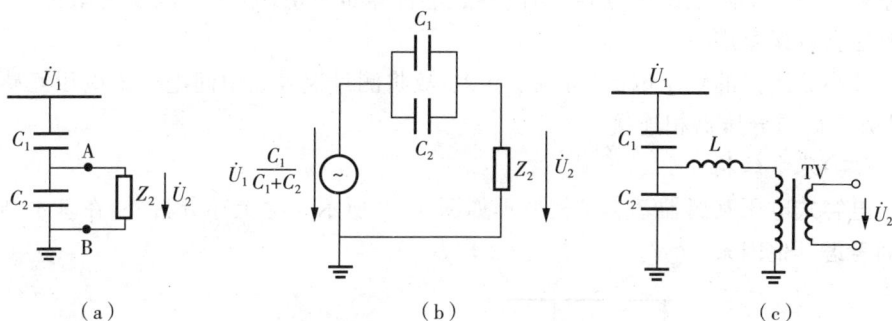

图 9-1　电容式电压互感器的工作原理

(a)电容分压原理;(b)等效含源一端口网络;(c)串联补偿电抗

（1）电容分压原理。电容式电压互感器采用电容分压原理如图 9-1(a)所示。在被测电网的相和地之间接有主电容 C_1 和分压电容 C_2,$\dot{U}_1$ 为电网相电压,Z_2 表示仪表、继电器等电压线圈负荷。Z_2、C_2 上的电压为

$$\dot{U}_2 = \dot{U}_{C_2} = \frac{C_1 \dot{U}_1}{C_1 + C_2} = K \dot{U}_1 \tag{9-1}$$

其中 $K = \dfrac{C_1}{C_1 + C_2}$,称为分压比。由于 $\dot{U}_2$ 与一次电压 $\dot{U}_1$ 成比例变化,故可用 $\dot{U}_2$ 代表 $\dot{U}_1$,即可测出相对地电压。

（2）等效含源一端口网络。由等效电源原理,图 9-1(a)的等效含源一端口网络如图 9-1(b)所示。其中电源内阻抗为

$$Z_i = \frac{1}{j\omega(C_1 + C_2)} \tag{9-2}$$

当有负荷电流流过时,将在 Z_i 上产生电压降,使 $\dot{U}_2$ 与 $\dot{U}_1 \dfrac{C_1}{C_1 + C_2}$ 在数值和相位上都有误差,负荷电流越大,误差越大。

（3）减小误差的措施。为了减小 Z_i,从而减小误差,可在 A、B 回路中串联一补偿电抗 L[如图 9-1(c)所示],则

$$Z_i = \text{j}\omega L + \frac{1}{\text{j}\omega(C_1 + C_2)} = \text{j}\left[\omega L - \frac{1}{\omega(C_1 + C_2)}\right] \tag{9-3}$$

当 $\omega L = \dfrac{1}{\omega(C_1 + C_2)}$，即 $L = \dfrac{1}{\omega^2(C_1 + C_2)}$ 时，$Z_i = 0$，即输出电压 $\dot{U}_2$ 与负荷无关，误差最小。但实际上由于电容器有损耗，电抗器也有电阻，不可能使内阻抗为零，因此还会有误差产生。

减小分压器的输出电流，可减小误差，故将测量仪表经中间电磁式电压互感器 TV 升压后与分压器相连接。

(二)基本结构

电容式电压互感器基本结构原理如图 9-2 所示。除上述分析外，在基本结构中尚考虑其他因素。

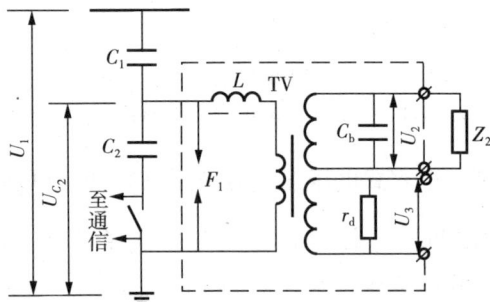

图 9-2 电容式电压互感器基本结构原理图

(1)当互感器二次侧发生短路时，由于回路中电阻 r 和剩余电抗$(x_L - x_C)$均很小，短路电流可达额定电流的几十倍，此电流在补偿电抗 L 和电容 C_2 上产生很高的谐振过电压，为了防止过电压引起绝缘击穿，在电容 C_2 两端并联放电间隙 F_1。

(2)当二次负荷增加时，负荷电流在 L 上形成电压降，使 C_2 上的电压高于由分压比所决定的电压，负荷电流越大，这一电压越高。为此，在二次侧并联电容 C_h，使互感器空载时 C_2 上的电压略低于额定电压，而带有负荷时略高于额定电压。此外，C_h 还具有补偿互感器励磁电流和负荷电流中电感分量的作用，从而可减小误差。

(3)当受到二次侧短路或断开等冲击时，由于非线性电抗(TV 的一次绕组)的饱和，可能激发产生次谐波(常见的是 1/3 次谐波)铁磁谐振过电压和大电流，对互感器、仪表和继电器将造成危害，并可能导致保护装置误动作(电压互感器开口三角形绕组会出现零序电压)。为了抑制次谐波的产生，常在互感器二次侧设阻尼电阻 r_d，r_d 有经常接入和谐振时自动接入两种方式。在 $500 \sim 750$ kV 级的电容式互感器中，采用谐振阻尼器，它由一只电感和一只电容并联而后与一只阻尼电阻串联构成。

二、电容式电压互感器的误差

电容式电压互感器的误差由空载误差 f_0、δ_0，负载误差 f_1、δ_1 和阻尼器负载电流产生的误差 f_d、δ_d 等几部分组成，即

$$f_u = f_0 + f_1 + f_d \tag{9-4}$$

$$\delta_u = \delta_0 + \delta_1 + \delta_d \tag{9-5}$$

式(9-4)、式(9-5)中的各项误差，可仿照本节前述的方法求得。对采用谐振时自动投入阻尼器者，其 f_d、δ_d 可略而不计。

电容式电压互感器的误差除受一次电压、二次负荷和功率因数的影响外，还与电源频率有关，即由于 $\omega L \neq \dfrac{1}{\omega(C_1 + C_2)}$，因而会产生附加误差。实际频率与额定频率相差愈大，误差愈大。

电容式电压互感器由于结构简单、质量轻、体积小、占地少、成本低，且电压愈高效果愈显著，另外，分压电容还可兼作载波通信的耦合电容，因此广泛应用于 110～500 kV 中性点直接接地系统。电容式电压互感器的缺点是输出容量较小，误差较大，暂态特性不如电磁式电压互感器。

思考与练习

1. 试画出电容式电压互感器的原理图。
2. 试画出电容分压器的原理图。
3. 简述电容式电压互感器的误差计算方法。

综合练习

一、单选题

1. 电流互感器一次绕组与线路（　　），二次绕组与测量仪表或继电器的电压线圈（　　）。
   A. 串联，串联　　B. 并联，并联　　C. 串联，并联　　D. 并联，串联
2. 电流互感器一次安匝数（　　）二次安匝数。
   A. 大于　　　　B. 约等于　　　　C. 小于　　　　D. 等于
3. 一台穿芯 1 匝的电流互感器变比为 600/5，若穿芯 4 匝，则倍率变为（　　）。

A. 150　　　　　B. 25　　　　　C. 40　　　　　D. 30

4. 下列说法中,正确的是( )。

    A. 电能表采用经电压、电流互感器接入方式时,电流、电压互感器的二次侧必须分别接地

    B. 电能表采用直接接入方式时,需要增加连接导线的数量

    C. 电能表采用直接接入方式时,电流电压互感器二次应接地

    D. 电能表采用经电压、电流互感器接入方式时,电能表电流与电压连片应连接

5. 互感器实际二次负荷应在( )额定二次负荷范围内。

    A. 25%～100%　　B. 20%～100%　　C. 15%～100%　　D. 10%～100%

6. 电流互感器和电压互感器与电能表配合使用时其正确极性应是( )。

    A. 加极性　　　　B. 减极性　　　　C. 以上 A、B 均可

7. 电压互感器使用时应将其一次绕组( )接入被测线路。

    A. 串联　　　　　B. 并联　　　　　C. 混联

8. 用 500V 兆欧表测量电流互感器一次绕组对二次绕组及对地间的绝缘电阻值应大于( )。

    A. 1M　　　　　B. 5M　　　　　C. 10M　　　　　D. 20M

9. 现场检验互感器时,标准器的准确度等级为( )较为合适。

    A. 0.1 级　　　　B. 0.01 级　　　　C. 0.02 级　　　　D. 0.05 级

10. 电流互感器文字符号用( )标志。

    A. PA　　　　　B. PV　　　　　C. TA　　　　　D. TV

11. 使用电压互感器时,高压互感器二次( )接地。

    A. 必须　　　　　　　　　　B. 不能

    C. 任意　　　　　　　　　　D. 仅 35kV 及以上系统必须

12. JSW－110TA 型电压互感器表示( )。

    A. 油浸绝缘,带剩余电压绕组的三相电压互感器,适用于湿热带地区

    B. 油浸绝缘,五柱三绕组三相电压互感器,适用于温热带地区

    C. 油浸绝缘,五柱三绕组三相电压互感器,适用于干热带地区

    D. 干式绝缘,带剩余电压绕组的三相电压互感器,适用于干热带地区

13. LQJ－10 表示( )。

    A. 单相油浸式 35kV 电压互感器型号

    B. 单相环氧浇注式 10kV 电压互感器型号

    C. 母线式 35kV 电流互感器型号

    D. 环氧浇注线圈式 10kV 电流互感器型号

14. 使用电流互感器时,应将一次绕组与被测回路(　　)。

　　A. 串联　　　　　B. 并联　　　　　C. 混联

15. 使用电流互感器和电压互感器时,其二次绕组应分别(　　)接入被测电路之中。

　　A. 串联、并联　　B. 并联、串联　　C. 串联、串联　　D. 并联、并联

16. 电流互感器铭牌上的额定电压是指(　　)。

　　A. 一次绕组　　　B. 二次绕组

　　C. 一次绕组对地、一次绕组对二次绕组的绝缘电压

17. 电压互感器在运行中严禁短路,否则将产生比额定容量下的工作电流大(　　)的短路电流,而烧坏互感器。

　　A. 几倍　　　　　B. 几十倍　　　　C. 几百倍以上

18. 直接接入式与经互感器接入式电能表的根本区别在于(　　)。

　　A. 内部结构　　　B. 计量原理　　　C. 接线端钮盒　　D. 内部接线

19. 有一只穿心式电流互感器,一次线圈穿 1 匝时,TA 比为 300/5,欲想得到 100/5 的 TA 变比时一次线圈应穿(　　)匝。

　　A. 2　　　　　　B. 3　　　　　　C. 4　　　　　　D. 5

20. 带电换表时,若接有电压、电流互感器,则应分别(　　)。

　　A. 开路、短路　　B. 短路、开路　　C. 均开路　　　　D. 均短路

21. 电流互感器的额定容量,是指电流互感器在额定电流和额定(　　)下运行时,二次所输出的容量。

　　A. 电压　　　　　B. 功率　　　　　C. 负荷　　　　　D. 电流

22. 电流互感器的额定电压只是说明电流互感器的(　　),而和电流互感器的额定容量没有任何直接关系。

　　A. 电气强度　　　B. 绝缘强度　　　C. 电气特征　　　D. 导电性能

23. 电能表铭牌标有 3×500A/5A,3×380V,所用的电流互感器额定变比为 300/5,接在 380V 的三相三线电路中运行,其实用倍率为(　　)。

　　A. 3　　　　　　B. 3/5　　　　　C. 4800　　　　　D. 8

24. 电流互感器起着高压隔离和按比率进行电流变换作用,给电气测量、电能计量、自动装置提供与(　　)有准确比例的电流信号。

　　A. 二次回路　　　B. 一、二次回路　　C. 一次回路　　　D. 测控回路

25. 电压互感器高压隔离和(　　)进行电压变换,给电气测量、电能计量、自动装置提供与一次回路有准确比例的电压信号的设备。

　　A. 按整比率　　　B. 按反比率　　　C. 按比率　　　　D. 按比值

26. 运行中电流互感器开路时,最重要的是会造成(　　),危及人身和设备

安全。

A. 二次侧产生波形尖锐、峰值相当高的电压

B. 一次侧产生波形尖锐、峰值相当高的电压

C. 一次侧电流剧增,线圈损坏

D. 激磁电流减少,铁芯损坏

27. 电流互感器二次绕组额定电流为( ),正常运行时严禁开路。

　　A. 5　　　　　　B. 10　　　　　　C. 15　　　　　　D. 20

28. 关于电压互感器下列说法正确的是( )。

　　A. 二次绕组可以短路　　　　　　B. 二次绕组可以开路

　　C. 二次绕组不能接地　　　　　　D. 二次绕组不能开路

29. 电压互感器在正常运行时二次回路的电压是( )。

　　A. 57.7V　　　　B. 100V　　　　C. 173V　　　　D. 不确定

30. 某用户的互感器经检测发现,铭牌倍率与实际不符,在计算电量时,以( )倍率为基准计算。

　　A. 铭牌　　　　B. 合同约定　　　C. 用户报装　　　D. 实际

二、判断题

1. 电流、电压互感器安装前应经试验合格。( )

2. 电流互感器串联在被测电路中,电压互感器并联在被测电路中。( )

3. 电流互感器二次回路开路,可能会在二次绕组两端产生高压,危及人身安全。( )

4. 电流互感器二次回路严禁开路、电压互感器二次回路严禁短路。( )

5. 电流互感器二次绕组的人为接地属于保护接地,其目的是防止绝缘击穿时二次侧串入高电压,威胁人身和设备安全。( )

6. 电流互感器接入电网时,按相电压来选择。( )

7. 对10kV供电的用户,应配置专用的计量电流、电压互感器。( )

8. 二次侧为双绕组的电流互感器,其准确度等级高的二次绕组应供计量用。( )

9. 计费用电压互感器二次可装设熔断器。( )

10. 计量用电流互感器与电压互感器可与保护、测量回路共用。( )

11. 经电流互感器接入的电能表,其电流线圈直接串联在一次回路。( )

12. 计量装置安装同一组电流、电压互感器时,应采用同一制造厂、型号、额定电流变比、准确度等级、二次容量均相同的互感器。( )

13. 在带电的电压互感器二次回路上工作时,除严格防止短路外,还要严格防止接地。( )

三、多选题

1. 电流互感器额定一次电流的确定,应保证其在正常运行中的实际负荷电流达到额定值的(   )左右,至少应不小于(   )。

    A. 60%   B. 50%   C. 30%   D. 10%

2. 计量用互感器包括(   )。

    A. 计量用电流互感器或计量用电流二次绕组

    B. 计量用电压互感器或计量用电压二次绕组

    C. 计量用电流/电压组合式互感器

    D. 计量用的互感器端子

3. 运行中的电流互感器二次开路时,与二次感应电动势大小有关的因素是(   )。

    A. 与额定电压有关

    B. 与电流互感器的一、二次额定电流比有关

    C. 与电流互感器励磁电流的大小有关

    D. 与电流互感器的大小有关

4. 关于电流互感器下列说法错误的是(   )。

    A. 二次绕组可以开路   B. 二次绕组可以短路

    C. 二次绕组不能接地   D. 二次绕组不能短路

5. 关于电压互感器下列说法错误的是(   )。

    A. 二次绕组可以开路   B. 二次绕组可以短路

    C. 二次绕组不能接地   D. 二次绕组不能开路

四、简答题

1. 使用电流互感器时应注意什么?

2. 互感器的使用有哪些好处?

3. 在带电的电流互感器二次回路上工作时应采取哪些安全措施?

4. 选择电流互感器有哪些要求?

五、计算题

1. 某工厂有功负荷 $P=1000kW$,功率因数 $\cos\varphi=0.8$,10kV 供电,高压计量。求需配置多大的电流互感器?

2. 有一电流互感器,铭牌标明穿 2 匝时变比为 150/5。试求将该电流互感器变比改为 100/5 时,一次侧应穿多少匝?

项目 3 电能计量装置的接线及差错电量计算

项目简介

本项目包括六个工作任务：电能计量装置的正确接线、电能计量装置二次回路、电能计量装置分类及配置、电能计量装置的错误接线、计量装置的接线检查、电量更正计算。通过电能计量装置正确接线的介绍，掌握电能计量各类错误接线的分析方法及差错电量计算的方法。

任务 10 电能计量装置的正确接线

任务描述

本任务介绍了单相电路、三相电路有功表的正确计量。通过知识讲解，掌握单相表、三相表的正确接线方式，推导其计量结果。

一、单相电路的有功计量

单相电路采用单相表进行有功计量，正确的接线方式，才能正确计量。

接线图如图 10-1 所示。电能表的电流线圈与相线串联，电压线圈跨接在相线与零线之间，图中黑点"·"是同名端，表示"＋，－"的意思。电流 $\dot{I}$ 从"·"流进为"＋"，电压 $\dot{U}$ 从"·"端指向另一端。

（一）接线方式

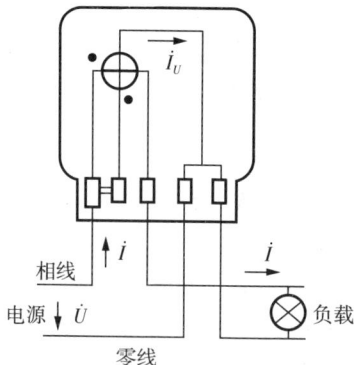

图 10-1 单相电能表实际接线图

（二）相量图

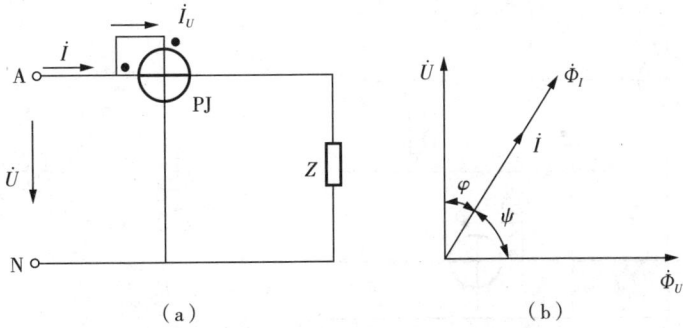

图 10-2 单相电路有功电能的测量

（a）单相电路原理接线图；（b）相量图

（三）推导计量结果

$$P_{计} = UI\cos(\overset{\frown}{\dot{U}\dot{I}}) = U_{相}I_{相}\cos\varphi$$

二、三相四线制电路的有功计量

三相四线制电路采用三相四线制表进行有功计量，正确的接线方式，才能正确计量。

接线图如图 10-3 所示。电能表的电流线圈与相线串联，电压线圈跨接在相线与零线之间，图中黑点"·"是同名端，表示"＋，－"的意思。电流 I 从"·"流进为"＋"，电压 U 从"·"端指向另一端。

（一）接线方式 $U_A I_A, U_B I_B, U_C I_C$

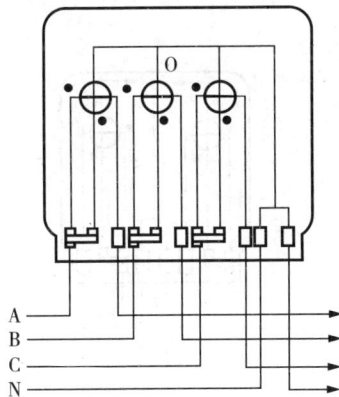

图 10-3 三相四线有功电能表实际接线图

（二）相量图

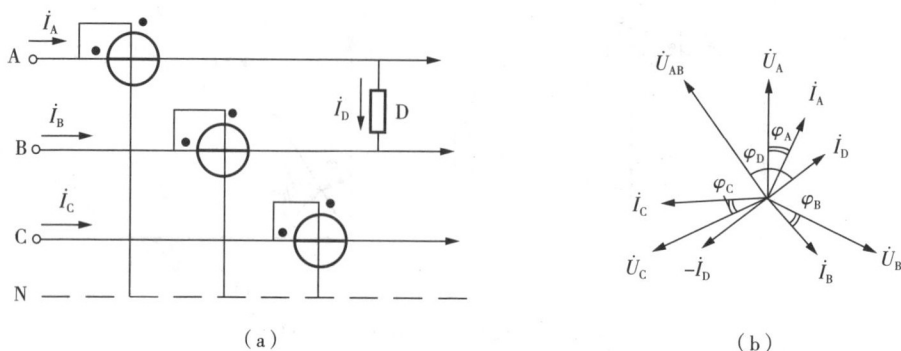

（a）

（b）

图 10-4　三相四线电路不对称负载时有功电能的测量

(a)原理接线图；(b)相量图

（三）推导计量结果

$$P_{计} = U_A I_A \cos(\overset{\frown}{\dot{U}_A \dot{I}_A}) + U_B I_B \cos(\overset{\frown}{\dot{U}_B \dot{I}_B}) + U_C I_C \cos(\overset{\frown}{\dot{U}_C \dot{I}_C})$$

$$= \sqrt{3} U_{线} I_{线} \cos\varphi = 3 U_{相} I_{相} \cos\varphi$$

三、三相三线制电路的有功计量

三相三线制电路采用三相三线制表进行有功计量，正确的接线方式，才能正确计量。

（一）接线方式　$U_{AB} I_A , U_{CB} I_C$

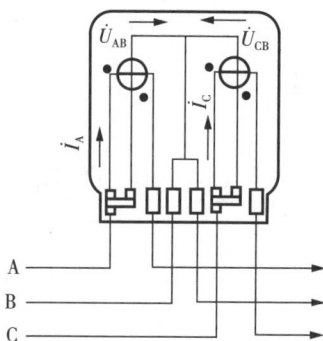

图 10-5　三相三线有功电能表实际接线图

（二）相量图

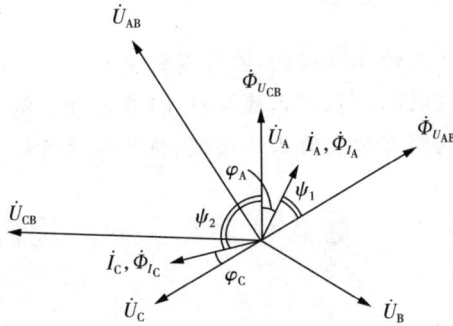

图 10-6　三相三线有功电能表相量图

（三）推导计量结果

$$P_{计}=U_{AB}I_A\cos(\dot{U}_{AB}\dot{I}_A)+U_{CB}I_C\cos(\dot{U}_{CB}\dot{I}_C)$$

$$=U_{AB}I_A\cos(30°+\varphi)+U_{CB}I_C\cos(30°-\varphi)$$

$$=\sqrt{3}U_{线}\ I_{线}\ \cos\varphi$$

四、经互感器接入式电能表的计量方式

$$P_{计}=K_IK_U\sqrt{3}UI\cos\varphi$$

K_I：电流互感器的额定变比；K_U：电压互感器的额定变比。

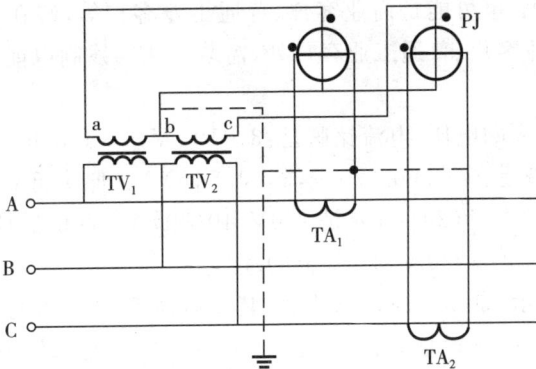

图 10-7　三相二元件有功电能表与电压、电流互感器联合原理接线图

思考与练习

1. 试画出单相有功表的正确接线,推导其计量结果。
2. 试画出三相四线制有功表的正确接线,推导其计量结果。
3. 试画出三相三线制有功表的正确接线,推导其计量结果。

任务 11　电能计量装置的二次回路

任务描述

本任务介绍了单相电路、三相电路有功表的二次回路。通过知识讲解,掌握单相表、三相表与电压互感器、电流互感器的正确接线。

一、电能计量装置

电能计量装置包括:电能表、互感器和二次连线以及计量柜、屏、箱等。

电能计量方式有:高供高计、高供低计和低供低计。

高供高计,将电能表装在变压器的高压侧计量。因为高压侧电压是 10 kV 及以上电压,不能直接加在电能表上,要加装电压互感器,把高电压变为低电压。同样,由于负载电流大,加装电流互感器,把大电流变为小电流(二次额定值是 5 A)。

高供低计,将电能表装在变压器的低压侧。变压器低压侧的电压是 $3\times380/220$ V,可以直接加到电能表上,因为负载电流较大,需要加装电流互感器,把大电流变为小电流(二次额定值是 5 A)。

低供低计,是指低压 $3\times380/220$ V 的客户装设电能表进行计量。因为这个客户,可能是普通居民、也可能是商业客户、普通工业客户等,装在普通居民处,用单相表即可,装在商业客户、普通工业客户处,需装三相四线制电能表,另外还要装电流互感器。

高供高计电能表的电压、电流铭牌是:3×100 V,$3\times1.5(6)$ A。高供低计电能表的电压、电流铭牌是:$3\times380/220$ V,$3\times1.5(6)$ A。低供低计客户电能表的电压、电流铭牌是:220 V,5(20) A;或是 220V,10(40) A。低供低计客户电能表的电压、电流铭牌是:$3\times380/220$ V,$3\times1.5(6)$ A。

如图 11-1 所示,是高供高计电能表,装设电压互感器和电流互感器,整个构成电能计量装置,接线方式是 $U_{ab}I_a$,$U_{cb}I_c$　$\beta-\alpha_1=90°$,电压 U、电流 I 的下标都是小写的 a、b、c,表示加到电能表的电压、电流,是从电压互感器、电流互感器的二次侧引入的。

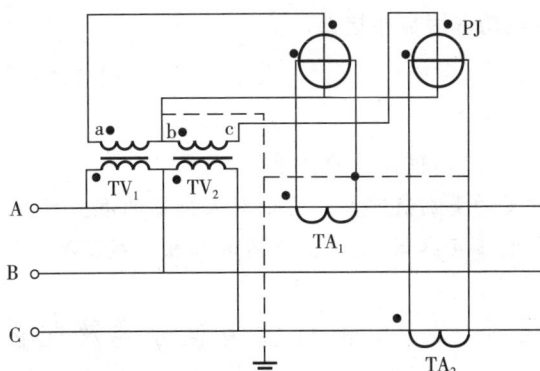

图 11-1　三相二元件有功电能表与电压、电流互感器联合原理接线图

TA_1、TA_2:电流互感器接成两相星形。

TV_1、TV_2:电压互感器接成 V 形。

高供低计电能表、低供低计电能表(大负载客户),装设电流互感器,整个构成电能计量装置,与上图相比,只是缺少电压互感器,另外,电流互感器接成三相星形。

二、电能计量装置的类别对电能表、互感器准确度等级的要求

电能计量装置类别	准确度等级			
	有功电能表	无功电能表	电压互感器	电流互感器
Ⅰ	0.2 S 或 0.5 S	2.0	0.2	0.2 S 或 0.2
Ⅱ	0.5 S 或 0.5	2.0	0.2	0.2 S 或 0.2
Ⅲ	1.0	2.0	0.5	0.5 S
Ⅳ	2.0	3.0	0.5	0.5 S
Ⅴ	2.0	—	—	0.5 S

在上表中,S 级电能表与普通电能表的主要区别在于小电流时的特性不同。

1. 互感器的准确度等级。Ⅰ类、Ⅱ类计量装置 TV 为 0.2 级,TA 为 0.2 S 级;Ⅲ类、Ⅳ类计量装置 TV 为 0.5 级,TA 为 0.5 S 级。

2. 互感器二次连线。材料采用不同颜色的铜质单芯绝缘线,对电流二次回路,导线截面按电流互感器的额定二次负荷计算确定,至少不小于 4 mm^2。对电压二次回路,导线截面按允许的电压降计算确定,至少不小于 2.5 mm^2。

3. 互感器二次负荷。二次负荷应在额定二次负荷的 25%～100% 范围内。电流互感器额定二次负荷的功率因数应为 0.8～1.0;电压互感器额定二次负荷的功

率因数应与实际负载功率因数相接近。

思考与练习

1. 什么是高供高计、高供低计的计量方式？
2. 电能计量装置的类别有哪些？它们对互感器的准确度等级有何要求？
3. 试画出带有电压互感器、电流互感器的三相三线制有功表的正确接线。

任务 12　电能计量装置分类及配置

任务描述

本任务介绍了电能计量装置分类及计量器具配置。通过知识讲解，掌握电能计量装置的分类与计量器具配置原则。

一、电能计量装置的组成

电能计量装置一般包括电能表、计量用互感器及其二次回路以及计量柜、屏、箱等。

计量用互感器包括计量用电流互感器（或计量用二次绕组）、计量用电压互感器（或计量用二次绕组）、计量用电流/电压组合式互感器。

二、电能计量装置的分类

根据 DL/T448－2000《电能计量装置技术管理规程》，按照计量电量多少和计量对象的重要程度将电能计量装置分为五类。

（一）Ⅰ类电能计量装置

月平均用电量 500 万 kW·h 及以上或变压器容量为 10 000 kVA 及以上的高压计费客户，200 MW 及以上发电机、发电企业上网电量、电网经营企业之间的电量交换点，省级电网经营企业与其供电企业的供电关口计量点的电能计量装置。

（二）Ⅱ类电能计量装置

月平均用电量 100 万 kW·h 及以上或变压器容量为 2 000 kVA 及以上的高压计费客户，100 MW 及以上发电机、供电企业之间的电量交换点的电能计量装置。

（三）Ⅲ类电能计量装置

月平均用电量 10 万 kW·h 及以上或变压器容量为 315 kVA 及以上的计费客户，100 MW 以下发电机、发电企业厂（站）用电量、供电企业内部用于承包考核的计量点，考核有功电量平衡的 110 kV 及以上的送电线路电能计量装置。

（四）Ⅳ类电能计量装置

负荷容量为 315 kVA 以下的计费客户,发供电企业内部经济技术指标分析,考核用的电能计量装置。

（五）Ⅴ类电能计量装置

单相供电的电力客户计费用电能计量装置。

三、电能计量装置的配置原则

（一）具有足够的准确度。对于高压电能计量装置,电能表和互感器的等级要满足《电能计量装置技术管理规程》DL/T448—2000 的要求。

（二）具有足够的可靠性。要求电能计量装置的故障率低,能适应用电负荷在范围变化时的准确计量。

（三）有可靠的封闭性能和防窃电性能。封印不易伪造,在封印完整的情况下,做到无法窃电。

（四）功能可满足营抄管理工作的需要。电能表可满足峰谷电价、功率因数调整、两部制电价等不同电价政策的需求和营销现代化的要求。

（五）装置应便于工作人员现场检查和带电工作。

四、电能计量装置的配置要求

（一）计量器具的准确度要求

各类电能计量装置应配置的电能表和互感器的准确度等级不低于表 12-1 的要求。

表 12-1　计量器具的准确度要求

电能计量装置类别	准确度等级			
	有功电能表	无功电能表	电压互感器	电流互感器
Ⅰ	0.2 S 或 0.5 S	2.0	0.2	0.2 S 或 0.2
Ⅱ	0.5 S 或 0.5	2.0	0.2	0.2 S 或 0.2
Ⅲ	1.0	2.0	0.5	0.5 S
Ⅳ	2.0	3.0	0.5	0.5 S
Ⅴ	2.0	—	—	0.5 S

在上表中,S 级电能表与普通电能表的主要区别在于小电流时的特性不同,普通电能表对 5% 标定电流以下没有误差要求,而 S 级电能表在 1% 标定电流时误差也能满足要求,提高了电能表轻负载的计量特性。0.2 级电流互感器仅在负荷比

较稳定的发电机出口电能计量装置中配用,其他均采用 S 级电流互感器。S 级电流互感器与普通电流互感器相比,最大区别在于 S 级电流互感器在低负载时的误差特性比普通的更好。S 级计量器具的出现,有力地改善了负载变化及季节性负载、冲击性负载、轻负载的计量特性,尤其在目前用电企业经营状况波动大的情况,对确保供用电双方的利益起到了良好的作用。

单机容量在 100 MW 及以上发电机组上网贸易结算电量的电能计量装置和电网经营企业之间购销电量的电能计量装置,宜配置准确度等级相同的主、副两套有功电能表。

(二)接线方式的要求

计量装置的接线方式取决于电力系统一次侧中性点的接地方式。接地方式分为中性点有效接地和中性点非有效接地。中性点非有效接地系统包括中性点绝缘系统和中性点补偿系统,中性点补偿系统中又包括电抗器接地系统和电阻(高阻、中阻)接地系统。

对于计量装置来说,无论是中性点直接接地或经补偿设备接地,当三相不平衡时,中性点都会流过不平衡电流,对这种接地系统若采用三相三线计量方式,就会产生计量误差。而对中性点不接地的绝缘系统,在任何情况下中性点都不会产生不平衡电流,可采用三相三线计量方式。因此,对电能计量系统而言,接地方式以绝缘系统和非绝缘系统来划分。

1. 中性点绝缘系统,有功、无功电能表采用三相三线接线方式。

2. 中性点非绝缘系统,有功、无功电能表采用三相四线接线方式,也可采用 3 只无止逆的单相电能表的接线方式。

3. 对中性点绝缘系统,当为 3 台单相互感器时,35 kV 及以上系统,可采用 Y/y 接线方式;35 kV 以下系统,可采用 V/v 接线方式。对中性点非绝缘的 3 台单相电压互感器,可采用 Y_0/y_0 接线方式。

4. 低压供电系统,负荷电流≤50 A 时,可采用直接接入式电能表;负荷电流>50 A时,可采用经电流互感器的接入方式。

5. 电流互感器二次回路推荐采用分相的四线或六线连接。

(三)计量回路的要求

1. Ⅰ、Ⅱ、Ⅲ类贸易结算用电能计量装置应按计量点配置计量专用电压、电流互感互感器或者专用二次绕组。电能计量专用电压、电流互感器或专用二次绕组及其二次回路不得接入与电能计量无关的设备。

2. 35 kV 以上贸易结算用电能计量装置中,电压互感器二次回路应不装设隔离开关辅助接点,但可装设熔断器;35 kV 及以下贸易结算用电能计量装置中电压互感器二次回路,应不装设隔离开关辅助接点和熔断器。

3. Ⅰ、Ⅱ类用于贸易结算的电能计量装置中电压互感器二次回路电压降应不大于其额定二次电压的 0.2%；其他电能计量装置中电压互感器二次回路电压降应不大于其额定二次电压的 0.5%。

4. 互感器二次回路的连接导线应采用铜质单芯绝缘线。对电流二次回路，连接导线截面积应按电流互感器的额定二次负荷计算确定，至少应不小于 4 mm²；对电压二次回路，连接导线截面积应按允许的电压降计算确定，至少应不小于 2.5 mm²。

5. 测量用电压互感器二次绕组应有一个接地点。中性点有效接地系统应采用中性点一点接地；中性点非有效接地系统"V"形接线应采用 b 相一点接地。

6. 测量用电流互感器二次绕组应有一个接地点，并应在配电装置处接地。

7. 未配置计量柜（箱）的互感器二次回路的所有接线端子、试验端子应能施加封印。

五、电能计量装置的合理配置

(一)电流互感器的配置

1. 电流互感器铭牌的额定电压应与被测线路的一次电压相对应。

2. 电流互感器额定一次电流的确定，应保证其在正常运行中的实际负荷电流达到额定值的 60%，至少应不小于 30%。否则，应选用动、热稳定性高的电流互感器以减小误差。

电流互感器的误差随负荷电流的大小变化而变化的，它应是一个动态的计量装置，不是一次配置好后就不变的。应该经常随负荷的季节性、负荷的高峰和低谷时段，做向随时检查，并根据测试结论和实施的可行性进行相应调整。

3. 电流互感器实际二次负荷应在下限负荷至额定负荷范围内。在选择额定容量时，要计算每相负载，必须要分析互感器的接线情况。

4. 电流互感器额定二次负荷的功率因数应为 0.8～1.0；电压互感器额定二次功率因数应与实际二次负荷的功率因数接近。

(二)电压互感器的配置

1. 电压互感器的额定电压与被测线路的一次电压相对应。电压互感器一次线圈额定电压应大于接入的被测电压的 0.9 倍，小于接入的被测电压的 1.1 倍。

2. 三相四线制的电压互感器二次电压通常为 $100/\sqrt{3}$ V，三相三线制的为 100 V。

3. 电压互感器实际二次负荷应在 25%～100% 额定二次负荷范围内。在选择额定容量时，要结合互感器的接线情况来计算每相负载。

(三)电能表的配置

1. 为提高在负荷变化时计量的准确性，应选用过载 4 倍及以上的电能表。

2. 经电流互感器接入的电能表，其标定电流宜不超过电流互感器额定二次电流的 30％,其额定最大电流应为电流互感器额定二次电流的 120％左右。直接接入式电能表的标定电流应按正常运行负荷电流的 30％左右进行选择。

3. 具有正、反向送电的计量点应装设可计量正、反向有功和四象限无功电量的电能表。

（四）计量装置的合理配对

根据互感器误差合理选配误差合适的电能表,即根据互感器误差的情况,选配误差相反的电能表,以减小计量装置的综合误差。

计量装置的配置是一个综合性的问题,应根据负荷电压等级、额定功率的大小,科学选用互感器和电能表的量程和准确度。电能计量装置配置的好与坏、准确度的高与低,将直接影响电力企业的线损分析和经济效益。

思考与练习

1. Ⅲ类电能计量装置的使用对象包括哪些?
2. 简述Ⅱ类电能计量装置应配备计量器具等级的最低要求。
3. 简述 S 级电能表与普通电能表的区别。

任务 13　电能计量装置的错误接线

任务描述

本任务介绍了单相电路、三相电路有功表的错误接线。通过知识讲解,掌握电能计量装置错误接线的检查方法。

一、互感器的错误接线

（一）电流互感器的错误接线

1. 电流互感器 V 形接线,a 相绕组接反

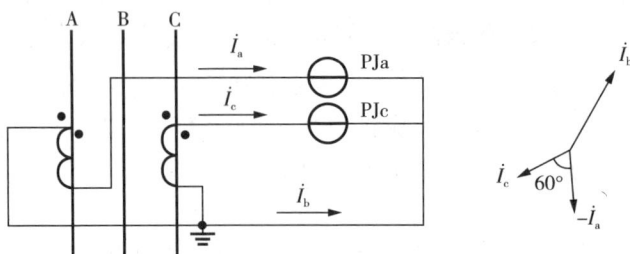

图 13-1　a 相绕组极性接反时的原理接线图和相量图

a 相、c 相都是相电流,公共线 $I_b = \sqrt{3}$ 相电流

同理,若 c 相绕组接反,a 相、c 相都是相电流,公共线 $I_b = \sqrt{3}$ 相电流

所以,实际进行接线检查时,在电流互感器的二次侧用钳形表测量,若发现有两相电流几乎相同,另一相电流等于该电流的 $\sqrt{3}$ 倍,可以判断 V 形接线电流互感器二次侧 a 相或 c 相某一相绕组接反。

2. 电流互感器 Y 形接线,a 相绕组接反

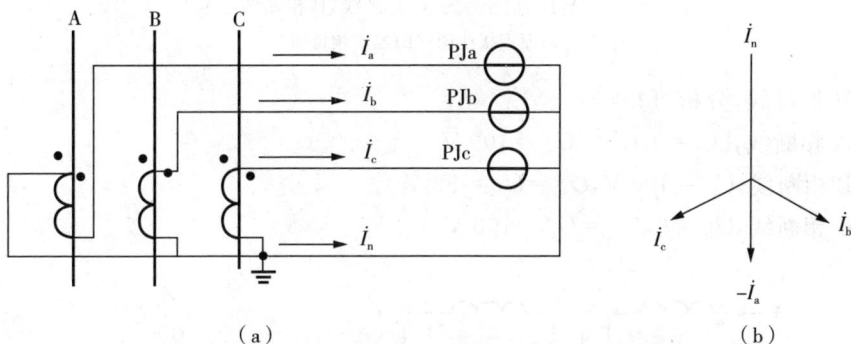

图 13-2 a 相绕组极性接反时的原理接线图和相量图
(a)原理接线图;(b)相量图

a 相、b 相、c 相都是相电流,公共线 $I_n = 2$ 相电流

同理,若 b 相绕组接反,a 相、b 相、c 相都是相电流,公共线 $I_n = 2$ 相电流

若 c 相绕组接反,a 相、b 相、c 相都是相电流,公共线 $I_n = 2$ 相电流

所以,实际进行接线检查时,在电流互感器的二次侧用钳形表测量,若发现有三相电流几乎相同,另一相电流等于该电流的 2 倍,可以判断 Y 形接线电流互感器二次侧 a 相、b 相或 c 相某一相绕组接反。

(二)电压互感器的错误接线

1. 电压互感器一次侧断线

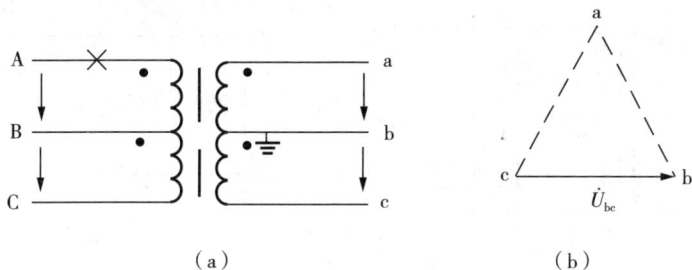

图 13-3 电压互感器为 V/v 接线,A 相断线示意图
(a)原理接线图;(b)二次相量图

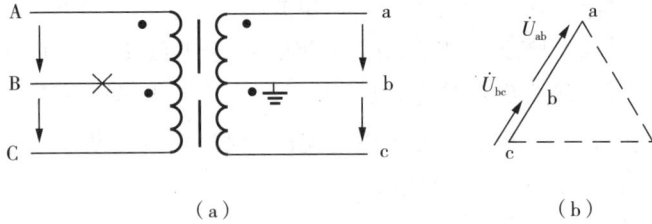

图 13-4　电压互感器为 V/v 接线,B 相断线示意图

(a)原理接线图;(b)二次相量图

V 形接线,分析可知:

A 相断线,$U_{ab}=0$,$U_{bc}=U_{ac}=100$ V

B 相断线,$U_{ac}=100$ V,$U_{ab}=U_{bc}=50$ V

C 相断线,$U_{bc}=0$,$U_{ab}=U_{ac}=100$ V

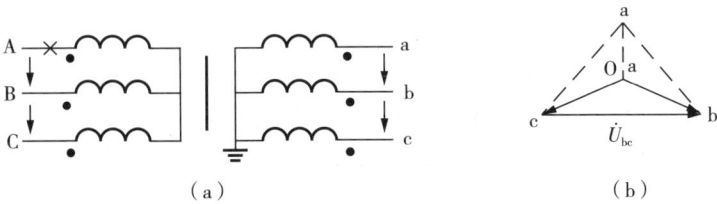

图 13-5　电压互感器为 Y/y 接线,A 相断线示意图

(a)原理接线图;(b)二次相量图

Y 形接线,分析可知:

A 相断线,$U_{ab}=U_{ac}=57.7$ V,$U_{bc}=100$ V

B 相断线,$U_{ab}=U_{bc}=57.7$ V,$U_{ac}=100$ V

C 相断线,$U_{bc}=U_{ac}=57.7$ V,$U_{ab}=100$ V

2. 电压互感器二次侧断线

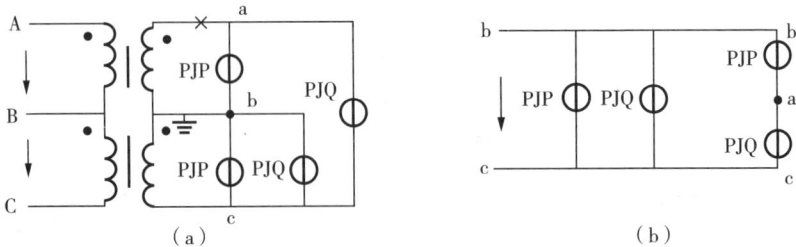

图 13-6　二次 a 相断线时的原理接线图和等值电路图

(a)原理接线图;(b)等值电路图

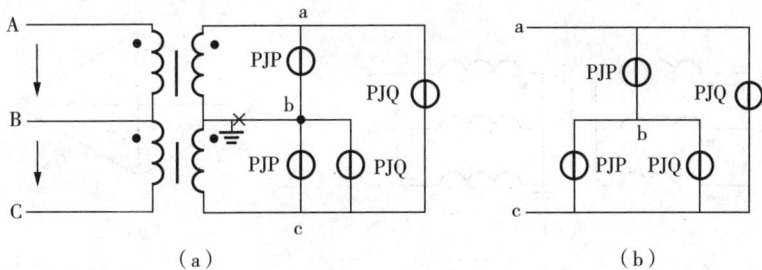

图 13-7　二次 b 相断线时的原理接线图和等值电路图

(a)原理接线图;(b)等值电路图

注意,电压互感器一次侧断线,二次侧电压值与电压互感器接线形式(V 形、Y 形)有关。电压互感器二次侧断线,二次侧电压值与电压互感器接线形式(V 形、Y 形)无关,与二次侧接入负载有关。

如图所示,电压互感器二次侧接了负载,具体是接有 DS 型表、DX2 型表。

DS 型表接线方式:U_{ab} I_a,U_{cb} I_c

DX2 型表接线方式:U_{bc} I_a,U_{ac} I_c

a 相断线,分析可知:$U_{bc}=100$ V,$U_{ab}=U_{ca}=50$ V

b 相断线,分析可知:$U_{ac}=100$ V,$U_{ab}=66.7$ V,$U_{bc}=33.3$ V

c 相断线,分析可知:$U_{ab}=100$ V,$U_{ac}=66.7$ V,$U_{cb}=33.3$ V

3. 电压互感器绕组接反

V 形接线,ab 相接反,如图 13-18 所示。

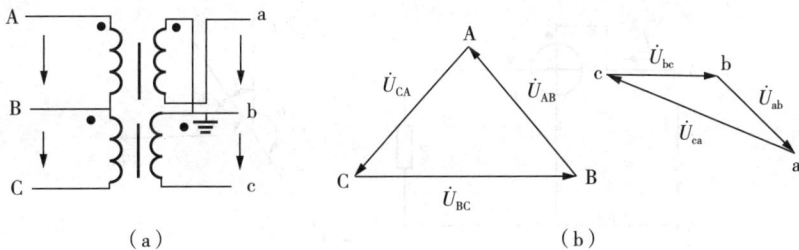

图 13-8　二次 ab 相极性接反时的原理接线图和相量图

(a)原理接线图;(b)相量图

分析可知:$U_{ab}=U_{bc}=100$ V,$U_{ac}=173$ V

同理,bc 相接反,$U_{ab}=U_{bc}=100$ V,$U_{ac}=173$ V

Y 形接线,若 a 相绕组接反,如图 13-19 所示。

分析可知:$U_{ab}=U_{ac}=57.7$ V,$U_{bc}=100$ V

同理,b 相绕组接反,$U_{ab}=U_{bc}=57.7$ V,$U_{ac}=100$ V

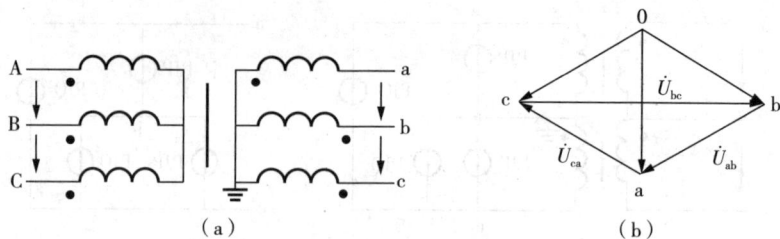

图 13 - 9　a 相绕组极性接反时的原理接线图和相量图

(a)原理接线图;(b)相量图

c 相绕组接反,$U_{bc} = U_{ac} = 57.7\ V,U_{ab} = 100\ V$

二、单相有功表的错误接线

(一)电流线圈接反

相量图,如图 13 - 10(b)所示。

推导计量结果

$$P_{计} = UI\cos(\overset{\frown}{\dot{U}\dot{I}}) = UI\cos(180° - \varphi) = -UI\cos\varphi$$

因为　　$P_{实} = UI\cos\varphi$

所以　　$P_{实} \neq P_{计}$

注意:$P_{实}$ 值,不管电能表如何接线,总是等于 $UI\cos\varphi$。

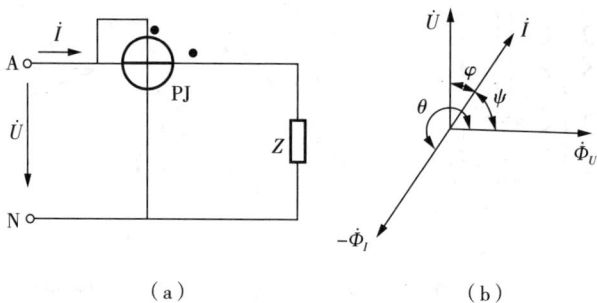

图 13 - 10　电流线圈接反时,有功电能的测量

(a)原理接线图;(b)相量图

(二)相零接反

相量图(略)

推导计量结果

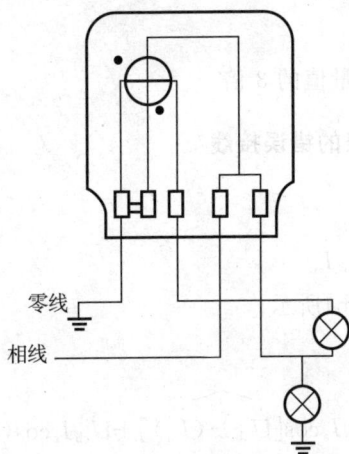

图 13 - 11　电流线圈串接在零线上

$$P_{计} = UI\cos\varphi[\widehat{(-U)(-\dot{I})}]$$

$$= UI\cos\varphi$$

由于　$P_{实} = UI\cos\varphi$

所以　$P_{实} = P_{计}$

虽然 $P_{实} = P_{计}$，但是如果零线接地，如图 13 - 11 所示，负载电流通过负载，经过零线构成回路。这样负载电流不经过电流线圈或很少电流经过，就会造成电能表不计量或少计量。所以，相零接反属于错误接线分析。

三、三相四线制有功表的错误接线

若 A 相电流线圈接反，则：

接线方式 $\dot{U}_A - \dot{I}_A, \dot{U}_B\dot{I}_B, \dot{U}_C\dot{I}_C$

相量图（略）

推导计量结果

$$P_{计} = U_A I_A\cos[\widehat{U_A(-\dot{I}_A)}] + U_B I_B\cos(\widehat{\dot{U}_B\dot{I}_B}) + U_C I_C\cos(\widehat{\dot{U}_C\dot{I}_C})$$

$$= U_A I_A\cos(180° - \varphi) + U_B I_B\cos\varphi + U_C I_C\cos\varphi$$

$$= U_{相} I_{相}\cos\varphi$$

$$= 1/3 P_{实}$$

所以 $P_{实}＝3P_{计}$

即实际消耗电量是计量值的 3 倍。

四、三相三线制有功表的错误接线

（一）错误接线一

接线方式 $\dot{U}_{ab}-\dot{I}_a,\dot{U}_{cb}\,\dot{I}_c$

相量图，如图 13－12(b)所示。

推导计量结果

$$P'=U_{ab}I_a\cos[\overset{\frown}{\dot{U}_{ab}-(\dot{I}_a)}]+U_{cb}I_c\cos(\overset{\frown}{\dot{U}_{cb}\dot{I}_c})$$

$$=U_{ab}I_a\cos(150°-\varphi)+U_{cb}I_c\cos(30°-\varphi)$$

$$=UI\sin\varphi$$

正转

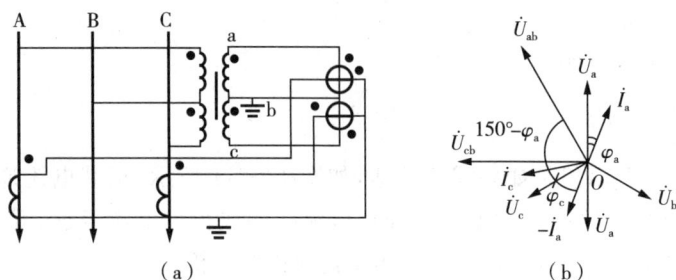

（a）　　　　　　　　　　　（b）

图 13－12　错误接线一

(a)错误接线图;(b)相量图

（二）错误接线二

接线方式 $\dot{U}_{bc}\,\dot{I}_a,\dot{U}_{ac}\,\dot{I}_c$

相量图，如图 13－13(b)所示。

推导计量结果

$$P'=U_{bc}I_a\cos(\overset{\frown}{\dot{U}_{bc}\dot{I}_a})+U_{ac}I_c\cos(\overset{\frown}{\dot{U}_{ac}\dot{I}_c})$$

$$=U_{bc}I_a\cos(90°-\varphi)+U_{ac}I_c\cos(150°-\varphi)$$

$$=-\sqrt{3}UI\cos(60°+\varphi)$$

转向不定

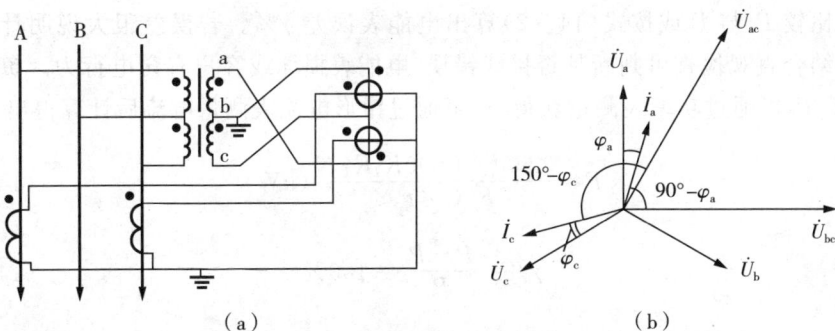

图 13 - 13 错误接线二

(a)错误接线图;(b)相量图

思考与练习

1. 电压互感器一次侧断线,二次侧的电压值是多少?

2. 电压互感器二次侧断线,二次侧的电压值是多少?

3. 试画出单相有功表相零接反的接线图,分析其计量结果。

4. 三相三线制有功表,若电流互感器 A 相绕组接反,试画出接线图,分析其计量结果。

任务 14 电能计量装置的接线检查

任务描述

本任务包含实负荷比较法、逐相检查法、力矩法和相量图法等电能计量装置常用的接线检查方法。通过知识讲解,掌握电能计量装置的接线检查方法。

三相电能表在安装或检修过程中,其电压回路与电流回路容易错接,造成计量不准确。一般较为常见的故障有互感器的变比、极性组别错接,连线开路、短路及错接等。单相电能表也会发生失压、错接线等情况。现场人员采用实负荷比较法、逐相检查法、力矩法和相量图法检查计量装置的接线。

一、实负荷比较法

实负荷比较法(又称瓦秒法)具体方法:在保持电能表所带负载不变,并且负载的实际功率已知(设为 P_0)的条件下,用一只秒表测量机械电能表表盘转 N 圈或电子电能表脉冲灯闪 N 次所需要的时间 t,通过式(14 - 1)算出电能表测量的负荷功

率 P,比较 P_0 与 P 或按式(14 - 2)算出电能表误差 $\gamma\%$。若误差很大说明计量失准,再结合直观检查可判断是否接线错误、电能表损坏或客户有窃电行为。负载实际功率 P_0 可通过功率表测量获得,也可通过钳形电流表测量电流后计算得出。

$$P = \frac{3\,600 \times 1\,000 K_I K_U N}{C \times t}(\text{kW}) \tag{14 - 1}$$

$$\gamma\% = \frac{P - P_0}{P_0} \times 100\% \tag{14 - 2}$$

式中,N——选定的被测电能表转盘转数,r;

C——被测电能表铭牌上标注的电能表常数,r/(kW·h);

t——测量电能表转盘转 N 圈所需要的时间,s;

K_U——电能表所接电压互感器变比;

K_I——电能表所接电流互感器变比;

P_0——被测电能表所带的负荷功率,W。

【例1】 某高压客户,计量装置装配的电流互感器变比为 150/5 A,电压互感器变比为 10 000/100 V,电能表准确等级 2.0,常数 3 000 r/(kW·h),现场实测:电压10 kV,电流 145 A,功率因数 0.9,在此负荷运行时,三相三线有功电能表转盘转10 圈用 16 s,试判断该电能计量装置接线是否正确?

解:一次侧实际负荷

$$P_0 = \sqrt{3}UI\cos\varphi = \sqrt{3} \times 10\,000 \times 145 \times 0.9 = 2\,260\,260(\text{W})$$

电能计量装置测量的一次侧负荷

$$P = \frac{3\,600 \times 1\,000 K_I K_U N}{C \times t} = \frac{3\,600 \times 1\,000 \times 10}{3\,000 \times 100} \times \frac{150}{5} \times \frac{10\,000}{100} = 360\,000(\text{W})$$

电能表相对误差

$$\gamma\% = \frac{P - P_0}{P_0} \times 100\% = \frac{2\,250\,000 - 2\,260\,260}{2\,260\,260} \times 100\% = -0.45\%$$

$|-0.45\%| < |-2.0\%|$,因此该三相电能计量装置准确。

二、分相检查法

三相四线有功电能表由三组电磁元件组成,可看作三只单相电能表,因此可采用分相法来检查接线的正确与否。

分相法具体步骤如下:保持其中任一元件的电压和电流,而断开其他元件所加的电压,在正确接线时,其转速约为原来的 1/3;若转盘反转或转速相差较大,则可能有错误接线。

三、力矩法

三相三线电能计量装置，可以用力矩法检查接线。力矩法就是在三相负载完全对称的前提下，将电能表原有的接线改动，然后观察转盘转速或转向的变化，以判断接线正确与否。

（一）断 b 相电压法

在三相三线有功电能表该正确接线的前提下，若断开接于 b 相电压线，此时 $\dot{U}_{ab}=\dot{U}_{bc}=\frac{1}{2}\dot{U}_{ac}$，则电能表的接线方式为 $\left[\frac{1}{2}\dot{U}_{ac},\dot{I}_{a}\right]$，$\left[\frac{1}{2}\dot{U}_{ca},\dot{I}_{c}\right]$。

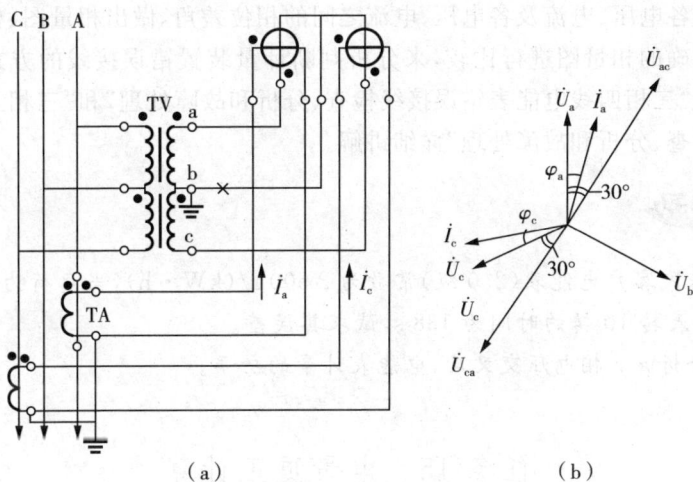

（a） （b）

图 14-1 断开 b 相电压法

(a)接线图；(b)相量图

此时电能表计量的功率为

$$P=P_1+P_2=\frac{1}{2}U_{ac}I_a\cos(30°-\varphi_a)+\frac{1}{2}U_{ca}I_c\cos(30°+\varphi_c)$$

当三相负载对称时

$$P=\frac{1}{2}U_lI_l\left[\cos(30°-\varphi)+\cos(30°+\varphi)\right]=\frac{1}{2}(\sqrt{3}U_lI_l\cos\varphi)=\frac{1}{2}P$$

因此，正确接线时断开 b 相，电能表的转速将为原来的 1/2；转盘反转或转速相差较大，则可能有错误接线。若用时间判断，断开 b 相后，电能表转 N 圈所需要的时间是未断前的 2 倍。

（二）a、c 相电压交叉法

在三相三线有功电能表正确接线的前提下，若将接 a 相电压线 c 相电压线对调，则电能表停止转动。所以也可以用该方法判断电能表原接线是否正确。

三相三线有功电能表在有些错误接线情况下，采用"断开 b 相电压法"及"a、c 相电压交叉法"也会得出电能表接线正确的结论。所以其结果只能做参考，不能肯定电能表原接线就是正确的。应该再采用其他简单方法，如采用"实负荷比较法"判断一下。

四、相量图法

对怀疑有错误接线的电能计量装置可以用相量图法进行带电检查，即通过测量电能表的各电压、电流及各电压、电流之间的相位差角，做出相量图，根据做出的相量图与正确的相量图进行比较，来分析判断计量装置错误接线的方式。相量图法将在任务"三相四线电能表错误接线检查、分析和故障处理"和"三相三线电能表错误接线检查、分析和故障处理"详细讲解。

思考与练习

1. 某居民客户电能表（2.0 级）常数为 2 500 r/(kW·h)，当负荷为 100 W 时，测得该电能表转 10 转的时间为 138 s，试求其误差。

2. 试分析 a、c 相电压交叉后，电能表计量的功率。

任务 15　电量更正计算

任务描述

本任务包括四种电能计量装置差错情况的退补电量计算方法。通过知识讲解，掌握电量抄读方法及电量更正计算方法。

当电能计量装置接线有错误时，必然会出现多计、少计或不计电量的问题。所以，经接线检查发现错误后，除应改正接线外，还应该计算电量更正。所谓电量更正就是根据错误期间的抄见电量，求出客户的实际用电量，并将多计的电量退还给客户，少计的电量由客户补交回来。

若电能表始终正转，而 $W_2 < W_1$，则说明计度器的字轮数字都从 0~9 翻转了一次，这时测得的电量应为

$$W = [(10^m + W_2) - W_1]B_1 \qquad (15-1)$$

式中，m——计度器整数位数。

同理，若电能表始终反转，而 $W_2 > W_1$，此时测得的电量应为负值，计算公式为

$$W = [(W_2 - 10^m) - W_1]B_1 \qquad (15-2)$$

一、接线错误电量更正的计算

电量更正即退补电量，其计算方法有以下四种。

(一)更正系数法

更正系数就是正确电量与错误电量之比，即

$$K = \frac{W_0}{W} \qquad (15-3)$$

式中，K——更正系数；

W_0——电能表错误接线期间的正确电量，$kW \cdot h$；

W——电能表错误接线期间的抄见电量，$kW \cdot h$。

因为电能表计量的电量与它反映的功率成正比，因此

$$K = \frac{W_0}{W} = \frac{P_0}{P} \qquad (15-4)$$

通过式(15-3)可知，只要能求出更正系数 K，便可根据错误期间的抄见电量 W 求出实际电量 W_0 和差错电量 ΔW，即

$$W_0 = KW$$

$$\Delta W = W - W_0 \qquad (15-5)$$

$$\Delta W = (1-K)W \qquad (15-6)$$

当 $\Delta W > 0$，表示应向客户退还多计的电量费用；当 ΔW 小于 0，表示应让客户补交少计的电量费用。

求更正系数 K 一般有以下方法。

1. 功率测量法

在负荷运行稳定的条件下，使用功率表或现场校验仪测出错误接线时输入电能表的负荷功率值 P 及错误接线更正后输入电能表的负荷功率值 P_0，按式(15-4)算出更正系数，再按式(15-6)算出退补电量。

2. 功率比值法

先判断出计量装置错误接线方式,求出该错误接线时的功率表达式 P 及正确接线时的表达式 P_0,按式(15-4)算出更正系数 K,最后按式(15-6)算出退补电量 ΔW。其中,单相有功电能表正确接线时的功率表达式为 $P=U_{ph}I_{ph}\cos\varphi$;三相四线有功电能表正确接线时的功率表达式为 $P=3U_{ph}I_{ph}\cos\varphi$;三相三线有功电能表正确接线时的功率表达式 $P=\sqrt{3}U_lI_l\cos\varphi$。

【例1】 一只三相四线有功电能表,B相电流互感器极性反接达半年之久,累积电量为 2 700 kW·h,如果三相电路对称,求错误接线期间的差错电量。

解:正确接线时电能表反映的功率为

$$P_0=3U_{ph}I_{ph}\cos\varphi$$

错误接线期间电能表反映的功率为

$$P=U_aI_a\cos\varphi_a+U_bI_b\cos(180°-\varphi_b)+U_cI_c\cos\varphi_c$$

由于三相电路对称,所以 $U_a=U_b=U_c=U_{ph}$,$I_a=I_b=I_c=I_{ph}$,$\varphi_a=\varphi_b=\varphi_c=\varphi$,则

$$P=U_{ph}I_{ph}\cos\varphi-U_{ph}I_{ph}\cos\varphi+U_{ph}I_{ph}\cos\varphi$$

$$=U_{ph}I_{ph}\cos\varphi$$

更正系数 $$K=\frac{P_0}{P}=\frac{3U_{ph}I_{ph}\cos\varphi}{U_{ph}I_{ph}\cos\varphi}=3$$

差错电量

$$\Delta W=W-W_0=(1-K)A=(1-3)\times2\ 700=-5\ 400(\text{kW·h})$$

由于 $\Delta W<0$,即 $W<W_0$,说明该套计量装置少计了 5 400 kW·h 的电量,客户应补交电费。

【例2】 某三相三线电能表进行设备检修,检修后送电时电能表的示数 $W_1=6\ 000$ kW·h,但因检修造成电能表反转,到查线时 $W_2=4\ 000$ kW·h,经测试,错误属于c相电流互感器极性接反。若此期间平均功率因数 $\cos\varphi=0.866$,试求错误期间的退补电量。

解:c相电流接反时,电能表的接线方式为 $[\dot{U}_{ab},\dot{I}_a]$、$[\dot{U}_{cb},-\dot{I}_c]$,相量图如图 15-1 所示。

根据两元件所接电压、电流相量图得负载对称时两元件的功率分别为

$$P_1=UI\cos(30°+\varphi),\quad P_2=UI\cos(150°+\varphi)$$

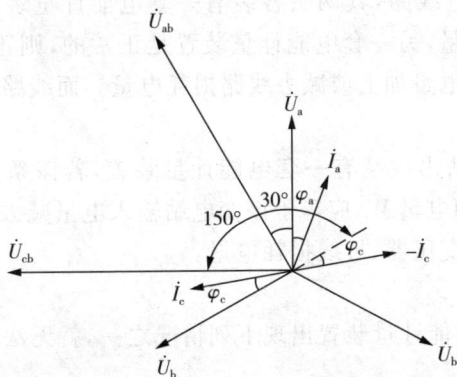

图 15 - 1 c 相电流互感器极性接反时的相量图

总功率 $P = P_1 + P_2 = -UI\sin\varphi$

由 $\cos\varphi = 0.866$ 得 $\varphi = 30°$

更正系数为 $K = \dfrac{P_0}{P} = \dfrac{\sqrt{3}UI\cos\varphi}{-UI\sin\varphi} = -\dfrac{\sqrt{3}}{\tan\varphi} = -3$

错误期间的抄见电量为 $W = W_2 - W_1 = 4\,000 - 6\,000 = -2\,000(\text{kW} \cdot \text{h})$

正确电量为 $W_0 = KW = (-3) \times (-2\,000) = 6\,000(\text{kW} \cdot \text{h})$

所以客户应补交 8 000 kW·h 电量的电费。

在前面的讨论中,都没有考虑电能表在错误接线下的相对误差,如电能表在错误接线下存在相对误差 γ,则正确电量

$$W_0 = \frac{KW}{1+\gamma} \tag{15-7}$$

式中,γ——电能表错误接线下的相对误差,%。

考虑电能表相对误差后的退补电量为

$$\Delta W = W - \frac{KW}{1+\gamma} = \left(1 - \frac{K}{1+\gamma}\right)W \tag{15-8}$$

(二)计量装置对比法

当发现某电能计量装置失准,要求退补电量时,可设法通过其他正常的电能计量装置获取正确电量 W_0,再与失准计量装置的抄见电量 W 比较,按公式(15 - 5)算出退补电量。

【例3】 某条供电线路,其两头各装有一套电能计量装置。若其中一套电能计量装置出现错误计量,另一套电能计量装置是正常的,则正确电量 W_0 应等于该正常计量装置的抄见电量加上或减去线路损耗电量。而线路损耗电量可以通过计算得出。

【例4】 某变电站出线装有一套电能计量装置,若该条出线的电能计量装置出现错误计量,则正确电量 W_0 应等于该变电站输入电量减去其余出线的计量装置的抄见电量及期间的变压器、母线损耗电量。

(三)估算法

窃电发生后,若电能计量装置出现下列情况之一,就无法用计算法确定退补电量,只能估算。

(1)电能表抄见电量为零。

(2)由于负荷功率因数的变化使圆盘时而正转,时而反转,即转向不定。

(3)三相负荷极不对称。

(4)发生错误接线的起止时间不明,无法确定误接线期间的抄见电量 W 等。

估算的方法是按电气设备的容量、设备利用率、设备运行小时数计算用电量。以上参数无法确定的客户,只能参照以往同期的用电量计算实际用电量,然后根据有关条例核收电费。

如果无功电能表发生错误接线,计算差错电量,以上方法同样适用。

二、电能表潜动时退补电量的计算

当负荷电流为零时,电能表圆盘仍然连续转动,这种现象称为潜动。潜动转速虽然很小,但也是不允许的,除应及时消除潜动外,还应更正潜动电量。计算公式为

$$\Delta W_Q = \frac{60T}{Cv} \times D \tag{15-9}$$

式中,ΔW_Q——电能表潜动的电量值,kW·h;

T——电能表每天停用小时数;

C——电能表常数,r/(kW·h);

v——潜动速度,min/r;

D——电能表潜动天数。

若电能表潜动方向与电能表转向一致,则应退电量,若与转盘转向不一致,则应补电量。

【例5】 某客户电能表潜动,其电能表常数为 1 200 r/(kW·h),发现潜动 30 天,每天不用电时间为 16 h,潜动速度为 0.6 min/r,求潜动电量。

解:将已知数据代入式(15-9)得

$$\Delta W_Q = \frac{60 \times 16}{1200 \times 0.6} \times 30 = 40(\text{kW} \cdot \text{h})$$

答:该电能表潜动电量为 40 kW·h。

三、倍率不符时退补电量的计算

倍率不符是指现场实际运行中的互感器变比与登记在册计算用的互感器变比不一致的情况,由于倍率不符,所以计量出的抄见电量将是错误电量,应进行更正。

【例6】 某低压客户安装一块三相四线有功电能表,并经过三台 200/5 电流互感器接线,有一台过载烧毁,客户自行更换了一台 300/5 的电流互感器,供电部门因故未到现场,半年后发现。在此期间电能表共计抄过电量 120 000 kW·h,试求应退补电量。

解:正确变比应为 200/5,正确变比时电能表功率表达式为

$$P_0 = \frac{3UI\cos\varphi}{K_I} = \frac{3UI\cos\varphi}{200/5}$$

因为有一相 TA 变比错误,其他两相未变,所以错误变比时电能表功率表达式为

$$P = \frac{UI\cos\varphi}{300/5} + \frac{UI\cos\varphi}{200/5} + \frac{UI\cos\varphi}{200/5}$$

更正系数为

$$K = \frac{P_0}{P} = \frac{9}{8}$$

所以

$$\Delta W = \left(1 - \frac{9}{8}\right) \times 120\,000 = -15\,000(\text{kW} \cdot \text{h}) < 0$$

客户应补交 15 000 kW·h 电量的电费。

四、电能表超差退补电量的计算

《供电营业规则》规定:计费电能计量装置误差超出允许范围或记录不准,供电公司应按实际误差及起讫时间,退还或补交电费。

电能表超差就是指电能表所测电量的实际值超出电能表的准确度等级,所以应对超差表计测量所测量出的数值予以更正。计算公式如下

$$\Delta W = \frac{W}{1+\gamma} \cdot \gamma \qquad\qquad (15-10)$$

式中,ΔW——退补的电量,kW·h;

    W——抄电电量,kW·h;

    γ——电能表误差,%。

退补的电量值由电能表的实际误差的正负极性即快与慢来决定的。当实际误差为正值时,表示电能表转得快,计算出的电量值为正值,需退给客户电量;当实际误差为负值时,表示电能表转得慢,计算出的电量值为负值,需向客户追补电量。

【例7】 某客户计量用电能表准确度等级为 2.0 级,经校验该客户电能表误差为 -5.8%,月用电量为 96 300 kW·h,求应追退的电量是多少?

解: 将 $W=96\,300$ kW·h、$\gamma=-5.8\%$ 代入式(15-10)得

$$\Delta W = \frac{W}{1+\gamma} \cdot \gamma = \frac{96\,300}{1-5.8\%} \times (-5.8\%) = -5\,929.3 (\text{kW·h})$$

该户需追补 5 929.3 kW·h 的电量。

思考与练习

1. 某抄表员在一次抄表时发现某客户的三相四线有功电能表一相电压断线,已知从上次装表时间到现在为止客户抄见有功电量为 8 000 kW·h,问该客户应补交的电量是多少?

2. 某客户三相三线电能计量装置错误接线为: $[\dot{U}_{ac}, -\dot{I}_c][\dot{U}_{bc}, -\dot{I}_a]$。已知在错误期间的抄见电量为 40 000 kW·h,客户负载平均功率因数为 0.9,试求正确电量及退补电量(设三相负载对称)。

综合练习

一、单选题

1. 下述设备不属于计量器具的是( )。

  A. 电能表   B. 计量用互感器

  C. 电话计费器   D. 集中器

2. 采用力矩法带电检查三相三线电能计量装置时,对三相三线有功电能表,

若负荷平稳,断开 B 相电压,电能表的转速将(　　)。

A. 快一半　　　　　B. 慢一半　　　　　C. 基本正常　　　　D. 几乎停走

3. 变压器容量为 500kVA 高供低计用户的电能计量装置属于(　　)类计量装置。

A. Ⅰ　　　　　　B. Ⅱ　　　　　　C. Ⅲ　　　　　　D. Ⅳ

4. 用户 Ⅱ 类电能计量装置的有功、无功电能表和测量用电压、电流互感器的准确度等级应分别为(　　)。

A. 0.5 级,2.0 级,0.2S 级,0.2S 级

B. 0.5 或 0.5S 级,2.0 级,0.2 级,0.2S 级

C. 0.5S 级,2.0 级,0.2 级,0.2S 级

D. 0.5 或 0.5S 级,2.0 级,0.2S 级,0.2S 级

5. 下列说法中,正确的是(　　)。

A. 电能表采用经电压、电流互感器接入方式时,电流、电压互感器的二次侧必须分别接地

B. 电能表采用直接接入方式时,需要增加连接导线的数量

C. 电能表采用直接接入方式时,电流电压互感器二次应接地

D. 电能表采用经电压、电流互感器接入方式时,电能表电流与电压连片应连接

6. 接入中性点非有效接地的高压线路的计量装置,宜采用(　　)。

A. 三台电压互感器,且按 Y0/y0 方式接线

B. 两台电压互感器,且按 V/v 方式接线

C. 三台电压互感器,且按 Y/y 方式接线

D. 两台电压互感器,接线方式不定

7. 某火电厂现有装机容量 10 万 kW,其上网计量点的电能计量装置属于(　　)类电能计量装置。

A. Ⅰ 类　　　　　B. Ⅱ 类　　　　　C. Ⅲ 类　　　　　D. Ⅳ 类

8. 三相四线有功电能表,抄表时发现一相电流接反,抄得电量为 500kW·h,若三相对称,则应追补的电量为(　　)kW·h。

A. 无法确定　　　B. 1000　　　　　C. 500　　　　　D. 366

9. 在检查某三相三线高压用户时发现其安装的 DS862 型电能表 B 相电压断相,则在其断相期间实际用电量是表计电量的(　　)倍。

A. 1/3　　　　　　B. 3/2　　　　　　C. 1/2　　　　　　D. 2

10. 电压互感器 V/v 接线,线电压为 100V,若 A 相极性接反,则为(　　)V。

A. 33.3　　　　　B. 50　　　　　　C. 57.7　　　　　D. 100

11. 电压互感器 V/v 接线，线电压为 100V，若 C 相极性接反，则为（　　）V。

　　A. 33.3　　　　B. 50　　　　　　C. 57.7　　　　　D. 100

12. 电压互感器 V/v 接线，当 A 相二次断线，若在二次侧带一块三相三线有功表和一块三相三线 60°型无功电能表时，则为（　　）V。

　　A. 0　　　　　B. 50　　　　　　C. 57.7　　　　　D. 100

13. 下列不影响电能计量装置准确性的是（　　）。

　　A. 实际运行电压

　　B. 实际二次负载的功率因数

　　C. TA 变比

　　D. 电能表常数

14. 某用户安装一只低压三相四线有功电能表，B 相电流互感器二次极性反接达一年之久，三相负荷平衡，累计抄见电量为 2000kW·h，该客户应追补电量为（　　）kW·h。

　　A. 2000　　　　B. 3000　　　　　C. 4000

15. 某一用电客户，私自增加穿芯式电流互感器的穿芯匝数，这时与该互感器连用的有功电能表将（　　）。

　　A. 多计有功电量

　　B. 少计有功电量

　　C. 不确定

16. 在检测三相两元件表的接线时，经常采用力矩法。其中将 A、B 相电压对调，电能表应该（　　）。

　　A. 正常运转　　B. 倒走　　　　C. 停走　　　　　D. 慢走一半

17. DT862 型电能表在测量平衡负载的三相四线电能时，若有 A、C 两相电流进出线接反，则电能表将（　　）。

　　A. 停转　　　　B. 慢走 2/3　　C. 倒走 1/3　　　D. 正常

18. DT862 型电能表在测量平衡负载的三相四线电能时，若有两相电压断线，则电能表将（　　）。

　　A. 停转　　　　B. 计量 1/3　　C. 倒走 1/3　　　D. 正常

19. 《DL/T 448》规定，低压供电，负荷电流为（　　）时，宜采用直接接入式电能表；负荷电流为（　　）时，宜采用经电流互感器接入式的接线方式。

　　A. 50A 以下，50A 以上

　　B. 50A 及以下，50A 及以上

　　C. 50A 以下，50A 及以上

　　D. 50A 及以下，50A 以上

20.《DL/T 448》规定，Ⅰ、Ⅱ、Ⅲ类贸易结算用电能计量装置应按计量点配置计量电压、电流互感器或者专用二次绕组。电能计量（　　）电压、电流互感器或（　　）二次绕组及二次回路不得接入与电能计量无关的设备。

　　A. 共用　共用　　　　　　　　B. 专用　专用

　　C. 专用　共用　　　　　　　　D. 共用　专用

21.《DL/T 448》规定，请指出下列哪些计量装置可不采用专用电流、电压互感器（　　）。

　　A. 月用电量 10 万千瓦时的计费用户

　　B. 变压器容量 250 千伏安的电力用户

　　C. 发电企业上网电量

　　D. 电网经营企业之间的电量交换点

22.《DL/T 448》规定，Ⅰ、Ⅱ类用于贸易结算的电能计量装置中电压互感器二次回路电压降应不大于其额定二次电压的（　　）。

　　A. 0.1%　　　　B. 0.2%　　　　C. 0.5%　　　　D. 1%

23.《DL/T 448》规定，除Ⅰ、Ⅱ类外，其他电能计量装置中电压互感器二次回路电压降应不大于其额定二次电压的（　　）。

　　A. 0.1%　　　　B. 0.2%　　　　C. 0.5%　　　　D. 1%

24.《供电营业规则》中规定，计费计量装置接线错误的，以（　　）为基准，按（　　）退补电量，退补时间从（　　）。

　　A. 用户正常月份用电量、正常月与故障月的差额、抄表记录或按失压自动记录仪记录

　　B. 实际倍率、正确与错误倍率的差值、抄表记录为准

　　C. 其实际记录的电量、正确与错误接线的差额率、上次校验或换装投入之日起至接线错误更正之日止

　　D. 允许电压降、验证后实际值与允许值之差、连接线投入或负荷增加之日起至电压降更正之日止

25.《供电营业规则》中规定，电压互感器保险熔断的，按规定计算方法计算值补收相应电量的电费；无法计算的，以（　　）为基准，按补收相应电量的电费，补收时间按（　　）确定。

　　A. 其实际记录的电量、正确与错误接线的差额率、上次校验或换装投入之日起至接线错误更正之日止

　　B. 实际倍率、正确与错误倍率的差值、抄表记录为准

　　C. 允许电压降、验证后实际值与允许值之差、连接线投入或负荷增加之日起至电压降更正之日止

    D. 用户正常月份用电量、正常月与故障月的差额、抄表记录或按失压自动记录仪记录

26.《供电营业规则》中规定,计算电量的倍率或铭牌倍率与实际不符的,以( )为基准,按( )退补电量,退补时间以( )确定。

    A. 实际倍率、正确与错误倍率的差值、抄表记录为准

    B. 用户正常月份用电量、正常月与故障月的差额、抄表记录或按失压自动记录仪记录

    C. 其实际记录的电量、正确与错误接线的差额率、上次校验或换装投入之日起至接线错误更正之日止

    D. 允许电压降、验证后实际值与允许值之差、连接线投入或负荷增加之日起至电压降更正之日止

27.《DL/T 448》规定,发电企业上网电量的计量装置属( )类计量装置。

    A. Ⅰ   B. Ⅱ   C. Ⅲ   D. Ⅳ

28.《DL/T 448》规定,发电企业厂(站)用电量的计量装置属( )类计量装置。

    A. Ⅰ   B. Ⅱ   C. Ⅲ   D. Ⅳ

29.《DL/T 448》规定,供电企业内部用于承包考核的计量点、考核有功电量平衡的 110kV 及以上的送电线路的计量装置属( )类计量装置。

    A. Ⅰ   B. Ⅱ   C. Ⅲ   D. Ⅳ

30.《DL/T 448》规定,负荷容量为 315kVA 以下的计费用户的计量装置属( )类计量装置。

    A. Ⅰ   B. Ⅱ   C. Ⅲ   D. Ⅳ

31.《DL/T 448》规定,发供电企业内部经济技术指标分析、考核用的计量装置属( )类计量装置。

    A. Ⅰ   B. Ⅱ   C. Ⅲ   D. Ⅳ

32.《DL/T 448》规定,单相供电的电力用户计费用的计量装置属( )类计量装置。

    A. Ⅱ   B. Ⅲ   C. Ⅳ   D. Ⅴ

33.《DL/T 448》规定,对三相三线制接线的电能计量装置,其 2 台电流互感器二次绕组与电能表之间宜采用( )连接。

    A. 三线   B. 四线   C. 五线   D. 六线

34.《DL/T 448》规定,对三相四线制连接的电能计量装置,其 3 台电流互感器二次绕组与电能表之间宜采用( )连接。

    A. 三线   B. 四线   C. 五线   D. 六线

35.《DL/T 448》规定，Ⅰ、Ⅱ类用于贸易结算的电能计量装置中电压互感器二次回路电压降应不大于其额定二次电压的（　　）。

    A. 0.1%　　　　B. 0.2%　　　　C. 0.5%　　　　D. 1%

36.《DL/T 448》规定，除Ⅰ、Ⅱ类外，其他电能计量装置中电压互感器二次回路电压降应不大于其额定二次电压的（　　）。

    A. 0.1%　　　　B. 0.2%　　　　C. 0.5%　　　　D. 1%

37.《DL/T 448》规定，Ⅰ、Ⅱ、Ⅲ类贸易结算用电能计量装置应按计量点配置计量电压、电流互感器或者专用二次绕组。电能计量（　　）电压、电流互感器或（　　）二次绕组及二次回路不得接入与电能计量无关的设备。

    A. 共用　共用　B. 专用　专用　C. 专用　共用　D. 共用　专用

38. 接入中性点绝缘系统的电能计量装置，宜采用（　　）接线方式；接入中性点非绝缘系统的电能计量装置，应采用（　　）接线方式。

    A. 三相三线；三相四线　　　　　　B. 三相四线；三相三线

    C. 三相三线；三相三线　　　　　　D. 三相四线；三相四线

二、判断题

1. 用电计量装置接线错误时，其退补电费时间：从上次校验或换装投入之日起至接线错误更正之日止的1/2时间计算。（　　）

2. 对三相四线制接线的电能计量装置，其2台电流互感器二次绕组与电能表之间宜采用四线连接。（　　）

3. 电能计量装置原则上应装在供电设施的产权分界处。（　　）

4. 电能计量装置中误接线对计量可靠性影响最大。（　　）

5. 伏安相位表使用后应及时将开关置于"OFF"，长时间不用应取出电池，将相位表测试线夹（钳）放入专用箱包中，应存放于通风、干燥场合。（　　）

6. 伏安相位是为现场电气测量而设计的一种手持式双通道工频数字双钳相位万用表。（　　）

7. 计量用二次回路或电能表接线错误，将导致电能计量装置烧损。（　　）

8. 可用相序表法检查电能计量装置接线是否移相。（　　）

9. 两元件三相有功电能表接线时不接 V 相电流。（　　）

10. 两元件三相有功电能表接线时不接 V 相电压。（　　）

11.《供电营业规则》规定，三相四线制有功电能表其中一相断压或断流时，少计1/2的总电量。（　　）

12.《电能计量装置技术管理规程》中规定：变压器容量为2500KVA的计费用户，属于Ⅲ类电能计量装置。（　　）

13.《电能计量装置技术管理规程》中规定：发电企业厂用电量的电能计量装

置属于Ⅲ类电能计量装置。（　　　）

14.《电能计量装置技术管理规程》中规定：供电企业内部承包考核的计量点应采用Ⅲ类电能计量装置。（　　　）

15. 电压相序接反，有功电能表将反转。（　　　）

16. 力矩法检查电能表接线时，应先测量一下相序，使接线保持正相序。（　　　）

17.《DL/T 448》规定，某一低压用户，负荷电流为45A，其计量装置应采用经电流互感器接入式的接线方式。（　　　）

18.《DL/T 448》规定，供电企业之间专线供电线路的另一端应设置考核用电能计量装置。（　　　）

19.《DL/T 448》规定，Ⅰ、Ⅱ、Ⅲ类贸易结算用电能计量装置应按计量点配置计量专用电压、电流互感互感器或者专用二次绕组。（　　　）

20.《DL/T 448》规定，电能计量专用电压、电流互感器或专用二次绕组及其二次回路不得接入与电能计量无关的设备。（　　　）

21.《DL/T 448》规定，100MW 的发电机组出口电能计量装置属于Ⅲ电能计量装置。（　　　）

三、多选题

1. 电能计量装置的配置原则是（　　　）。
   A. 具有足够的准确度
   B. 有足够的可靠性
   C. 可靠的封闭性能和防窃电性能可满足营抄管理工作的需要
   D. 应便于各种人员现场检查和带电工作

2. 常见的错误接线方式有（　　　）。
   A. 电压线圈（回路）失压
   B. 电源相序由 UVW 更换为 VWU 或 WUV
   C. 断中线或电源相序（一次或二次）接错相线或中性线对换位置
   D. 电流线圈（回路）接反

3. 正确的三相四线有功电能表的相量图应符合（　　　）。
   A. 第二元件电流滞后第一元件电流120度（三相负载平衡情况）
   B. 第三元件电流滞后第一元件电流240度（三相负载平衡情况）
   C. 第二元件电压滞后第一元件电压60度（三相负载平衡情况）
   D. 第三元件电压滞后第一元件电压240度（三相负载平衡情况）

4. 互感器的错误接线包括（　　　）。
   A. 一相或二相电流接反、电流二次接线相别错误

B. 电流互感器一次和二次均接反

C. 电压互感器二次极性接反或相别错误

D. 电流和电压相位、相别不对应

5. 电能计量装置一般包括( )。

A. 电能表

B. 计量用互感器、计量用二次回路

C. 带电流互感器的一次回路

D. 计量用的柜、屏、箱等

6. 接线检查主要检查计量电流回路和电压回路的接线情况,它包括( )。

A. 检查接线有无开路或接触不良、检查接线有无短路

B. 检查有无改接和错接、检查有无越表接线

C. 检查 TA、TV 接线是否符合要求、检查互感器的实际接线和变比

D. 检查电能表的规格、准确度是否符合要求

7. 电能计量装置根据计量对象的电压等级,一般分为( )的计量方式。

A. 高供高计　　　 B. 高供低计　　　 C. 低供低计　　　 D. 低供高计

8. 三相电能表接线判断检查有( )。

A. 检查电流　　　　　　　　　 B. 检查电压

C. 电流间的相位关系　　　　　 D. 测定三相电压的排列顺序

四、简答题

1. 什么是 I 类电能计量装置?

2. 什么是 II 类电能计量装置?

3. 什么是 III 类电能计量装置?

4. 电能计量装置包括哪些?

5. 在现场没有仪器设备的情况下,用什么方法可以初步判定三相三线有功电能表的接线是否正确?

6. 三相四线电能表在电流回路分别断开或短接一相、二相、三相的情况下能否正确计量,计量电量为多少?

7. 电能计量装置配置的基本原则是什么?

8. 如何防止电能计量装置错接线?

五、计算题

1. 有一只三相三线有功表,在运行中 A 相电压断路,已运行三月,已收 10 万千瓦时,负荷月平均功率因数为 0.86,试求该表应计有功电量多少? 应追补电量多少?

2. 有一只三相四线有功电能表，B 相电流互感器反接达一年之久，累计电量 $W = 2000\text{kW} \cdot \text{h}$。求差错电量 ΔW_1（假定三相负载平衡且正确接线时的功率 $P_0 = 3U_{相}I_{相}\cos\varphi$）。

3. 三相三线计量方式 a、c 两相二次电流互换，画出相应的电气接线图、相量图，并计算更正系数。

4. 三相三线计量方式，若电能表电压相序为 b、c、a，画出相应的电气接线图、相量图，并计算更正系数。

项目 4　电能计量装置的误差

项目简介

本项目包括三个工作任务:计量装置误差组成、互感器合成误差、综合误差的计算及其减少措施。通过对电能计量装置误差产生原因的分析介绍,掌握电能计量装置的误差分析方法和减少误差的措施。

任务 16　电能计量装置误差组成

任务描述

本任务包含误差和电能计量装置误差的基本概念。通过知识讲解,掌握误差的表示方法及电能计量装置误差的组成。

一、误差的基本概念

任何测量结果与被测量真值之间总有差值,这个差值称为误差。在任何测量中不可避免地要出现误差。

(一)误差表示方法

1. 绝对误差

绝对误差是被测电量的测量值与真实值之差,可表示为

$$\Delta W = W - W_0 \qquad\qquad (16-1)$$

式中,W——电能表测量的电量,$kW \cdot h$;

$\quad W_0$——被测电量的实际值,$kW \cdot h$。

ΔW 可为正值,也可为负值。ΔW 为正值说明测得的电量大于实际电量;ΔW 为负值说明测得的电量小于实际电量。它的大小和符号分别表示测得的电量值偏离实际电量的程度和方向。

2. 相对误差

对同一量来说,绝对误差值越小,测量的精度越高。但对不同的量就不能用绝对误差来判断测量的精度了。为了评价测量的精度,又提出了相对误差的概念。相对误差就是被测电量的绝对误差与其实际值的百分比,可表示为

$$\gamma = \frac{W - W_0}{W_0} \times 100\% \qquad (16-2)$$

对于感应式电能表,电能与功率成正比,驱动力矩也与功率成正比,转盘转速又与驱动力矩成正比,所以电能表的相对误差又有以下几种形式表示

$$\gamma = \frac{P - P_0}{P_0} \times 100\% \qquad (16-3)$$

式中,P——电能表反映的功率,W;

$\quad\ P_0$——被测电路的实际功率,W。

$$\gamma = \frac{M - M_0}{M_0} \times 100\% \qquad (16-4)$$

式中,M——电能表反映的功率产生的驱动力矩,N·m;

$\quad\ M_0$——被测电路的实际功率产生的驱动力矩,N·m。

$$\gamma = \frac{n - n_0}{n_0} \times 100\% \qquad (16-5)$$

式中,n——电能表转盘的实际转速,r/s;

$\quad\ n_0$——电能表转盘的理论转速,r/s。

当被测功率和转盘转数一定时,电能表转盘转动的时间与转速成反比,此时相对误差可表示为

$$\gamma = \frac{\frac{1}{t} - \frac{1}{t_0}}{\frac{1}{t_0}} \times 100\% = \frac{t_0 - t}{t} \times 100\% \qquad (16-6)$$

式中,t——电能表在恒定功率下转 N 转时测定的时间的时间,即实测时间,s;

$\quad\ t_0$——电能表没有误差时在恒定功率下转 N 转需要的时间,即算定时间,s。

(二)误差分类

根据测量过程中产生的误差性质,可将误差分为系统误差、偶然误差(也叫随机误差)及疏忽误差(或叫粗大误差)三类。

1. 系统误差

系统误差是一种在测量过程中或者遵循一定的规律变化,或者保持不变的误差。造成这种误差的原因主要由于测量仪器、仪表不准,环境影响,测量方法有缺陷以及测量人员的感觉器官差异等因素造成的,由于系统误差有规律可循,所以在测量结果中可以用修正值消除系统误差的影响。

2. 偶然误差

在相同条件下,多次测量同一量值时,每次所得的数值,总是多少有些不同。

这种对同一量值的偏离，称为偶然误差，或称为随机误差，它没有规律可循。随机误差的产生是由于物理现象本身的随机性，如实验条件实际存在着微小的变化（包括频率、温度的瞬间变化等）。

单次测量的随机误差是没有规律可循的，但大量的实验统计证实若作足够次数的重复测量，其随机误差服从统计规律，因此对测量结果中的随机误差可以进行概率统计的方法加以估算，即在规定的条件下，对某一测量重复多次，然后求出多次平均值与每次实际值之差，再按式（16-7）确定标准偏差的估计值。

$$S = \pm \sqrt{\frac{\sum_{i=1}^{n}(x_i - \bar{x})^2}{n-1}} \qquad (16-7)$$

式中，x_i——任意一次测量值（转数或时间）；

$\bar{x}$——测量 n 次平均值；

n——测量次数。

如电子式电能表标准偏差估计值测试时，要求在额定电压 U_N、标定电流 I_b、功率因数为 1 和 0.5 两个负载点分别作不少于 5 次的相对误差测量，然后按式（16-7）计算标准偏差估计值。

如果以相对误差表示偶然误差，则偶然误差为

$$\gamma = \pm \frac{S}{x} \times 100\% \qquad (16-8)$$

3. 疏忽误差

疏忽误差是指在测量过程中操作、读数、记录和计算等方面的过失而引起的误差。很显然，凡是含有疏忽误差的实验数据是不可靠的，应当舍去。

二、电能计量装置综合误差的概念

电能计量装置同其他计量器具一样，不可能绝对准确地记录电能值，总会存在一定的偏差，这种偏差叫电能计量装置的综合误差（整体误差）。电能计量装置的综合误差包括电能表的误差、互感器合成误差、电压互感器二次回路压降引起的误差三部分，即

$$\gamma = \gamma_b + \gamma_h + \gamma_d \quad (\%) \qquad (16-9)$$

式中，γ_b——电能表的误差；

γ_h——互感器的合成误差；

γ_d——电压二次回路压降引起的误差。

电能表的误差按其产生原因可分为基本误差和附加误差。

(一)基本误差

基本误差是在电能表规定条件下测得的相对误差。

规定条件为：

1. 电压为电能表规定条件的额定电压,偏差应不超过±1%；

2. 频率为 50 Hz,偏差不超过±0.5%；

3. 环境温度为 20℃,偏差不超过±3℃；

4. 波形畸变系数不超过±5%；

5. 预热时间,按电能表生产厂家要求的时间预热。

在以上条件下,按照 JJG 307—2006《机电式交流电能表检定规程》或 JJG 598—1999《电子式电能表检定规程》要求的不同功率因数和负载功率点进行基本误差测量。电能表的准确度等级就是根据基本误差确定的。

(二)附加误差

由于外界条件变化引起的误差称为附加误差。产生附加误差的主要原因有：电压、频率、环境温度的变化,电压波形畸变的影响等。

电能表误差可以直接测定,而互感器的合成误差和电压二次回路压降引起的误差需要通过计算得到,"任务 17:互感器合成误差和压降误差"中将分别介绍这两种误差计算方法。

思考与练习

一居民客户电能表常数为 3 000 imp/(kW·h),测试负荷为 100 W,电能表转发出一个脉冲所需多少时间？如果测试转发出一个脉冲的时间间隔为 11 s,误差应为多少？

任务 17　互感器合成误差和压降误差

任务描述

本任务包含各种不同情况下互感器合成误差的计算方法和电压互感器二次回路压降误差的计算方法等内容。通过知识讲解,掌握互感器合成误差和压降误差的计算方法。

一、互感器合成误差

电路中的高电压和大电流通过电压互感器和电流互感器变换成低电压和小电流,但是互感器不可能将一次电量毫无误差的大幅度缩小变成二次电量,即二次电

压 U_2 或二次电流 I_2 乘以互感器变比，不一定等于一次电压 U_1 或一次电流 I_1，因为存在着比差。二次电压或二次电流的相位反相 180° 以后，与此电压或一次电流的相位不相重合，因为存在角差。因此，互感器在使用时总会存在一定误差，用互感器合成误差 γ_h 的大小来反映了这种偏差的大小，其计算公式为

$$\gamma_h = \frac{P_2 K_I K_U - P_1}{P_1} \times 100\% \qquad (17-1)$$

式中，P_1——互感器一次侧功率真实值；

P_2——互感器二次侧功率测量值；

K_I——电流互感器额定变比；

K_U——电压互感器额定变比。

以下介绍在不同情况下互感器合成误差的计算方法。

（一）电压、电流互感器接入单相电路的合成误差

接有电压、电流互感器的单相电路

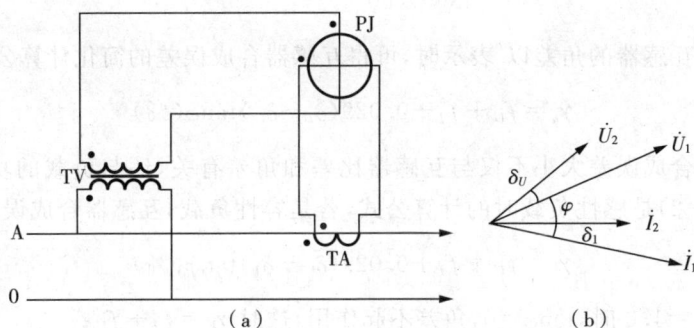

图 17-1　接有电压、电流互感器的单相电路接线图和相量图

一次侧功率为

$$P_1 = U_1 I_1 \cos\varphi$$

二次侧的功率为

$$P_2 = U_2 I_2 \cos(\varphi - \delta_I + \delta_U)$$

互感器的合成误差

$$\gamma_h = \frac{K_U K_I U_2 I_2 \cos(\varphi - \delta_I + \delta_U) - U_1 I_1 \cos\varphi}{U_1 I_1 \cos\varphi} \times 100\%$$

式中，δ_I——电流互感器的角差；

δ_U——电压互感器的角差。

因为 $K_U = \dfrac{U_1}{U_2}(1 + \dfrac{f_U}{100})$，$K_I = \dfrac{I_1}{I_2}(1 + \dfrac{f_I}{100})$，所以上式可写为

$$\gamma_h = \left[\frac{(1 + f_U/100)(1 + f_I/100)\cos(\varphi - \delta_I + \delta_U)}{\cos\varphi} - 1 \right] \times 100\%$$

因为 δ_I、δ_U 较小，所以 $\cos(\delta_I - \delta_U) \approx 1$，$\sin(\delta_I - \delta_U) \approx \delta_I - \delta_U$，略去二次微小项 $\dfrac{f_U f_I}{10\,000}$，进一步化简可得

$$\gamma_h = \left\{ \frac{f_U}{100} + \frac{f_I}{100} + \left[(\delta_I - \delta_U)\tan\varphi \right] \right\} \times 100\%$$

式中，f_U——电压互感器比差；

　　f_I——电流互感器比差。

式中 δ_I 和 δ_U 是用 rad（弧度）表示，而测得角差是用 $'$（分）表示，$'$ 和 rad 关系是

$$1' = \frac{2\pi}{360 \times 60} = 0.000291\text{rad}$$

因此当互感器的角差以 $'$ 表示时，可得互感器合成误差的简化计算公式为

$$\gamma_h = f_U + f_I + 0.029(\delta_I - \delta_U)\tan\varphi\ (\%) \qquad (17-2)$$

互感器合成误差大小不仅与互感器比差和角差有关，还与负载的功率因数有关。式（17-2）是感性负载时的计算公式，若是容性负载，互感器合成误差为

$$\gamma_h = f_U + f_I + 0.029(\delta_U - \delta_I)\tan\varphi\ (\%)$$

当 $\cos\varphi = 1.0$ 时，$\tan\varphi = 0$，角差不起作用，这时 $\gamma_h = f_I + f_U$。

（二）电压、电流互感器接入三相四线电路的合成误差

三相四线电路带电压、电流互感器时，相当于三个单相电路带电压、电流互感器。每相可按式（17-2）求得合成误差，三相平衡对称时总误差为各相误差的平均值。

根据式（17-2），A、B、C 三个相电路的合成误差及总误差为

$$\begin{cases} \gamma_A = f_{I_A} + f_{U_A} + 0.0291(\delta_{I_A} - \delta_{U_A})\tan\varphi \\[2mm] \gamma_B = f_{I_B} + f_{U_B} + 0.0291(\delta_{I_B} - \delta_{U_B})\tan\varphi \\[2mm] \gamma_C = f_{I_C} + f_{U_C} + 0.0291(\delta_{I_C} - \delta_{U_C})\tan\varphi \end{cases}$$

$$\gamma_h = \frac{1}{3}\left[(f_{I_A} + f_{I_B} + f_{I_C} + f_{U_A} + f_{U_B} + f_{U_C}) + 0.0291(\delta_A + \delta_B + \delta_C)\tan\varphi \right]\ (\%)$$

$$(17-3)$$

式中，f_{I_A}、f_{I_B}、f_{I_C}——A、B、C 相电流互感器的比差；

　　f_{U_A}、f_{U_B}、f_{U_C}——A、B、C 相电压互感器的比差。

（三）电压、电流互感器接入三相三线电路的合成误差

1. 电压互感器接成 V 形

合成误差的计算公式。三相二元件有功电度表接入高压电路时，每组元件将接有电压互感器和电流互感器各一只，其接线原理和相量关系如图 17-2 所示。

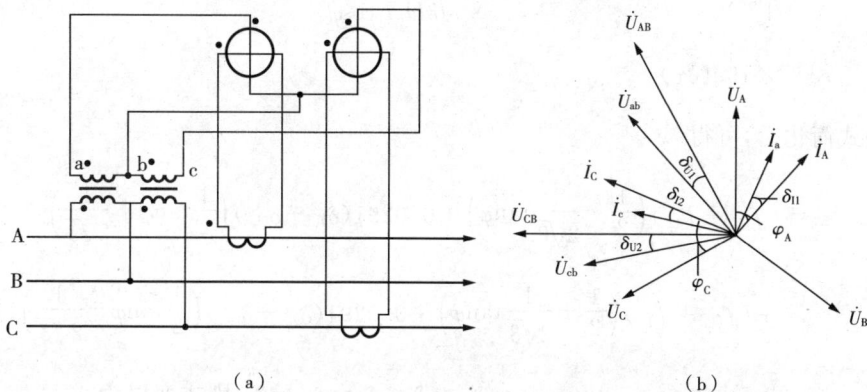

（a）　　　　　　　　　　　　　　　　　（b）

图 17-2　V 形接线互感器的相量图

$\dot{U}_{AB}$、$\dot{U}_{CB}$、$\dot{U}_{ab}$、$\dot{U}_{cb}$——二次线电压；$\dot{I}_A$、$\dot{I}_C$、$\dot{I}_a$、$\dot{I}_c$——二次电流；

δ_{I_1}、δ_{I_2}——两个电流互感器的角差；δ_{U_1}、δ_{U_2}——两个电压互感器的角差；φ_A、φ_C——一次侧功率因数角

由图 17-2 可得一次侧功率 P_1 为

$$P_1 = U_{AB}I_A\cos(\varphi_A + 30°) + U_{CB}I_C\cos(\varphi_C - 30°)$$

二次侧功率为

$$P_2 = U_{ab}I_b\cos(\varphi_A + 30° - \delta_{I_1} + \delta_{U_1}) + U_{cb}I_c\cos(\varphi_c - 30° - \delta_{I_2} + \delta_{U_2})$$

通常三相电源是接近对称的，为使问题简化，这里仅讨论三相对称的情况。

令

$$U_{AB} = U_{CB} = U_1, \quad I_A = I_C = I_1,$$

$$U_{ab} = U_{cb} = U_2, \quad I_a = I_c = I_2, \quad \varphi_A = \varphi_C = \varphi$$

则有

$$P_1 = \sqrt{3}U_1 I_1 \cos\varphi_1$$

$$P_2 = U_2 I_2 \cos(\varphi + 30° - \delta_{I_1} + \delta_{U_1}) + U_2 I_2 \cos(\varphi - 30° - \delta_{I_2} + \delta_{U_2})$$

将 P_2 折算到一次侧

$$P_1' = K_{U_1} K_{I_1} U_2 I_2 \cos(\varphi + 30° - \delta_{I_1} + \delta_{U_1}) + K_{U_2} K_{I_2} U_2 I_2 \cos(\varphi - 30° - \delta_{I_2} + \delta_{U_2})$$

于是 $\varepsilon_p = \dfrac{P_1' - P_1}{P_1} \times 100(\%)$

$$= \left[\frac{K_{U_1} K_{I_1} U_2 I_2 \cos(\varphi + 30° - \delta_{I_1} + \delta_{U_1}) + K_{U_2} K_{I_2} U_2 I_2 \cos(\varphi - 30° - \delta_{I_2} + \delta_{U_2})}{\sqrt{3} U_1 I_1 \cos\varphi} - 1 \right]$$

$$\times 100(\%)$$

将公式简化后,可得

$$\varepsilon_p = (f_{U_1} + f_{I_1}) \left(\frac{1}{2} - \frac{1}{2\sqrt{3}} \tan\varphi \right) + 0.0291(\delta_{I_1} - \delta_{U_1}) \left(\frac{1}{2} \tan\varphi + \frac{1}{2\sqrt{3}} \right)$$

$$+ (f_{U_2} + f_{I_2}) \left(\frac{1}{2} + \frac{1}{2\sqrt{3}} \tan\varphi \right) + 0.0291(\delta_{I_2} - \delta_{U_2}) \left(\frac{1}{2} \tan\varphi - \frac{1}{2\sqrt{3}} \right) (\%)$$

令 $f_1 = f_{U_1} + f_{I_1}$,$f_2 = f_{U_2} + f_{I_2}$,$\delta_1 = \delta_{I_1} - \delta_{U_1}$,$\delta_2 = \delta_{I_2} - \delta_{U_2}$ 则式变以为

$$\varepsilon_p = f_1 \left(\frac{1}{2} - \frac{1}{2\sqrt{3}} \tan\varphi \right) + 0.0291\delta_1 \left(\frac{1}{2} \tan\varphi + \frac{1}{2\sqrt{3}} \right)$$

$$+ f_2 \left(\frac{1}{2} + \frac{1}{2\sqrt{3}} \tan\varphi \right) + 0.0291\delta_2 \left(\frac{1}{2} \tan\varphi - \frac{1}{2\sqrt{3}} \right)$$

以上各式中,K_{U_1}、K_{U_2}——第一、二元件电压互感器额定变化;

$\qquad K_{I_1}$、K_{I_2}——第一、二元件电流互感器额定变比;

$\qquad f_{U_1}$、f_{U_2}——第一、二元件电压互感器比差;

$\qquad f_{I_1}$、f_{I_2}——第一、二元件电流互感器比差;

$\qquad \delta_{U_1}$、δ_{U_2}——第一、二元件电压互感器角差;

$\qquad \delta_{I_1}$、δ_{I_2}——第一、二元件电流互感器角差。

上式是在三相电源对称负荷为感性的情况下,三相二元件有功电度表由于互感器的误差引起的合成误差计算公式。

2. 电压互感器按 Y/Y 形连接

如果三相电压互感器的接线组别是 Y/Y 形,且电压互感器相电压的比差和角差分别为:f_A、f_B、f_C、δ_A、δ_B、δ_C。那么,要求合成误差时,应根据以下公式将相电压的比差和角差换算成线电压的比差 f_{U_1}、f_{U_2} 和角差 δ_{U_1}、δ_{U_2} 后,才可利用前面讨论的 V 形连接时合成误差计算公式。

$$f_{U_1} = \frac{1}{2}(f_A + f_B) + 0.0084(\delta_A - \delta_B)(\%)$$

$$\delta_{U_1} = \frac{1}{2}(\delta_A + \delta_B) + 9.924(f_A - f_A)(')$$

$$f_{U_2} = \frac{1}{2}(f_C + f_B) + 0.0084(\delta_C - \delta_B)(\%)$$

$$\delta_{U_2} = \frac{1}{2}(\delta_C + \delta_B) + 9.924(f_C - f_B)(')$$

二、电压互感器二次回路压降误差

（一）电压互感器二次回路压降误差的计算

电能表电压线圈上的电压来自电压互感器，由于回路中熔断器、开关、电缆、接触电阻等的电压降，使电能表端电压和电压互感器出口电压在数值和相位上不一致，造成电压互感器二次回路的压降误差。

1. 三相三线电路的压降误差

三相三线电能计量回路的等值电路图如图 17-3 所示。

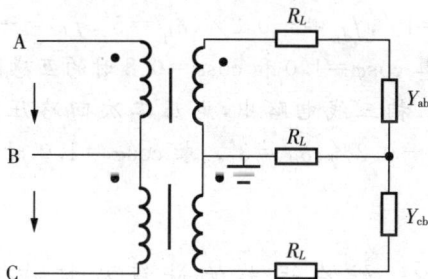

图 17-3　三相三线电能计量回路的等值电路

图中，R_L 为二次回路的等值电阻，Y_{ab}、Y_{cb} 为三相电能表两个电压线圈的导纳。二次压降引起的计量误差为

$$\gamma_d = \frac{P' - P}{P} \times 100\% = \frac{(1+f_{ab})\cos(30° + \varphi + \delta_{ab}) + (1+f_{cb})\cos(30° - \varphi - \delta_{ab})}{\sqrt{3}\cos\varphi} - 1$$

式中 δ_{ab}、δ_{cb} 以分为单位，其近似计算式为

$$\gamma_d = 0.5(f_{ab} + f_{ca}) - 0.0084(\delta_{ab} - \delta_{cb}) - 0.289(f_{ab} - f_{cb})\tan\varphi$$

$$-0.0145(\delta_{ab} + \delta_{cb})\tan\varphi(\%) \tag{17-4}$$

2. 三相四线电路的压降误差

在三相四线制电能计量回路中,若测得电能表端电压对电压互感器二次端电压的比差和角差分别为(f_a、f_b、f_c)和(δ_a、δ_b、δ_c),则二次压降引起的误差为

$$\gamma_d = \frac{1}{3}\left[(f_a + f_b + f_c) - 0.0291(\delta_a + \delta_b + \delta_c)\tan\varphi\right](\%) \qquad (17-5)$$

可见,二次压降引起的误差与电压互感器合成误差的计算公式完全相同。通常将测得的二次压降比差、角差与电压互感器的比差、角差代数相加,以计算总的合成误差。

(二)压降引起的误差与压降的区别

压降和压降引起的误差是两个不同的概念。压降引起的误差是指这种压降给电能计量带来的误差,而压降是指电压从电压互感器出口到电能表时的压降数值。两者的含义不同,在数值上也不相等。

思考与练习

1. 请写出单相电路接入电流、电压互感器时互感器合成误差的计算公式。

2. 在 3×220 V 的三相四线电路中,电流互感器在额定电流时测得的误差数据为:$f_{I_A} = -0.1\%$、$\delta_{I_A} = 10'$,$f_{I_B} = -0.2\%$、$\delta_{I_B} = 5'$,$f_{I_C} = -0.3\%$、$\delta_{I_C} = 5'$。当负荷在额定电流时,请计算 $\cos\varphi = 1.0$ 和 $\cos\varphi = 0.8$ 时的互感器合成误差。

3. 在 3×100 V 三相三线电路中,电压二次回路压降测试数据为:$f_{ab} = -0.1\%$、$\delta_{ab} = 1'$,$f_{cb} = -0.2\%$、$\delta_{cb} = 3'$。求 $\cos\varphi = 1.0$ 时的压降和压降引起的误差。

任务 18 综合误差的计算及其减小措施

任务描述

本任务介绍电能计量装置综合误差的基本概念、计算、修正及其减小措施。通过知识讲解,了解电能表误差、互感器误差和电压互感器二次回路压降对电能计量装置综合误差的影响及其计算,掌握综合误差减小措施。

一、电能计量装置综合误差的计算

电能计量装置综合误差计算公式为式(18-1)。

$$\gamma = \gamma_b + \gamma_h + \gamma_d \quad (\%) \qquad (18-1)$$

当电能计量装置不包含互感器和电压二次回路时，γ_h、γ_d 为 0。

由于 γ_b、γ_h、γ_d 随着电压 U、电流 I、功率因数 $\cos\varphi$ 变化而变化，因此 γ 不是一个确定的值。因此，在计算综合误差时，要注意在相同的情况下才能进行代数相加。

(一) 三相三线电路综合误差的计算

1. 采用三相两元件电能表 (或两台单相电能表) 计量时，若三相电路不平衡，要先测得第一、二元件的电能 (功率) 表的功率值 P_1、P_2 和相对误差 γ_1、γ_2，则综合误差为

$$\gamma = \frac{1}{P_1 + P_2}\{P_1(\gamma_1 + f_{U_{AB}} + f_{I_A} + f_{ab}) + P_2(\gamma_2 + f_{U_{CB}} + f_{I_C} + f_{cb})$$

$$-0.0291[P_1(\delta_{U_{AB}} - \delta_{I_A} + \delta_{ab})\tan\varphi_{AB} + P_2(\delta_{U_{CB}} - \delta_{I_C} + \delta_{cb})\tan\varphi_{CB}]\}$$

$$(18-2)$$

式中，$f_{U_{AB}}$、$f_{U_{CB}}$——AB 相与 CB 相电压互感器的比差；

f_{I_A}、f_{I_C}——A 相与 C 相电流互感器的比差；

f_{ab}、f_{cb}——ab 相与 cb 相电压二次回路压降误差的比差；

$\delta_{U_{AB}}$、$\delta_{U_{CB}}$——AB 相与 CB 相电压互感器的角差；

δ_{I_A}、δ_{I_C}——A 相与 C 相电流互感器的角差；

δ_{ab}、δ_{cb}——ab 相与 cb 相电压二次回路压降误差的角差；

φ_{AB}、φ_{CB}——$\dot{U}_{AB}$ 与 $\dot{I}_A$ 间、$\dot{U}_{CB}$ 与 $\dot{I}_C$ 间的相角。

φ_{AB}、φ_{CB} 相角值叮先用相位表测出二次侧 $\dot{U}_{ab}$ 与 $\dot{I}_a$ 间的相位角 φ_{ab}、$\dot{U}_{cb}$ 与 $\dot{I}_c$ 间的相位角 φ_{cb}，并按下式计算

$$\varphi_{AB} = \varphi_{ab} - (\delta_{U_{AB}} - \delta_{I_A} + \delta_{ab})/60 \qquad (18-3)$$

$$\varphi_{CB} = \varphi_{cb} - (\delta_{U_{CB}} - \delta_{I_C} + \delta_{cb})/60 \qquad (18-4)$$

2. 当三相电路平衡时，先计算由互感器和二次压降引起的合成误差

$$\gamma_h + \gamma_d = 0.5[(f_{U_{AB}} + f_{I_A} + f_{ab}) + (f_{U_{CB}} + f_{I_C} + f_{cb})] - 0.0084[(\delta_{U_{AB}} - \delta_{I_A} + \delta_{ab})$$

$$-(\delta_{U_{CB}} - \delta_{I_C} + \delta_{cb})] - \{0.5[(f_{U_{AB}} + f_{I_A} + f_{ab}) - (f_{U_{CB}} + f_{I_C} + f_{cb})]$$

$$+0.0145[(\delta_{U_{AB}} - \delta_{I_A} + \delta_{ab}) - (\delta_{U_{CB}} - \delta_{I_C} + \delta_{cb})]\}\tan\varphi(\%) \qquad (18-5)$$

其中 φ 为负荷阻抗角，可在互感器二次侧由相位表测出 $\dot{U}_{ab}$ 与 $\dot{I}_a$ 的相位角 φ_{ab}，并按下式计算

$$\varphi = \varphi_{ab} - 30° - (\delta_{U_{AB}} - \delta_{I_A} + \delta_{ab})/60 \qquad (18-6)$$

则三相电路平衡时的综合误差为

$$\gamma = \gamma_b + \gamma_h + \gamma_d \quad (\%)$$

3. 三相四线电路综合误差的计算

(1)采用三相三元件电能表计量时,若三相电路不平衡,则由电能表、电流互感器、电压互感器和二次压降引起的综合误差为

$$\gamma = \frac{1}{P_1 + P_2 + P_3} \{ P_1(\gamma_{b1} + f_{U_A} + f_{I_A} + f_a) + P_2(\gamma_{b2} + f_{U_B} + f_{I_B} + f_{ab})$$

$$+ P_3(\gamma_{b3} + f_{U_C} + f_{I_C} + f_c) - 0.0291[P_1(\delta_{U_A} - \delta_{I_A} + \delta_a)\tan\varphi_A$$

$$+ P_2(\delta_{U_B} - \delta_{I_B} + \delta_b)\tan\varphi_B + P_3(\delta_{U_C} - \delta_{I_C} + \delta_c)\tan\varphi_C]\}(\%) \quad (18-7)$$

式中,P_1、P_2、P_3 和 γ_{b1}、γ_{b2}、γ_{b3}——各相电能(功率)表的功率值和相对误差;

φ_A、φ_B、φ_C——各相电压与电流之间的相角。

一次电压与一次电流的相位差可由下式计算

$$\varphi_A = \varphi_a - (\delta_{U_A} - \delta_{I_A} + \delta_a)/60$$

$$\varphi_B = \varphi_b - (\delta_{U_B} - \delta_{I_B} + \delta_b)/60$$

$$\varphi_C = \varphi_c - (\delta_{U_C} - \delta_{I_C} + \delta_c)/60$$

当采用一台三相四线电能表时,综合误差可由式(18-1)计算。

(2)当三相电路平衡时,综合误差为

$$\gamma = \gamma_b + (f_U + f_I + f_d) - 0.0291(\delta_U + \delta_I + \delta_d)\tan\varphi(\%) \quad (18-8)$$

当三相电路平衡时

$$P_1 = P_2 = P_3 \text{、} f_{U_A} = f_{U_B} = f_{U_C} = f_U \text{、} f_{I_A} = f_{I_B} = f_{I_C} = f_I$$

$$\delta_{U_A} = \delta_{U_B} = \delta_{U_C} = \delta_U \text{、} \delta_{I_A} = \delta_{I_B} = \delta_{I_C} = \delta_I \text{、} \delta_a = \delta_b = \delta_c = \delta_d$$

代入式(18-7),化简得式(18-8)。

二、电能计量装置综合误差的修正

当要修正电能表、互感器和二次压降引起的综合误差 γ 时,电能表测得的电能量 W 乘以更正系数$(1-\gamma\%)$,修正后的电能量为

$$W_0 = W \times (1 - \gamma\%) \quad (18-9)$$

三、电能计量装置综合误差的减小措施

要减小电能计量装置的综合误差,应全面考虑电能表、互感器和二次回路的合理匹配,使运行中的电能计量装置的综合误差在计量设备准确等级一定的情况下,

减小到最小值。下面就介绍几种常用的减小综合误差的措施。

（一）尽量选用误差较小的互感器

互感器误差小，则合成误差小，所以应尽量选用误差较小的互感器。在条件许可下，对运行的互感器可进行误差补偿。

（二）根据互感器的误差合理配对

从互感器的合成误差计算公式来看，互感器的合成误差与比差、角差有关。所以，在安装时应将互感器合理配对，尽量做到接入电能表同一元件的电流互感器、电压互感器的比差符号相反、数值相等或相近，角差符号相同、数值相等或相近，从而得到较小的合成误差。

（三）尽量使互感器二次负荷在设计要求的范围内

如果互感器二次回路中接入过多的设备，可能会使二次功耗过高，或者二次回路所接设备的功耗远远小于互感器的下限负荷，这些都会使互感器的实际运行误差大大偏正或偏负。

（四）选择电能表时应考虑互感器及压降的合成误差

应选择误差与互感器及压降的合成误差数值相近、符号相反的电能表，从而部分抵消互感器及压降的合成误差。

（五）减小电压互感器二次回路压降带来的误差

在电能计量装置专用的回路中，应尽量缩短二次回路导线的长度，加大导线截面，降低导线电阻。

思考与练习

1. 某三相三线电能计量装置的测试数据见下表，试求在标定电流 I_b 和 $\cos\varphi=1.0$ 时，该套计量装置的综合误差。

设备名称	试验项目	测试误差
电能表	$I=I_b$, $\cos\varphi=1.0$	$\gamma_b=0.8$
	$I=0.5I_b$, $\cos\varphi=1.0$	$\gamma_b=1.2$
压降	ab 相	$f_{ab}=-0.2\%$, $\delta_{ab}=6'$
	cb 相	$f_{cb}=-0.2\%$, $\delta_{cb}=6'$
电流互感器	A 相	$f_{I_A}=-0.1\%$, $\delta_{U_B}=12'$
	C 相	$f_{I_C}=-0.18\%$, $\delta_{ab}=10'$
电压互感器	AB 相	$f_{U_{AB}}=-0.1\%$, $\delta_{U_{AB}}=6'$
	CB 相	$f_{U_{CB}}=-0.12\%$, $\delta_{U_{CB}}=6'$

2. 简述减小电能计量装置综合误差的措施。

综合练习

一、选择题

1. 《DL/T 448》规定,现场检验时不允许打开电能表罩壳和现场调整电能表误差。当现场检验电能表误差超过电能表准确度等级值时应在(   )内更换。

   A. 三天　　　　B. 五天　　　　C. 三个工作日　D. 五个工作日

2. 某居民客户计费电能表,经检定误差为+5%,根据《供电营业规则》规定,应按(   )退还电量。

   A. 2%　　　　B. 3%　　　　C. 5%　　　　D. 8%

3. 当现场检验电能表误差超过电能表准确度等级值时应在(   )工作日内更换。

   A. 3个　　　　B. 5个　　　　C. 7个　　　　D. 10个

4. 《电能计量装置技术管理规程》规定:检定电能表误差应控制在规程规定基本误差限的(   )以内。

   A. 50%　　　　B. 60%　　　　C. 70%　　　　D. 100%

5. S级电能表在(   )Ib即有误差要求,提高了电能表轻负载的计量性能。

   A. 1%　　　　B. 2%　　　　C. 3%　　　　D. 5%

6. 电能表的准确度等级为2.0级,其含义是说明它的(   )不大于±2.0%。

   A. 相对误差　　B. 基本误差　　C. 绝对误差　　D. 附加误差

7. 某客户计费电能表为2.0级,经校验实际误差为+2.5%,问,根据《供电营业规则》规定,计算退补电量的基准误差应为(   )。

   A. 0　　　　B. 0.5　　　　C. 2　　　　D. 2.5

8. 某居民用户电能表(2级)常数3000r/kW·h,实际负荷为100W,测得该电能表转2转的时间22s,该表的误差是(   )。

   A. 8.1%　　　　B. 9.1%　　　　C. 9.5%　　　　D. 8.4%

9. 为减小计量装置的综合误差,对接到电能表同一元件的电流互感器和电压互感器的比差、角差要合理地组合配对,原则上,要求接于同一元件的电压、电流互感器(   )。

   A. 比差符号相反,数值接近或相等角差符号相同,数值接近或相等

   B. 比差符号相反,数值接近或相等角差符号相反,数值接近或相等

   C. 比差符号相同,数值接近或相等角差符号相反,数值接近或相等

D. 比差符号相同,数值接近或相等角差符合相同,数值接近或相等

10. 三相电能表必须按正相序接线,以减少逆向序运行带来的(　　)。

　　A. 附加误差　　　B. 系统误差　　　C. 随机误差　　　D. 偶然误差

11. 测量结果与被测量真值之间的差是(　　)。

　　A. 偏差　　　　　B. 测量误差　　　C. 系统误差　　　D. 偶然误差

12. 电能计量装置的综合误差实质上是(　　)。

　　A. 互感器的合成误差

　　B. 电能表的误差、互感器的合成误差以及电压互感器二次导线压降引起的误差的总和

　　C. 电能表测量电能的线路附加误差

　　D. 电能表和互感器的合成误差

13. 一只 0.5S 级电能表,当测定的基本误差为 0.315% 时,修约后的数据应为(　　)。

　　A. 0.35%　　　B. 0.30%　　　C. 0.32%　　　D. 0.40%

14. 在三相电路完全不对称的情况下,(　　)测量无功电能不会引起线路附加误差。

　　A. 正弦无功电能表　　　　　　　B. 内相角 60° 无功电能表

　　C. 跨相 90° 无功电能表　　　　　D. 跨相接线的有功电能表

15. 电子式电能表确定日计时误差时一般应预热(　　)。

　　A. 0.5h　　　B. 1h　　　C. 2h　　　D. 3h

16. 1 级电能表检定数据的误差化整间距为(　　)。

　　A. 0.1　　　B. 0.2　　　C. 0.5　　　D. 0.05

17. 现场检验电能表时,当负载电流低于被检电能表标定电流的 10%,或功率因数低于(　　)时,不宜进行误差测定。

　　A. 0.866　　　B. 0.5　　　C. 0.732　　　D. 0.6

18. 电子式电能表的误差主要分布在(　　)

　　A. 分流器　　　B. 分压器　　　C. 乘法器　　　D. 以上 A、B、C 均包括

19. 电能表最大需量功率部分的测量误差是指(　　)。

　　A. 相对引用误差　　　　　B. 相对误差　　　C. 最大引用误差

20. 多功能安装式电能表的需量周期误差应不超过需量周期的(　　)。

　　A. 0.5%　　　B. 1%　　　C. 1.5%　　　D. 2%

21. 在检验电能表时被检表的采样脉冲应选择确当,不能太少,至少应使两次出现误差的时间间隔不小于(　　)s。

　　A. 3　　　B. 5　　　C. 10　　　D. 20

22. 现场检验时,多功能电能表的示值应正常,各时段记度器示值电量之和与总记度器示值电量的相对误差应不大于(　　)%。

    A. 0.05%　　　B. 0.1%　　　C. 0.15%　　　D. 0.2%

23. 电子式电能表在 24 小时内的基本误差改变量(简称变差)的绝对值(%)不得超过该表基本误差限绝对值的(　　)。

    A. 1/2　　　B. 1/3　　　C. 1/5　　　D. 1/10

24. 工作条件下,复费率电能表标准时钟平均日计时误差应不得超过(　　)s/d。

    A. 1　　　B. 2　　　C. 0.1　　　D. 0.5

25. 在现场测定电能表基本误差时,若负载电流低于被检电能表基本电流的(　　)时,不宜进行误差测量。

    A. 2%　　　B. 10%　　　C. 5%　　　D. 1/3

26. 电能表的工作频率改变时,对(　　)。

    A. 相角误差影响大

    B. 幅值误差影响较大

    C. 对相角误差和幅值误差有影响

    D. 对相角误差和幅值误差都没有影响

27. 一只 1.0 级有功电能表,某一负载下测得基本误差为+0.3286%,修约后数据应为(　　)。

    A. +0.30%　　　B. +0.2%　　　C. +0.3%

28. 不能有效降低综合误差的办法是(　　)。

    A. 根据互感器误差合理配对　　　B. 减少二次回路压降

    C. 降低负载功率因数　　　　　　D. 根据电能表运行条件合理调表

29. 检定电能表时,其实际误差应控制在规程规定基本误差限的(　　)。

    A. 50%以内　　　B. 70%以内　　　C. 85%以内　　　D. 100%以内

30. 电能计量装置的综合误差与(　　)有关。

    A. 电流　　　　　　　　　　　　B. 电流、电压、功率因数

    C. 功率因数　　　　　　　　　　D. 电压

31. 对具有日计时功能的电能表,在参比条件下,其内部时钟日计时误差限为(　　)s/d。

    A. ±1　　　B. ±2　　　C. ±0.1　　　D. ±0.5

32. 在额定频率、额定功率因数及二次负荷为额定值的(　　)之间的任一数值内,测量用电压互感器的误差不得超过规程规定的误差限值。

    A. 20%～100%　　　　　　　　B. 25%～100%

C. 20%～120%　　　　　　　D. 25%～120%

33. 日计时误差的修约间距为（　　　）。

A. 0.01s/d　　B. 0.05s/d　　C. 0.1s/d　　　　D. 0.5s/d

34. 下面有几个计量误差的定义，其中国际通用定义是（　　　）。

A. 含有误差的量值与其真值之差

B. 计量器具的示值与实际值之差

C. 计量结果减去被计量的（约定）真值

35. 电子式三相电能表的误差调整以（　　　）调整为主。

A. 软件　　　　B. 硬件　　　　C. 手动　　　　D. 自动

36. 具有多路输出的电能表检定装置，各路输出的基本误差符合准确度等级要求，相互间的基本误差最大变化值应不超过最大允许误差的（　　　）。

A. 15%　　　　B. 30%　　　　C. 45%　　　　D. 50%

37. 判断电能表是否超差应以（　　　）的数据为准。

A. 原始　　　　B. 修约后　　　C. 多次平均　　　D. 第一次

二、判断题

1.《供电营业规则》中规定，如计费电能表的误差在允许范围内，验表费不退；如计费电能表的误差超出允许范围时，仅退还验表费。（　　　）

2. 现场检验发现电能表超差时，可在现场打开电能表壳进行误差调整。（　　　）

3.《电能计量装置技术管理规程》规定，计量检定人员可根据工作实际需要，现场检验时允许打开电能表罩壳和现场调整电能表误差。（　　　）

4.《供电营业规则》中规定，计量装置误差超差，退补期间，用户先按抄见电量如期交纳电费，误差确定后，再行退补。（　　　）

5.《供电营业规则》中规定，计量装置误差超差的，退补电量未正式确定前，用户应先按正常月用电量交付电费。（　　　）

6. 检定电能表时，其实际误差应控制在规程规定基本误差限的 70% 以内。（　　　）

7.《供电营业规则》规定，电能表误差超出允许范围时，以"0"误差为基准，按验证后的误差值退补电量。退补时间从上次校验或换装后投入之日起至误差更正之日止计算。（　　　）

8. 电压、电流互感器的合成误差称为电能计量装置的综合误差。（　　　）

9. 互感器或电能表误差超出允许范围时，以"0"误差为基准，按验证后的误差值退补电量。（　　　）

三、多选题

1. 影响电流互感器误差的因素有( )。

    A. 一次电流的变化

    B. 电源频率的变化

    C. 二次负载功率因数的变化

    D. 二次负载增大

2. 要确保计量装置准确、可靠,必须具备的条件是( )。

    A. 电能表和互感器的误差合格

    B. 电能表接线正确

    C. 电压互感器二次压降满足要求

    D. 电能表铭牌与实际电压、电流、频率相对应

四、简答题

1. 互感器或电能表误差超差如何退补电量?

2. 1级智能电能表对误差变差是如何要求的?(出处:《Q/GDW 363—2009 1级三相智能电能表技术规范》第4.6.2条)

五、计算题

1. 某客户实际用电负荷为100kW,安装三相四线有功表的常数为1000r/kW·h,电流互感器变比为150/5A。用秒表法测得圆盘转10圈的时间为15s,试求该套计量表计的误差为多少?

2. 一居民用户电能表常数为3000r/kW·h,测试负荷为100W,电能表1r时应该是多少时间?如果测得转一圈的时间为11s,误差应是多少?

3. 一台单相10kV/100V、0.5级的电压互感器,二次侧所接的负载为$W_b=25VA$,$\cos\varphi=0.4$,每根二次连接导线的电阻为0.8Ω。试计算二次回路的电压降的比值差ε和相位差δ。

项目 5   电能计量装置的安装与验收

项目简介

本项目包括七个工作任务:电能计量装置的施工、电能计量装置安装工艺、低压电能计量装置安装、高压电能计量装置安装、电能计量装置送电后检查验收、电能计量装置带电更换、电能计量装置竣工验收。通过对高、低压计量装置施工、安装工艺的介绍,掌握电能计量装置安装、工程检查、竣工验收的流程及方法。

任务 19   电能计量装置的施工

任务描述

本任务包含电能计量装置施工方案的编制。通过编制方案、现场施工的规定和内容讲解,掌握编制电能计量装置施工方案的方法。

电能计量装置施工方案主要包括两方面内容:电能计量装置配置方案和现场施工方案。

一、电能计量装置配置方案

(一)电能计量装置的分类要求

1. 电能计量装置包括各种类型电能表、计量用电压电流互感器及其二次回路、电能计量柜(箱)等。

2. 在 DL/T 448—2000《电能计量装置技术管理规程》中,把电能计量装置按其所计量电能量的多少和计量对象的重要程度分为五类(类别划分原则参见"任务 12:电能计量装置分类及配置")。

(二)电能计量装置配置原则

1. 新建电源、电网工程的电能计量装置应采用专用电压、电流互感器的配置方式,35 kV 及以上电压等级,应采用专用计量二次绕组。对在用电能计量装置有条件时也应逐步改造,使其满足现行技术管理要求。

2. 10 kV 及以下的电能计量柜应采用整体式电能计量柜。

3. 10 kV 以上 110 kV 以下的电能计量装置宜采用分体式电能计量柜。配置专用的电流、电压互感器,二次回路以及专用计量屏,用二次电缆与电能计量电压、电流互感器柜相连接。

4. 110 kV 及以上的电能计量装置应配专用的电流、电压互感器或专用计量绕组,具有专用二次回路及专用计量屏,用电缆与电流、电压互感器相连接。

5. 电能计量装置按不同用电类别应配置的电能表、互感器的准确度等级不应低于表 19 - 1 规定。

表 19 - 1　计量装置准确度等级表

电能计量装置类别	准确度等级			
	有功电能表	无功电能表	电压互感器	电流互感器
Ⅰ	0.2 S 或 0.5 S	2.0	0.2	0.2 S 或 0.2
Ⅱ	0.5 S 或 0.5	2.0	0.2	0.2 S 或 0.2
Ⅲ	1.0	2.0	0.5	0.5 S
Ⅳ	2.0	3.0	0.5	0.5 S
Ⅴ	2.0			0.5 S
注:0.2 级电流互感器仅发电机出口电能计量装置中配用。				

6. 整体式电能计量柜电压、电流互感器二次导线应从输出端子直接接至计量柜内的电流、电压端子(试验接线盒),中间不得有任何辅助接点、接头或其他连接端子。手车式(中置柜)计量柜的二次回路需要通过转接触头连接电能表,此类转接触头的技术要求应满足相关技术标准。

7. 110 kV 及以上电压互感器一次侧安装隔离开关,35 kV 及以下电压互感器一次侧安装 0.5~1 A 的熔断器。

8. 下列部位必须具备加封条件,并采取有效防窃电措施:电能表两侧表耳,电能表箱(柜)门锁,电能表尾盖板,试验接线盒防误操作盖板,计量互感器二次接线端子及快速熔断式隔离开关,计量互感器柜门锁,计量电压互感器一次刀闸操作把手、熔管室及手车摇柄。

9. 大客户计量柜(箱)除电能表由供电公司提供以外,其他所有电气设备及器件,如互感器、失压计时器、负荷管理终端、试验接线盒等,均应随计量柜(箱)一同设置配置。这些电气设备及器件必须符合计量技术标准,并经计量管理部门检定、确认合格。

10. 安装在电网变电所内的电压互感器、电流互感器、电能表柜及二次回踏用于贸易结算时应独立或专用设计。

(三)计量方式的技术要求

1. 居民客户,根据用电负荷大小及居住情况装设专用或公用单相 220 V 电能表或 380 V/220 V 三相电能表。

2. 由地区公共低压电网供电的 220 V 照明负荷,线路电流大于 40 A 时,宜采用三相四线制供电。

3. 低压供电客户其最大负荷电流为 50 A 及以下时,采用直接入电能表;最大负荷电流 60A 以上时宜采用经互感器接入式电能表。

4. 高压供电客户,采用高压计量方式。对 10 kV 供电,配电变压器容量大于 100 kVA 时,应在高压侧计量。若高压计量条件不具备,亦可采用低压侧计量,但应加收配电变压器损失。

5. 受电容量在 100 kVA 及以上客户,应装设无功电能表,实行功率因数调整电费。对装设有无功补偿装置的客户,应装设可计量四象限无功电能量的多功能电能表。

6. 按照负荷管理的规定,对应实行分时电价的客户,应装设具有分时功能的多功能电能表。

(四)电能计量的接线方式

1. 接入中性点绝缘系统的电能计量装置,应采用三相三线有功、无功电能表;接入非中性点绝缘系统的电能计量装置,应采用三相四线有功、无功电能表或 3 只机电式无止逆单相电能表。

2. 接入中性点绝缘系统的 3 台电压互感器,35 kV 及以上的宜采用 Y/y 方式接线,35 kV 以下的宜采用 V/v 方式接线。接入非中性点绝缘系统的 3 台电压互感器,宜采用 Y_0/y_0 方式接线。其一次侧接地方式和系统接地方式相一致。

3. 三相三线的电能计量装置,其 2 台电流互感器二次绕组与电能表之间宜采用四线连接。

4. 三相四线制连接的电能计量装置,其 3 台电流互感器二次绕组之间宜采用六线连接。

(五)电能计量柜的选择原则

1. 10 kV 及以下三相供电客户,应安装全国统一标准的电能计量柜;最大负荷小于 100 A 的三相低压供电客户可安装电能计量箱;有箱式变电站的专用变压器客户宜实行高压计量,采用统一确定的计量安装方式;35 kV 供电客户,也应安装电能计量柜;实行一户一表的城镇居民住宅的电能计量箱应符合设计要求规定;实行一户一表的零散居民电能计量装置应集中装箱安装。

2. 电能计量柜应具备的基本功能应符合下列要求:

(1)整体式电能计量柜应设置防止误操作的安全联锁装置。

（2）人体与带电体、带电体与带电体以及带电体与机械器件的安全防护距离应符合有关规程规定。

（3）电气设备及电器器件,均应选用符合其产品标准,并经检验合格的产品。

（4）电能计量柜的电气接地应符合规程规定。

3. 电能计量柜(箱)的结构及工艺,应满足安全运行、准确计量、运行监视和试验维护的要求,同时还应做到：

（1）壳体及机械组件具有足够的机械强度,在储运、安装操作及检修时不致发生有害的变形。

（2）应具有足够空间安装计量装置器具,其计量装置器具的安装位置还应考虑现场拆换的方便。电能计量柜(箱)应具有可靠的防窃电措施。

（3）电能计量柜(箱)的各柜(箱)门上必须设置可铅封门锁,并应有带玻璃的观察窗。其玻璃应用无色透明材料(或钢化玻璃),厚度应不小于 4 mm,面积应满足监视和抄表的要求。

（4）各电能表应装在电能表专用支架上。

（5）各单元之间,宜用隔板或采用箱体结构体加以区分和隔离。

（6）连接导线中间不得有接头,可移动部件及需经常试验或拆卸的连接导线,应留有必要的裕度。

（7）需预留装设电力负荷管理终端的位置。

（8）电能计量箱与墙壁的固定点不应少于 3 个,并使计量箱不能前后、左右移动。

（六）电能表的选择原则要求

1. 为提高低负荷计量的准确性,应选用过载 4 倍及以上的电能表。

2. 经电流互感器接入的电能表,其标定电流宜不超过电流互感器额定二次电流的 30%,其额定最大电流约为电流互感器额定二次电流的 120%。直接接入电能表的标定电流应按正常运行负荷电流的 30%左右进行选择。

3. 执行功率因数调整电费的客户,应安装能计量有功电量、感性和容性无功电量的电能计量装置;按最大需量计收基本电费的客户应装设具有最大需量计量功能的电能表;实行分时电价的客户应装复费率电能表或多功能电能表。带有数据通信接口的电能表,其通信定位规约应符合 DL/T 645—2007《多功能电能表通信规约》的要求。

4. 电能表的额定电压应与接入回路电压相符。

5. 电能表安装前必须经过法定计量检定机构检定合格才能使用。严禁安装使用未经检定的电能表。

（七）互感器的选择原则要求

1. 互感器实际二次负荷应在 25%～100%额定二次负荷范围内;电流互感器

额定二次负荷的功率因数应为 0.8～1.0；电压互感器额定二次功率因数应与实际二次负荷的功率因数接近。

2. 电流互感器额定一次电流的确定,应保证其在正常运行中的实际负荷电流达到额定值的 60% 左右,至少应不小于 30%。否则应选用高动热稳定电流互感器或改变配置变比。

3. 电流互感器的额定电压与被测供电线路额定电压等级相符,电压互感器的一次侧额定电压必须与被测供电线路额定电压相符,二次侧额定电压值必须与电能表额定电压值相对应。

4. 计费电能表应装设专用互感器(或专用绕组),严禁与测量、保护、控制回路的电流互感器共用。

5. 互感器必须经过法定计量检定机构检定合格才能使用。严禁使用未经检定的互感器。

(八)计量二次回路的确定

1. Ⅰ、Ⅱ、Ⅲ类计费用电能计量装置应按计量点配置计量专用电压、电流互感器或专用二次绕组。电能计量专用电压、电流互感器或专用二次绕组及其二次回路不得接入与电能计量无关的设备。

2. 35 kV 以上计费用电能装置中电压互感器二次回路,应不装设隔离开关辅助触点,但可装设熔断器;35 kV 及以下计费用电能计量装置中电压互感器二次回路,应不装设隔离开关辅助触点和熔断器。

3. 未配置计量柜(箱)的,其互感器二次回路的所有接线端子、试验端子应实施铅封。

4. 互感器二次回路的连接导线采用铜质单芯绝缘导线。电压、电流回路各相导线应分别采用黄、绿、红色线,中性线应采用黑色线,接地线为黄与绿双色线,也可以采用专用编号电缆。对于电流二次回路,连接导线截面应按电流互感器的额定二次负荷计算确定,至少应不小于 4 mm^2;对于电压二次回路,连接导线截面应按允许的电压降计算确定,至少应不小于 2.5 mm^2。

5. 电流互感器二次回路严禁与计量无关设备连接。

6. 二次回路导线额定电压不低于 500 V。

7. 计量二次回路的电压回路,不得做其他辅助设备的供电电源,利用多功能表的失压、失流功能监察运行中的各相电压、电流和功率。

8. 二次回路具有供现场检验接线的试验接线盒。

二、现场施工方案

(一)电能计量装置新装

1. 一般安装次序为先装互感器、二次连线、专用接线盒,再安装电能表。

2. 连线前应检查互感器极性标注正确性和一次电流方向。

3. 对成套高压电能计量装置,应断开计量二次回路的连接。检查互感器极性关系和导线是否符合要求,合格后重新接线。

4. 严格按 DL/T 825—2002《电能计量装置安装接线规则》等有关工艺要求进行现场施工。要求做到布线合理、美观整齐、连接可靠。

(二)电能计量装置换装

1. 对有专用接线盒的电能计量装置,不停电时应短接电流,断开电压,抄录短接时客户用电功率和记录短接时间,计算出应补电量,记录在工作传票。对没有专用接线盒的计量装置,停电换装作业应在切断计量装置(含二次连线)各侧电源进行,如系带电作业(如居民单相表轮换),应断开设备负荷开关,空负荷操作。严禁在电流互感器一次有负载电流、二次开路的电压互感器二次短路情况下带电操作或变动计量回路。

2. 计量回路带有远方抄表或负荷管理装置时,换表时如更动其接线,换表后应恢复正常(必要时,通知远方抄表或负荷管理装置管理机构做现场参数变更设置)。

(三)电能计量装置拆除

1. 切除负荷和电源,按工作任务单内容拆除电能计量装置。

2. 记录拆除电能计量装置时间、资产编号、拆表示数等数据信息。

3. 对需现场拆除或处理的空接线路、设备等通知客户或相关部门与人员做好电气安全防护和相应后续处理工作。

(四)工作结束

装接工作结束,人员离开前应做好以下工作:

1. 通电前检查,设备安装是否牢固,二次连线是否准确、可靠,接线是否正确,电气回路是否畅通。

2. 通电检查,相序是否正确,电能表运行是否正常。

3. 清扫施工现场,对电能表接线盒、试验接线盒、计量柜前后门、互感器箱前后门、计量 TV 刀闸把手、二次连线回路端子盒等应加封部位加装封印。

4. 检查、整理、清点施工工具和拆下的计量装置。

5. 做好应通知客户或需客户签字确认的其他事宜。

思考与练习

1. 电能计量装置配置的基本原则是什么?

2. 电流互感器二次与电能表之间的连接采用分相接线法与两相星形接线、三相星形接线各有何优缺点? 适用哪些范围?

3. 对计量专用的 TA、TV 接地线有何具体技术要求?

任务 20 电能计量装置安装工艺

任务描述

本任务根据 DL/T 825—2002《电能计量装置安装接线规则》及 DL447—1991《电能计量柜》编写,其内容包括安装工艺一般概念、安装程序及注意事项。通过知识讲解,掌握安装工艺操作程序、工艺要求及质量标准。

电能计量装置安装的基本要求包括以下几个方面:

(1)环境条件:相对干燥,无机械振动,安装环境空气中不具有引起腐蚀的有害物质,电能表避免阳光直射。

(2)安装条件:便于互感器、电能表的安装、拆卸。

(3)抄表条件:抄表员读抄便利(具有清晰的透明读表窗口)。

(4)管理条件:便于用电检查、防窃电管理。

一、计量箱、柜安装工艺

(一)分类

电能计量柜(箱)分为整体式和分体式。整体式电能计量柜(箱)是将计量单元及辅助单元等所有电气设备及部件装设在一个(或几个并列构成一体的)金属封闭柜(箱)体内的计量柜,其外形结构或尺寸应与其配合使用的高、低压开关成套设备协调一致。整体式电能计量柜的额定电压有 0.38 kV、6 kV、10 kV、35 kV,额定电流有 20 A、30 A、40 A、50 A、60 A、70 A、100 A、160 A、200 A、315 A、400 A、500 A、630 A、800 A、1 000 A。分体式电能计量柜(箱)是将计量互感器与电能表分别安装于不同场所的计量柜(箱),分体式电能计量柜由计量互感器柜和计量仪表柜两种结构组合而成,两者用电缆相连。分体式电能计量柜的额定二次电压为 100 V,额定电流有 5 A、1 A 两种。

(二)安装方式

柜式结构为落地安装;箱式结构分为墙挂式和嵌墙式两种。

(三)使用条件

1. 环境空气温度不高于 40℃,不低于-5℃,并且 24 小时内平均温度不高于 35℃。

2. 20℃时,相对湿度不高于 90%;40℃时,相对湿度不高于 50%。

3. 海拔高度:6~35 kV 整体式电能计量柜不超过 1 000 m,0.38 kV 不超过2 000 m。

（四）安装要求

1. 低压计量柜（箱）安装位置应紧靠电源进线处，高压计量柜（箱）则可设置在主受电柜后面。变电站模式主要是站用电计量，涉及低压电能计量装置安装，其安装方式由设计部门按照标准设计选择。

2. 计量柜（箱）应安装牢固，计量箱固定点不少于三个。计量柜（箱）壳体倾斜不超过3°。

3. 居民客户的计费电能计量装置安装应满足装、换、抄表方便，维护安全简单的要求。

4. 电源线进入计量箱应穿管并与出线分开敷设。

二、电能表安装工艺

1. 电能表安装处环境要求：A组要求在0℃～40℃，相对湿度95%；A_1组要求在0℃～40℃，相对湿度85%；B组要求在－10℃～50℃，相对湿度95%；B_1组要求在－10℃～50℃，相对湿度85%。电能表周围清洁无灰尘，无酸、碱等腐蚀性气体和易蒸发液体的侵蚀，无非自然磁场及烟灰影响。机电式电能表应避免在具有明显机械振动的场所使用。电子式电能表应避免夏日阳光直射。

2. 电能表原则上装于室外的走廊、过道内及公共的楼梯间，或装于专用配电间内。高层住宅户表宜集中安装于公共楼梯间配电装置内，装置内电能表部分应能抄读方便，封闭可靠。

3. 电能表应安装在电能计量柜（屏）上，每一回路的有功和无功电能表应垂直排列或水平排列，无功电能表应在有功电能表下方或右方，安装在变电站的电能表下端应加有回路名称的标签，二只三相电能表相距的最小距离应大于80 mm，单相电能表相距的最小距离为30 mm，电能表与屏、柜边的最小距离应大于40 mm。

4. 室内电能表宜装在0.8～1.8 m的高度（表水平中心线距地面尺寸）。

5. 机电式电能表安装必须垂直牢固，表中心线向各方向的倾斜不大于1°，这主要是与电能表的结构有关，当电能表倾斜时，转盘上下轴承会受到侧向作用力，并产生负误差，该误差随倾斜度增大而增加。电子式电能表安装垂直度没有技术要求，除非生产厂家有要求，安装垂直主要是美观。

三、互感器安装工艺

（一）互感器

1. 电流互感器应安装在金属构架上，安装时，同一组的两只或三只电流互感器的中心应在同一平面上，各互感器的间隔应一致，安装牢固。

2. 电能计量装置选用减极性电流互感器。两只或三只电流互感器进线端极性符号应一致,以便确认该组电流互感器一次及二次回路电流的正方向。

3. 接线时一次绕组和被测线路串联,二次绕组和仪表串联,二次侧绕组不能开路,并应有一端接地。

4. 互感器二次回路应安装试验接线盒,便于实负荷校表和带电换表。对于负荷重要程度不高的装置,也可以不用试验接线盒,互感器出线直接接进电能表,当需要更换电能计量装置时,采取停电更换。

5. 同一组的电流互感器应采用制造厂、型号、额定电流变比、准确度等级、二次容量均相同的互感器。低压穿芯式电流互感器应采用固定单一的变比,以防发生互感器倍率差错。

6. 电流互感器的安装位置应尽可能使铭牌向外,便于投入运行后的检查管理。

（二）一次回路部分

一次回路部分主要指直接接入式电能表一次回路。

1. 导线应按表计容量选择。施工配线中不得使用钳口弯曲绝缘导线,导线进出计量箱柜时,金属板开孔要做护口处理,防止导线被金属板材切压绝缘引起导线绝缘损伤。

2. 导线中间不得有接头并留有必要的裕度。

3. 进表导线的线芯必须与电能表接线端钮为同一金属材料,禁止使用铝质绝缘导线连接电能表。绝缘导线线头插入电能表的接线孔后其金属部分不得外露。

4. 若遇选配的导线过粗时,在安全载流量允许条件下应采用断股后再接入电能表端钮盒的方式。当导线小于端子孔径较多时,应在接入导线压接部分加扎直径适当的裸铜线后再接入电能表。

5. 计量回路应分色配线,一般 A 相用黄色、B 相用绿色、C 相用红色、中性线用黑色、接地线用黄绿相间双色线。

（三）二次回路部分

1. 二次回路接线应注意电流互感器的极性端符号和一次负荷电流方向,保证按照减极性关系连接电能表。分相接线的电流互感器二次回路宜按相色逐相接入,如图 20-1 所示。

2. 电流互感器二次回路每只接线螺钉只允许接入两根导线。

3. 当导线接入的端子是接触螺钉,应根据螺钉的直径将导线的末端弯成一个环,其弯曲方向应与螺钉旋入方向相同,螺钉（或螺帽）与导线间、导线与导线间应加镀锌垫圈。

4. 禁止使用铝质绝缘导线做互感器与电能表之间连接导线。

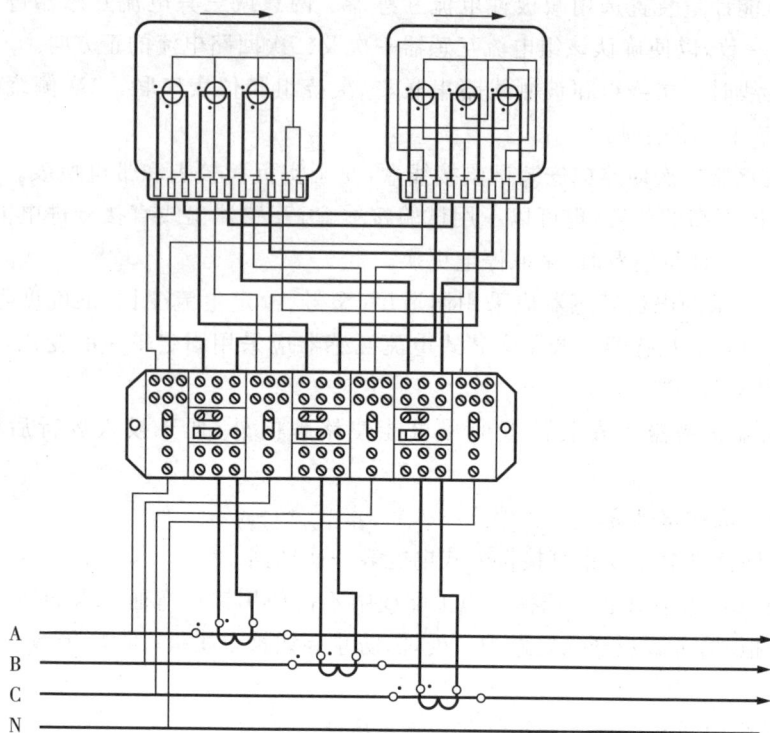

图 20-1 低压三相四线经 TA 有功、无功电能表联合接线图

5. 导线截面采用铜芯绝缘导线时,电压回路不得小于 2.5 mm²,电流回路不得小于 4 mm²,辅助回路不得小于 1.5 mm²。

6. 二次回路接好后,应进行接线正确性检查。

四、工艺及质量

1. 按图施工、接线正确。

2. 电气连接可靠、接触良好。

3. 布线合理、美观整齐。

4. 导线无损伤、绝缘良好。

思考与练习

1. 计量回路导线应如何分色配线?

2. 对电能表的安装场所和位置选择有哪些要求?

3. 为什么机电式电能表安装有倾斜度要求,而电子式电能表却没有?

任务 21 低压电能计量装置安装

任务描述

本任务包含单相电能表及低压三相四线电能计量装置的安装程序。通过知识讲解,掌握单相电能表的安装操作程序、工艺要求及注意事项。

一、作业前准备

1. 核对所领用的电能表、互感器是否与工单一致。

2. 检查电能表的校验封印、接线图、检定合格证、资产标记(条形码)是否齐全,校验日期是否在 6 个月以内,外壳是否完好,圆盘是否卡住。检查互感器铭牌、极性标志是否完整清晰,接线螺丝是否完好,检定合格证是否齐全。

3. 检查所需的材料及工具、仪表等是否配足带齐。

二、低压电能计量装置安装

(一)单相电能表安装

国产单相电能表规范接线为"相线 1 进 2 出,中性线 3 进 4 出"。规范接线如图 21-1 所示。

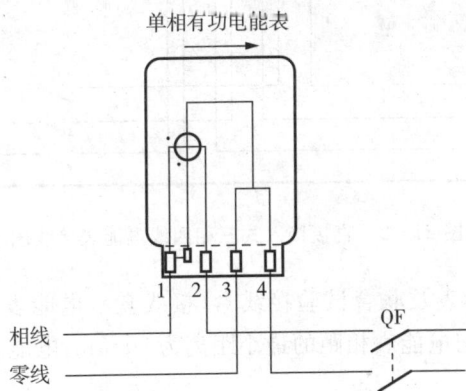

图 21-1 单相电能表规范接线图

1. 垂直悬挂电能表,机电式电能表倾斜度不超过 1°,电能表与计量箱外壳的最小距离为 40 mm,单相电能表间相距的最小距离为 30 mm。

2. 安装电能表两侧电气控制设备。

3. 确定电能表进出线长度,根据负荷要求选择进出线绝缘导线截面,按所需长度截取导线,并削剥导线线头。

4. 正确连接电能表进出线。进户线必须经过空气开关后进入电能表。出表导线也应遵守先接入负荷开关,再接入负荷这个原则,这种配置可以解决铝质进户线与电能表铜线的转接,同时也方便后期计量管理的表计更换。连接时分相配色,相线选用红色,零线选用黑色。

5. 大容量电能表安装时,可采用"T"接的方式将中性线接入电能表。安装时,中性线也应与相线同时从电表配电箱内进出,不得将电能表中性线引至表箱外与主中性线"T"接。"T"接是指零线不剪断,只在零线上用不小于 2.5 mm^2 的铜芯绝缘导线"T"接到电能表的零线端子上,以供电压元件回路使用。

(二)直接接入式三相四线电能表的安装

接线图如图 21-2 所示。国产三相四线电能表标准接线为 I_A、I_B、I_C 分别通过三个元件的电流线圈,电压 U_A、U_B、U_C 分别并接于三个元件的电压线圈,这种接线广泛运用于中性点直接接地系统,不论三相电压、电流是否对称,均能准确计量。

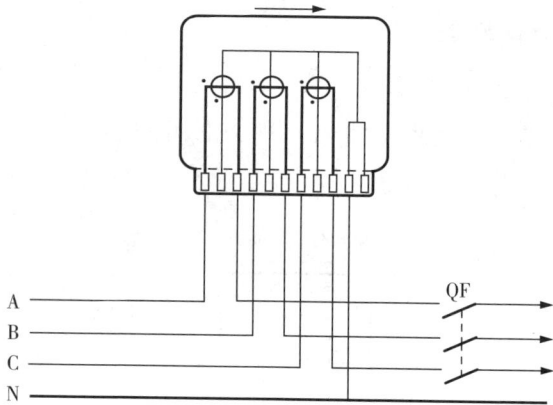

图 21-2　直接接入式三相四线电能表接线图

1. 垂直悬挂电能表及联合试验接线盒(接线盒),电能表与屏、柜边的最小距离为 40 mm,电能表与电能表相距的最小距离为 80 mm,电能表与接线盒的垂直最小距离为 80 mm。

2. 安装电能表两侧电气控制设备。

3. 确定电能表进出线长度,根据负荷要求选择进出线绝缘导线截面,按所需长度截取导线,并削剥导线线头。

4. 正确连接电能表进出线。进户线必须经过空气开关后进入电能表。出表导线也应遵守先接入负荷开关,再接入负荷这个原则。

5. 三相电能表必须按正相序接线,以减少逆相序运行带来的附加误差。各相导线应分相色,A 相用黄色、B 相用绿色、C 相用红色、中性线用黑色。

6. 电能表的中性线不得开断后进、出电能表。正确的做法是在中性线上"T"接或经过零母排接取中性线接入电能表,防止由于中性线在电能表连接部位断路,引起在三相负荷不平衡时发生零点漂移而引发供电事故。

7. 金属外壳的直接接通式电能表,如装在非金属盘上,外壳必须接地。JB/T 5467—1991《交流有功和无功电能表》规定:对在正常条件下连接到对地电压超过 250 V 的供电线路中,外壳是全部或部分用金属制成的电能表,应该提供一个保护端。因此,单相 220 V 电能表一般不设接地端,而三相机电式电能表大多采用金属底盘,按此规定,在底盘右侧制作一个外壳保护接地螺丝。对设有接地端钮的三相电能表,应可靠接地。

8. 进表线导体裸露部分必须全部插入接线端钮内,并将端钮螺丝逐个拧紧。线小孔大时,应采取有效的补救措施(绑扎、加股等方式),线大孔小时,在保证安全载流量的前提下,允许采用断股的方法接入电能表。

9. 带电压连接片的电能表,安装时应确保其接触良好。

(三)经电流互感器接入电能表的安装

经过联合试验接线盒连接方式,接线如图 21-3 所示。

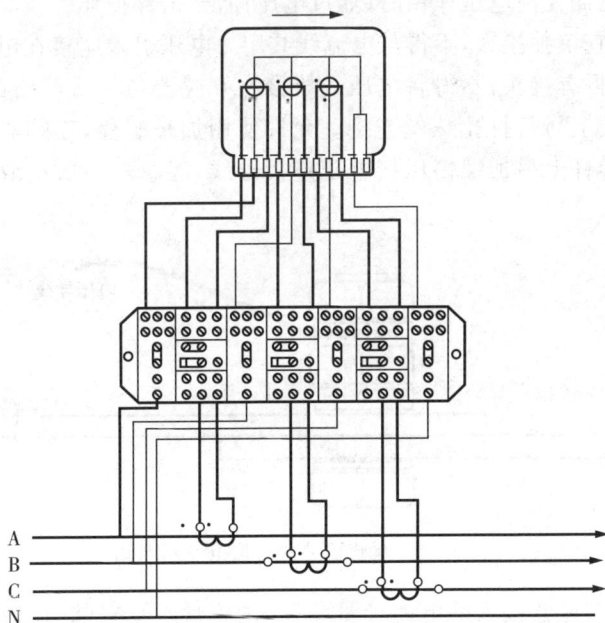

图 21-3　电流互感器二次经联合试验接线盒进表接线方式

除应遵循直接接入式三相四线电能表安装的第1、5、7项外,还应遵守以下要求:

1. 接线前必须事先用绝缘电阻表检查一遍各测量导线每芯间、芯与屏蔽层之间的绝缘情况。

2. 安装固定电能表、接线盒、电流互感器。

3. 根据负荷要求选择一次导线截面,按所需长度截取导线,并削剥导线线头,压接线端子。

4. 正确用二次导线连接电流互感器和有功电能表,并拧紧所有接线螺丝。当使用散导线连接时,线把应绑扎紧密、均匀、牢固。尼龙绑扎带直线间距80～100 mm,线束弯折处绑扎应对称,转弯对称30～40 mm处应做绑扎处理。

5. 注意事项

(1)经电流互感器接入的电能计量装置,每组互感器二次回路应采用分相接法(六线制),使每相电流二次回路完全独立,以避免简化接线(Y形)带来的附加误差。

(2)低压电流互感器的二次侧应不接地。这是因为低压电能计量装置使用的导线、电能表及互感器的绝缘等级相同,可能承受的最高电压也基本一样。另外二次绕组接地后,整套装置一次回路对地的绝缘水平将可能下降,易使有绝缘薄弱点的电能表或互感器在高电压作用时(如过电压冲击)击穿损坏。

(3)电压线宜单独接入,不得与电流线共用。电压引入应接在电流互感器一次电源侧,导线不得有接头;不得将电压线压接在互感器与一次回路的连接处,一般是在电源侧母线上另行打孔螺丝连接。允许使用加长螺栓,互感器与母线可靠压接后在多余的螺杆上另加螺帽压接电压连接导线,互感器一次接取电压示意图如图21-4所示。

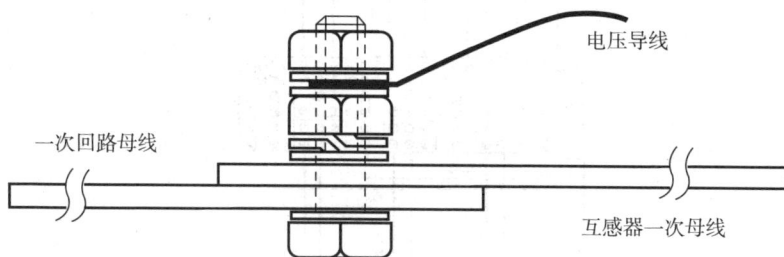

图21-4 互感器一次接取电压示意图

(4)经联合试验盒接入的电能计量装置,试验盒水平安装时,电压连接片螺栓松开,连接片应自然掉下;垂直安装时电压连片在断开位置时,连接片应处在负荷侧(电能表侧)。试验盒电压回路不得安装熔断器。电流回路应有一个回路错位连接,所有螺丝和连接片应压接可靠,联合接线盒接线示意图如图 21 - 3 所示。

(5)计量互感器二次回路属于专用,其他仪表、设备不应接入。

(6)严格防止电流互感器二次回路开路。

(7)如果配置无功电能表,则遵循电流串联、电压并联按照顺相序连接的原则。

三、工作终结

1. 通电前检查,表计安装是否牢固,导线连线足否正确、可靠,直接接入式电能表前后隔离开关(熔断器)配置及功能是否完好,经电流互感器接入式电能计量装置互感器极性是否正确。

2. 直接接入式端钮盒电压连接片压接是否可靠,接线盒连接片位置是否接正确。

3. 清扫施工现场,对电能表接线盒、计量柜门、二次连线回路端子盒等应加封部位加装封印。

4. 通电带负荷检查,电表能否正常运行,上电指示及转盘转动趋势、脉冲闪烁频率是否与负荷大小对应。

5. 对具有复费率功能的电能表还要检查时钟偏差、时段设置是否符合要求。

思考与练习

1. 直接揿入式三相四线表安装接线与经电流互感器接入式三相四线表安装接线有何不同?

2. 经电流互感器接入式三相四线表接入逆相序时,应如何处理?为什么?

3. 现场单相电能表安装有哪些具体步骤?

4. 工作终结要做哪几项工作?

任务 22　高压电能计量装置安装

任务描述

本任务包含高压电能计量装置的安装程序及注意事项。通过知识讲解,掌握高压电能计量装置安装操作程序、工艺要求及质量标准。

高压电能计量装置的安装形式主要有两种类型,一种为户外计量方式;一种为变电站方式。户外计量方式在 10 kV 配电网得到广泛运用,其表计与组合互感器距离相对较近。变电站方式在多年的运用中也有较快的发展,常见的有箱式变电站、室内变电站等,其电能计量装置组合安装在进线柜后侧的专用计量柜中。计量柜有多种类型,如手车式、中置柜式、常规式(一次母线经计量 TA 穿越计量柜,TV 在柜中经熔断器并接到三相母线上,柜前上方为电能表、二次端子安装柜)等,还有互感器在户外、计量表计安装在室内的方式,如互感器在一次设备场地,而电能表在主控制电能表屏、柜中。本任务主要针对 10 kV、35 kV 电压等级的专用变压器系统电能计量装置的安装。

一、作业前准备

装表接电工接到高压电能计量装置安装工单后,除了应完成"低压电能计量装置安装"的作业前准备外,还应做以下准备工作。

1. 现场查勘作业场所是否满足安全要求。

2. 对先期随一次设备安装的互感器,现场检查铭牌、极性标志是否完整、清晰,检定合格证是否齐全有效,变比是否与工单一致,二次回路配置是否满足技术要求,接线螺丝是否完好。

二、高压电能计量装置安装

(一)电能表的安装

1. 安装固定电能表,必须用三点固定,用电信息采集(负控)终端安装在电能表右侧,两者之间距离不小于 80 mm,电能表与外壳之间距离不小于 40 mm,接线盒与表尾距离不小于 80 mm。

2. 打开电能表表尾盖,查看接线图,根据接线图进行接线。

3. 电能表的型号与互感器的连接方式与一次系统接地方式相对应。中性点非有效接地系统选用 DS 型电能表,电能表的标定电压应为 3×100 V。中性点有效接地系统选用 DT 型电能表,并且运用于高压系统的 DT 型电能表的标定电压应为 $3 \times 57.7/100$ V。

(二)互感器的安装

1. 互感器安装必须牢固。互感器外壳的金属部分应可靠接地。

2. 同一组电流互感器应采用型号、额定电流比、准确度、二次容量相同的电流互感器,按同一方向安装,以保证该组电流互感器一次及二次回路电流的正方向均一致。

3. 同一组电压互感器应采用型号、额定电压比、准确度、二次容量相同的电压互感器。电压互感器的极性、组别和相别不能弄错,二次侧不能短路,并且二次侧必须有一端接地。对于 V/v 接线,其二次回路的接地点应在 b 相出口侧,如图 22-1 所示。对于 Y_0/y_0 接线,则应在二次绕组中性点接地,如图 22-2 所示。

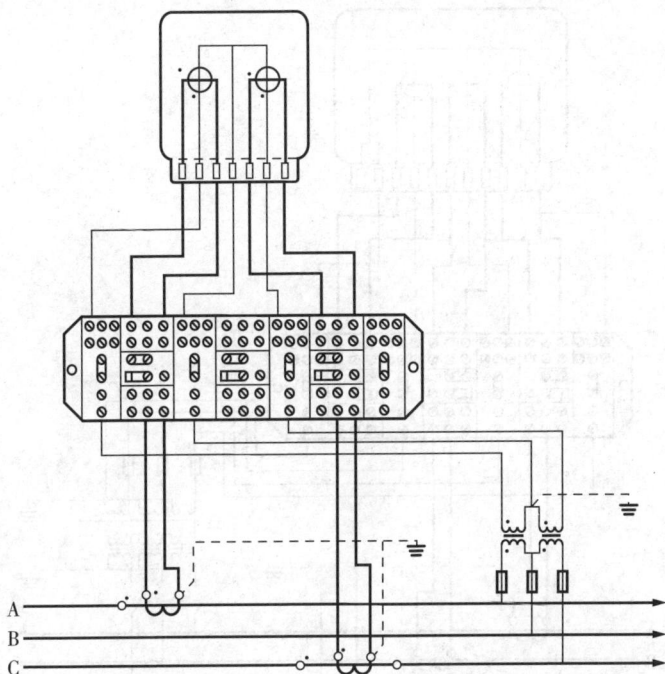

图 22-1 中性点不接地系统计量方式接线图

4. 对于配置 10 kV 三相五柱型电压互感器的二次回路,正确的连接是取至 TV 的 U_{ab}、U_{cb} 相线电压,以满足 DS 型电能表接入线电压的技术要求。同时,在电能表二次电压回路中,严禁再次接地。

(三)二次回路的安装

1. 电能计量装置的一次与二次接线应根据批准的图纸施工。不同的电力系统采用相应的计量方式,对于中性点非有效接地系统,应采用 V/v 型接线,其接线原理如图 22-1 所示。该型接线方式广泛运用于 10 kV、35 kV 系统。对于中性点有效接地系统,应采用 Y_0/y_0 型接线,其接线原理如图 22-2 所示。该接线方式广泛运用于 110 kV 及以上系统。

2. 电能表和互感器二次回路应有明显的标志,采用导线编号管或采用颜色不同导线,一般用黄、绿、红、黑分别代表 A、B、C、N 相导线。

3. 二次回路走线要合理、整齐、美观。对于成套电能计量装置,二次导线两端端子编号应字迹清楚、与图纸相符。

4. 二次导线接入端子如采用压接螺钉,应根据螺钉直径将导线末端弯成一个环,其弯曲方向应与螺钉旋入方向相同,螺钉(或螺帽)与导线间应加镀锌垫圈。导线芯不能裸露在接线桩外。

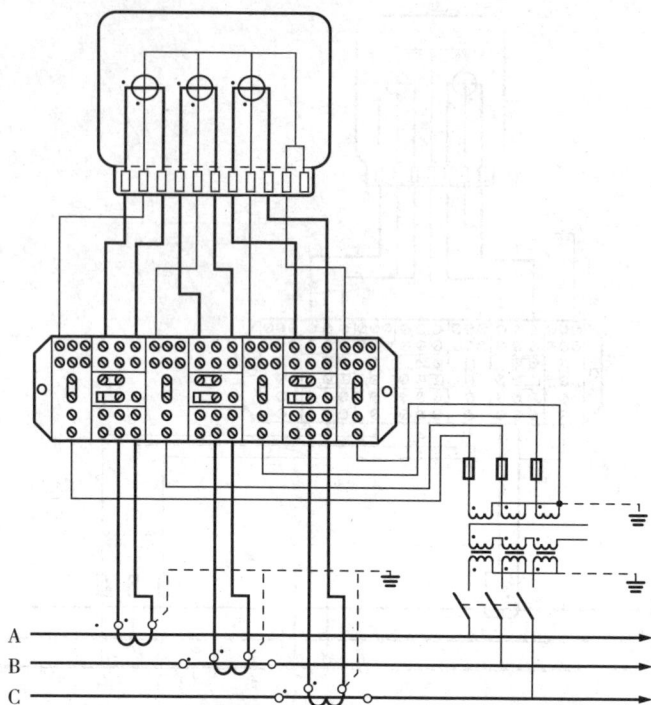

图 22-2 中性点接地系统计量方式接线图

5. 导线绑扎应紧密、均匀、牢固,尼龙带绑扎直线间距 80～100 mm,线束弯折处绑扎应对称,转弯对称 30～40 mm。

6. 二次回路的导线绝缘不得有损伤和接头,导线与端钮连接必须拧紧,接触良好。弯角要求有弧度,不得出现死角或使用钳口弯曲导线。

7. 根据 DL/T 448—2000《电能计量装置技术管理规程》的规定,"35 kV以上贸易结算用电能计量装置中电压互感器二次回路,应不装设隔离开关辅助触点,但可装设熔断器;35 kV 及以下贸易结算用电能计量装置中电压互感器二次回路,应不装设隔离开关辅助触点和熔断器"。该规定主要适用于变电站模式。在变电站模式中,也有利用 10 kV 分段电压互感器柜一次隔离开关辅助触点控制中间继电器,利用中间继电器触点(采用多接点并联,以减小接触电阻)串接在电压互感器二次出口侧,利用继电器触点接触的可靠性,既解决了隔离开关辅助触点接触的不稳定,又满足断开电压互感器一次隔离开关时,同时断开互感器二次回路的技术要求。对于 35 kV 及以下专用变压器客户高压电能计量装置,均不在电能计量装置二次回路安装隔离开关辅助触点和熔断器。

（四）注意事项

1. 严格防止电压互感器二次回路短路或接地，严格防止电流互感器二次回路开路。

2. 工作中禁止将回路的永久接地点断开。

三、工作终结

1. 检查表计安装是否牢固，导线连线足否正确、可靠，互感器极性是否正确。

2. 接线盒连接片位置是否正确。

3. 清扫施工现场，对电能表接线盒、计量柜门、二次连线回路端子盒等应加封部位加装封印。

思考与练习

1. 中性点绝缘系统和中性点非绝缘系统的电能计量装置如何接线？

2. 多绕组型的电流互感器，在现场安装时，应如何处理所有绕组？

任务 23 电能计量装置送电后检查验收

任务描述

本任务包含低压电能计量装置送电后的检查项目及高压电能计量装置投运后的验收内容。通过介绍检查步骤，掌握电能计量装置安装送电后检查、试验及验收的规范、方法和要求。

电能计量装置安装后，应进行通电检查、验收，以确定电能计量装置带电后的各项技术参数满足正常工作的要求。

一、低压直接接入式电能表送电后检查

1. 首先检查表前隔离开关（熔断器）电源侧电源是否正常，使用电压表测量电源相线对电能表中性线电压为 220 V 左右。

2. 用测电笔测单相、三相四线电能表相线、中性线是否接对，接地相和中性线应无电压。

3. 用万用表检查接线盒内电压是否正常；用相序表检查相序是否正确，当出现负序时，应查明原因并予以纠正。纠正负相序需要断开电源，视现场布线情况将一次侧电源线任意两相导线交换。

4. 带负荷观察电能表转盘转速(脉冲闪烁频率)与负荷大小的对应关系,以此判定电能表工作状态。

5. 其他检查方法参见任务"低压直接接入式电能计量装置检查、分析和故障处理"。

二、低压经电流互感器接入式电能表送电后检查

1. 在不带负荷的条件下,在电能表接线端测量接入相电压(220 V 左右)、线电压(380 V 左右)是否正常。

2. 使用相序指示器,检查电能表接入相序是否满足顺相序要求。如果此时接入方式为逆相序,则需要断开电源,视现场布线情况将一次侧电源线任意两相导线交换或者将电能表任意两个元件的二次电流、电压导线同时交换。

3. 有条件时,合上负荷开关,带负荷观察电能表转盘转速(脉冲闪烁频率)与负荷大小的对应关系,以此判定电能表工作状态。

4. 必要时,还应在接入负荷的条件下,使用具有相位检测功能的仪表检查电能表同一功率元件是否接入同相电压、电流。

5. 对于电能计量装置接入极性、断流、分流、断压等错误检查,参见任务"经互感器接入的三相线电能计量装置检查、分析和故障处理"。

三、高压电能计量装置送电后验收

高压电能计量装置在完成送电前的验收后,还应对装置进行通电验收。不同电压等级的首次送电有不同的要求。如 35 kV 及以上系统的电能计量装置首次送电,大多采用与一次系统冲击试验一并进行,而 10 kV 等级电能计量装置则可在配电装置进线带电后,只对电能计量装置送电。

(一)验收内容及方法

1. 测试接入电能计量装置的二次电压

将检查无误的电能计量装置接入供电系统。电能计量装置带电后,暂停后续操作,利用电压表测量电能表功率元件的接入电压。对于三相三线 V/v 接线系统,三个电压接入端应保持 $U_{AB}=U_{CB}=U_{CA}=100$ V 左右。三相四线 Y_0/y_0 型接线除测量相电压外,还应检测线电压,标准值 57.7/100 V。实际量值随系统电压波动,如果任何一组电压距 100 V(57.7 V)出现较大偏差时,装置可能存在电压缺相或其中一组电压互感器极性接反的故障,应停电核查,直至排除故障再行送电。

2. 检测电能表电压接入相序

利用相序表,检查电能表电压是否为正相序接入。当接入顺序为逆相序时,应断开电能计量装置电源(也可以断开二次试验端的电压),将接入电能表的导线接

入关系更正为正相序。更正相序的原则是将两个功率元件电压、电流二次连接导线同时交换(对三相四线制,将任意两个元件电压、电流二次导线同时交换)。

3. 带负荷测试装置接线相量图

用电能表现场校验仪检查电能计量装置接线的正确性。此项试验受条件限制,如果仅仅是通过相量关系确认接线的正确性,负荷电流只要接近二次标定电流的 0.2%,现场校验仪即可分辨装置接线相量关系,但前提是接入的负荷功率因数应大于 0.5。其原因是,目前电力系统广泛使用的现场校验仪在相量关系运算时,只有在负荷性质确定,并且功率角小于 ±60°时,得出唯一的结论;当接入负荷功率角大于 ±60°时,不同相别电流位置会出现区域交集,从而导致逻辑分析会出现不确定结论,在现场校验仪显示界面上会出现相量关系误判断,导致相量分析错误。

4. 试电能表在实负荷条件下的基本误差

对新接入的电能表做实负荷现场检验。本项验收需要具备一定条件,在 SD 109—1983《电能计量装置检验规程》和 JJG 1055—1997《交流电能表现场校准技术规范》有相应的规定。只有满足规程、规范的条件,检验值才可以作为投运后验收的技术资料。在实际运用中,常常是负荷百分数不能满足规范要求的数值,如果仅是现场对电能表基本误差做趋势性检测时,电能计量装置二次电流只要大于二次标定电流的 0.2%,校验仪即可获取电能表的误差数值。该数值可判断表计误差的基本趋势,作为验收项目的管理数据,但不宜作为电能表现场检验的正式数据。

新投运的电能计量装置也许不能及时接入有效负荷,致使投运后的验收缺项,对此类电能计量装置,测量电能计量装置元件电压和相序非常重要,按照 DL/T 448—2000《电能计量装置技术管理规程》的要求,新投运或改造后的 Ⅰ、Ⅱ、Ⅲ、Ⅳ 类高压电能计量装置应在一个月内进行首次现场检验。应结合现场首检,完善电能计量装置送电后的验收项。

5. 检查电能表的走字是否正常

对多费率电能表应核对时钟是否准确和各时段是否整定正确。

(二)验收管理

1. 经验收的电能计量装置应由验收人员及时实施封印。封印的位置为互感器二次回路的各接线端子、电能表端钮盒、封闭式接线盒、计量柜(箱)门等。实施封印后应由运行人员或客户对铅印的完好签字确认。

2. 经验收合格的电能计量装置应由验收人员填写验收报告,注明"电能计量装置验收合格"或者"电能计量装置验收不合格"。对不合格项应提出整改方案。验收不合格的电能计量装置禁止投入使用,整改后再行验收,直至合格。

3. 现场检验电能表的误差均应在其等级允许范围内,将检验结果和有效期等有关项目填入检验证(单)。

思考与练习

1. 高压三相三线电能计量装置逆相序接入时,应如何处理?

2. 使用现场校验仪对电能计量装置进行现场校验,当负荷功率因数低于 0.5 时,会有什么结果?

3. 经电流互感器接入的低压电能计量装置接入相序反时,应如何处理,为什么?

4. 直接接入式单相电能表送电后检查包括哪些内容?

任务 24   电能计量装置竣工验收

任务描述

本任务包含电能计量装置竣工验收的项目和内容。通过知识讲解,掌握电能计量装置竣工验收方法和要求。

电能计量装置竣工验收的依据是 DL/T 448—2000《电能计量装置技术管理规程》。其目的是:及时发现和纠正安装工作中可能出现的差错;检查各种设备的安装质量及布线工艺是否符合要求;核准有关的技术管理参数,为建立客户档案提供准确的技术资料。

一、现场核查

(一)送电前检查

1. 计量器具型号、规格、计量法定标志、出厂编号等应与计量检定证书和技术资料的内容相符。

2. 产品外观质量应无明显瑕疵和受损。

3. 安装工艺质量应符合有关标准要求,检查电能表、互感器安装是否牢固,位置是否适当。

4. 电能表、互感器及其二次回路接线情况应和竣工图一致。检查电能表、互感器一、二次接线及专用接线盒接线是否正确,接线盒内连接片位置是否正确,连接是否可靠,有无碰线的可能,安全距离是否足够,各接点是否坚固牢靠等。

接地点包括:电流互感器二次"—"极端子;电压互感器 V/v 接线二次侧 b 相端子;电压互感器 Y_0/y_0 接线中性线端了;电压、电流互感器的金属外壳;电能表外壳的金属部分。

5. 检查进户装置是否按设计要求安装,进户熔断器熔体选用是否符合要求。

6. 按工单要求抄录电能表、互感器的铭牌参数数据,记录电能表起止码及进户装置材料等并告知客户核对。

(二)通电检查

1. 检查二次回路中间触点、熔断器、试验接线盒的接触情况。对电能计量装置通以工作电压,观察其工作是否正常;用万用表(或电压表)在电能表端钮盒内测量电压是否正常(相对地、相对相);用试电笔核对相线和中性线,观察其接触是否良好。

2. 接线正确性检查。用相序表核对相序,引入电源相序应与电能计量装置相序标志一致。带上负荷后观察电能表运行情况;用相量图法核对接线的正确性及对电能表进行现场检验(对于低压电能计量装置,该工作需在接线盒上进行)。

3. 对计量电流、电压互感器按规程进行现场二次负荷和二次压降测试。二次负荷应为额定二次负荷的 25%~100%。

4. 对最大需量表应进行需量清零,对多费率电能表应核对时钟是否准确和各个时段是否整定正确。

(三)验收结果处理

1. 经验收的电能计量装置应由验收人员及时实施封印。封印的位置为互感器二次回路的各接线端子、电能表端钮盒、封闭式接线盒、计量柜(箱)门等;实施铅封后应由运行人员或客户对铅封的完好签字认可。

2. 检查工作凭证记录内容是否正确、齐全,有无遗漏;施工人、封表人、客户是否已签字盖章。以上全部齐整后,将工作凭证转交营业部门归档立户。转交前应将有关内容登记在电能计量装置台账上,填写电能计量装置账、册、卡。

3. 经验收的电能计量装置应由验收人员填写验收报告,注明"电能计量装置验收合格"或者"电能计量装置验收不合格"及整改意见,整改后再行验收。验收不合格的电能计量装置禁止投入使用。

二、验收技术资料核查应核对以下技术资料

1. 电能计量装置计量方式原理接线图,一次、二次接线图,施工设计图和施工变更资料。

2. 电压、电流互感器安装使用说明书、出厂检验报告、法定计量检定机构检定证书。

3. 计量柜(箱)的出厂检验报告和说明书。

4. 二次回路导线或电缆的型号、规格及长度。

5. 电压互感器二次回路中的熔断器、接线端子的说明书等。

6. 高压电气设备的接地及绝缘试验报告。

7. 施工过程中需要说明的其他资料。

思考与练习

1. 在高供高计电能计量装置中,如何分别确定电流互感器、电压互感器的二次侧接地点?

2. 当直接接入式三相四线电能表出现负相序时,应如何处理?

综合练习

一、单选题

1. 一般对新装或改装、重接二次回路后的电能计量装置都必须先进行( )。

    A. 带电接线检查   B. 停电接线检查

    C. 现场试运行   D. 基本误差测试验

2. 负荷容量为 315kVA 以下的低压计费用户的电能计量装置属于( )类计量装置。

    A. Ⅰ类   B. Ⅱ类   C. Ⅲ类   D. Ⅳ类

3. 接入中性点非有效接地的高压线路的计量装置,宜采用( )。

    A. 三台电压互感器,且按 Y0/y0 方式接线

    B. 两台电压互感器,且按 V/v 方式接线

    C. 三台电压互感器,且按 Y/y 方式接线

    D. 两台电压互感器,接线方式不定

4. 变压器容量为 500kVA 高供低计用户的电能计量装置属于( )类计量装置。

    A. Ⅰ   B. Ⅱ   C. Ⅲ   D. Ⅳ

5. 用户Ⅱ类电能计量装置的有功、无功电能表和测量用电压、电流互感器的准确度等级应分别为( )。

    A. 0.5 级,2.0 级,0.2S 级,0.2S 级

    B. 0.5 或 0.5S 级,2.0 级,0.2 级,0.2S 级

    C. 0.5S 级,2.0 级,0.2 级,0.2S 级

    D. 0.5 或 0.5S 级,2.0 级,0.2S 级,0.2S 级

6. 以下( )属于Ⅰ类电能计量装置。

A. 用于计量变压器容量为 20000kVA 的高压计费用户的计量装置

B. 用于计量 100MW 发电机发电量的计量装置

C. 用于计量供电企业之间交换电量的计量装置

D. 用于计量平均月用电量 100 万 kW·h 计费用户的计量装置

7. 某电网经营企业之间电量交换点的计量装置平均月计量电量为 200 万 kW·h,则该套计量装置属于(　　)类计量装置。

　　A. Ⅰ 类　　　　B. Ⅱ 类　　　　C. Ⅲ 类　　　　D. Ⅳ 类

8. Ⅰ 类计费用计量装置电压互感器二次压降应不大于额定二次电压的(　　)。

　　A. 0.2%　　　　B. 0.5%　　　　C. 1.0%　　　　D. 2.0%

9. 电能计量装置技术管理规程适用于电力企业(　　)用和企业内部经济技术指标考核用的电能计量装置的管理。

　　A. 计量管理　　B. 贸易结算　　C. 营业管理　　D. 指标分析

10. 电能计量装置包括(　　)。

　　A. 电能表、互感器、计费系统

　　B. 电能表、互感器及其二次回路

　　C. 进户线、电能表、互感器

11. 下列不影响电能计量装置准确性的是(　　)。

　　A. 实际运行电压　　　　　　　　B. 实际二次负载的功率因数

　　C. TA 变比　　　　　　　　　　D. 电能表常数

12. 计量装置安装后检查的简要步骤为(　　)。

　　A. 施工完毕接线检查、通电检查、加锁、加封、回单

　　B. 施工完毕接线检查、通电检查、加封、加锁、回单

　　C. 施工完毕接线检查、加封、加锁、通电检查、回单

　　D. 施工完毕接线检查、加封、通电检查、加锁、回单

13. 安装计量装置的一般顺序为(　　)。

　　A. 互感器、二次连线、专用接线盒、电能表

　　B. 二次连线、专用接线盒、互感器、电能表

　　C. 专用接线盒、电能表、二次连线、互感器

　　D. 电能表、二次连线、专用接线盒、互感器

14. Ⅲ 类计量装置应装设的有功表和无功表的准确度等级分别为(　　)级。

　　A. 0.5、1.0　　B. 1.0、3.0　　C. 1.0、2.0　　D. 2.0、3.0

15. Ⅱ 类计量装置适用于月平均用电量或变压器容量不小于(　　)。

　　A. 100 万 kW·h,2000kVA　　　　B. 10 万 kW·h,315kVA

C. 100 万 kW·h、315kVA　　　　D. 10 万 kW·h、2000kVA

16. 负荷容量为 2000kVA 的高压计费用户的电能计量装置属于（　　）类计量装置。

A. Ⅰ类　　　　B. Ⅱ类　　　　C. Ⅲ类　　　　D. Ⅳ类

17. 新投运的Ⅰ类高压计量装置应在（　　）月内进行首次现场检验。

A. 1　　　　B. 2　　　　C. 3　　　　D. 6

18. 用电报装容量为 30kW 的低压计费客户,该客户的电能计量装置属于（　　）类计量装置。

A. Ⅱ　　　　B. Ⅲ　　　　C. Ⅳ　　　　D. Ⅴ

19. 负荷容量为 10000kVA 的高压计费用户的电能计量装置属于（　　）计量装置。

A. Ⅰ类　　　　B. Ⅱ类　　　　C. Ⅲ类　　　　D. Ⅳ类

20. 负荷容量为 30kVA 的三相低压计费用户的电能计量装置属于（　　）计量装置。

A. Ⅰ类　　　　B. Ⅱ类　　　　C. Ⅲ类　　　　D. Ⅳ类

21. 供电企业应当按照（　　）电价和用电计量装置的记录,向用户计收电费。

A. 国家核准的

B. 国务院电力部门核准的

C. 供电企业核准的

22. Ⅲ类计量装置应至少采用（　　）。

A. 1.0 级有功表,0.5 级电流互感器

B. 0.5 级有功表,0.5 级电流互感器

C. 0.5 级有功表,0.5S 级电流互感器

D. 1.0 级有功表,0.5S 级电流互感器

23. 竣工验收时,下列做法哪项是错误的（　　）。

A. 电能计量装置资料应正确、完备

B. 检查计量器具技术参数应与计量检定证书和技术资料的内容相符

C. 检查安装工艺质量应符合有关标准要求

D. 检查电能表接线应与竣工图纸大概一致

24. Ⅰ类计量装置应配置（　　）级或（　　）级的有功电能表,（　　）级的无功电能表,（　　）级的电压互感器和（　　）级的电流互感器。

A. 0.2、0.5S,2.0,0.2 或 0.2S　　　　B. 0.2S、0.5S,1.0,0.2 或 0.2S

C. 0.2S、0.5S,2.0,0.2 或 0.2S　　　　D. 0.5S、0.5,2.0,0.2 或 0.2S

25. Ⅱ类计量装置应配置（　　）级或（　　）级的有功电能表,（　　）级的无功

电能表,(　　)级的电压互感器和(　　)级的电流互感器。

A. 0.2S、0.5S、2.0、0.2 或 0.2S　　B. 0.5S、0.5、2.0、0.2 或 0.2S

C. 0.2、0.5S、2.0、0.2 或 0.2S. 0　D. 2S、0.5S、1.0、0.2 或 0.2S

26. 接入中性点绝缘系统的电能计量装置,宜采用(　　)接线方式;接入中性点非绝缘系统的电能计量装置,应采用(　　)接线方式。

A. 三相三线;三相四线　　　　　　B. 三相四线;三相三线

C. 三相三线;三相三线　　　　　　D. 三相四线;三相四线

27. 下列设备不是电能计量装置的是(　　)。

A. 电能表　　　　　　　　　　　　B. 计量用互感器

C. 电能计量箱　　　　　　　　　　D. 失压记时器

二、多选题

1. 电能计量装置一般包括(　　)。

A. 电能表

B. 计量用互感器、计量用二次回路

C. 带电流互感器的一次回路

D. 计量用的柜、屏、箱等

2. 电能计量装置根据计量对象的电压等级,一般分为(　　)的计量方式。

A. 高供高计　　　B. 高供低计　　　C. 低供低计　　　D. 低供高计

3. 电能计量装置新装完工后,在送电前检查的内容是(　　)。

A. 检查工具、物件等不应遗留在设备上

B. 检查电能表的接线盒内螺丝是否全部旋紧,线头有无外露

C. 检查电流、电压互感器二次侧及外壳和电能表的外壳是否接地

D. 核查电流、电压互感器倍率是否正确

4. 影响电流互感器误差的因素有(　　)。

A. 一次电流的变化　　　　　　　　B. 电源频率的变化

C. 二次负载功率因数的变化　　　　D. 二次负载增大

5. 要确保计量装置准确、可靠,必须具备的条件是(　　)。

A. 电能表和互感器的误差合格

B. 电能表接线正确

C. 电压互感器二次压降满足要求

D. 电能表铭牌与实际电压、电流、频率相对应

6. 高压电能计量装置装拆及验收标准化作业指导书规定安装电能表的工作内容要求(　　)。

A. 根据计量柜(箱)接线图核对检查,确保接线正确、布线规范。联合接线

盒的安装、导线的敷设及捆扎应符合规程要求

　　B. 安装电能表时,应把电能表牢固地固定在计量柜(箱)内,电能表显示屏应与观察窗对准

　　C. 将联合接线盒内的电流短路连接片接至正常位置,电压、中性线连接片接至连接位置

　　D. 所有布线要求横平竖直、整齐美观,连接可靠、接触良好。导线应连接牢固,螺栓拧紧,导线金属裸露部分应全部插入接线端钮内,不得有外露、压皮现象

7. 经互感器接入式低压电能计量装置装拆及验收标准化作业指导书规定安装互感器时的工作内容包括(　　　　)。

　　A. 电流互感器一次绕组与电源串联接入,并可靠固定

　　B. 同一组的电流互感器应采用制造厂、型号、额定电流变比、准确度等级、二次容量均相同的互感器

　　C. 电流互感器进线端极性符号应一致

　　D. 正确连接电能表

8. 经互感器接入式低压电能计量装置装拆及验收标准化作业指导书规定现场通电检查工作包括(　　　　)。

　　A. 对具备现场通电条件的互感器进行通电,通电前应再次确认负荷开关处于断开位置

　　B. 合上进线侧开关,确认电能表工作状态正常

　　C. 合上出线侧开关,确认电能表正常工作,客户可以正常用电。使用相位伏安表等方式核对电能表和互感器接线方式,防止发生错接线

　　D. 用验电笔(器)测试电能表外壳、零线端子、接地端子应无电压

9. 以下属于高压电能计量装置装拆及验收的新装作业内容的为(　　　　)。

　　A. 核对作业间隔

　　B. 使用验电笔(器)对计量柜进行验电

　　C. 确认电源进出线方向

　　D. 观察是否有明显断开点

10. 装拆风险:因装拆计量装置工作中发生(　　　　)等原因,引起的人身触电伤亡、二次回路开路或短路故障、计量差错等风险。

　　A. 走错工作间隔

　　B. 带电操作

　　C. 接线错误

　　D. 电能计量装置参数及申能表底度确认失误

11. 以下关于电能计量装置竣工验收需要进行的作业内容包括(　　)。

　　A. 电能计量装置资料正确、完备

　　B. 检查计量器具技术参数应与计量检定证书和技术资料的内容相符

　　C. 检查安装工艺质量应符合有关标准要求

　　D. 检查电能表、互感器及其二次回路接线情况应和竣工图一致

12. 下列关于高压电能计量装置装拆及验收的危险点与预防控制措施说法正确的有(　　)。

　　A. 在高、低压设备上工作,应至少由两人进行,并完成保证安全的组织措施和技术措施

　　B. 工作人员应正确使用合格的安全绝缘工器具和个人劳动防护用品

　　C. 涉及停电作业的应实施停电、验电、挂接地线、悬挂标示牌后方可工作

　　D. 严禁在未采取任何监护措施和保护措施情况下现场作业

13. 电能计量装置装拆过程中,下列关于工作班成员安装电能表时的作业内容说法正确的有(　　)。

　　A. 电能表显示屏应与观察窗对准

　　B. 所有布线要求横平竖直、整齐美观,连接可靠、接触良好

　　C. 导线应连接牢固,螺栓拧紧,导线金属裸露部分应全部插入接线端钮内,不得有外露、压皮现象

　　D. 计量柜(箱)内布线进线出线应尽量反方向靠近

　　E. 计量柜(箱)内布线应尽量远离电能表

14. 电能表安装的接线原则为(　　)。

　　A. 先出后进　　B. 先进后出　　C. 先零后相　　D. 从左到右

15. 高压电能计量装置装拆及验收工作负责人的职责范围的有(　　)。

　　A. 正确安全的组织工作

　　B. 负责检查工作票所列安全措施是否正确完备、是否符合现场实际条件,必要时予以补充

　　C. 工作前对工作班成员进行危险点告知,交代安全措施和技术措施,并确认每一个工作班成员都已知晓

　　D. 严格执行工作票所列安全措施

　　E. 工作班成员精神状态是否良好,分配的任务是否合适

16. 高压电能计量装置装拆及验收的危险点有(　　)。

　　A. 工作前未进行验电致使触电

　　B. 误碰带电设备

　　C. 人员与高压设备安全距离不足致使人身伤害

D. 走错工作位置

E. 停电作业发生倒送电

17. 电能计量装置新装完工后,在送电前检查的内容是(　　　)。

A. 检查工具,物件等不应遗留在设备上

B. 检查电能表的接线盒内螺丝是否全部旋紧,线头有无外露

C. 检查电流、电压互感器二次侧及外壳和电能表的外壳是否接地

D. 核查电流、电压互感器倍率是否正确

三、判断题

1. 客户一个受电点内不同电价类别的用电,应分别装设电能计量装置。(　　　)

2. 对电能计量装置的电压二次回路,连接导线截面积不大于 $2.5mm^2$。(　　　)

3. 单相供电的电力用户计费用电能计量装置是 V 类计量装置。(　　　)

4. 高压供电的用户,只能装设高压电能计量装置。(　　　)

5. 计量装置安装同一组电流、电压互感器时,应采用同一制造厂、型号、额定电流变比、准确度等级、二次容量均相同的互感器。(　　　)

6. 有两条及以上线路分别来自两个及以上的供电点或有两个及以上的受电点的客户,应装设一组计量装置。(　　　)

7. 装表人员在对客户计量表计安装完毕后,仍需对所装计量装置型号、表号、倍率,电流互感器的变比、准确等级及计量装置的产权归属等认真核实。(　　　)

8. 10kV 高压电能计量装置,电压互感器宜采用两台电压互感器,且按 V / v 方式接线。(　　　)

9. 《电能计量装置技术管理规程》中规定:35kV 及以下贸易结算用电能计量装置中电压互感器二次回路,应不装设隔离开关辅助接点,但可装设熔断器。(　　　)

四、计算题

1. 某电力用户受电电压为 10kV,主变压器容量为 6300kVA,而实际负荷为 2000kW,功率因数为 0.9。试求 10kV 侧负载电流为多少? 应配备何种规范的电流互感器?

2. 有一只 0.2 级 10kV/100V 的电压互感器,额定二次负载为 50VA。求该电压互感器的二次负载总阻抗是多少欧姆?

项目 6　电能计量装置的检查及故障处理

项目简介

本项目包括五个工作任务:单相电能计量装置检查、分析和故障处理,三相四线电能计量装置运行检查、分析和故障处理,三相三线电能计量装置检查、分析和故障处理,电子式多功能电能表识读,多功能电能计量装置接线故障分析及处理。通过各类电能计量装置运行故障的分析介绍,掌握各类电能计量装置巡视检查和故障分析判断的方法。

任务 25　单相电能计量装置检查、分析和故障处理

任务描述

本任务包含单相电能计量装置接线形式、计量方式、单相电能表的参数及单相计量装置运行管理等方面的内容。通过对各种类型单相电能计量装置原理和管理要求的介绍,掌握单相电能计量装置的运行、检查和故障处理方法。

根据《供电营业规则》的规定"客户单相用电设备总容量不足 10 千瓦的可采用低压 220 伏供电",因此对于单相用电的客户须装设单相电能计量装置。

一、接线形式

单相电能计量装置接线形式有两种形式,一种是直接接入式,一种是通过互感器接入式,如图 25-1 所示。

二、铭牌参数

电能表的铭牌主要包含以下内容:

1. 商标。

2. 计量许可证标志(CMC)。

3. 计量单位名称或符号,如:有功电能表为"千瓦·时"或"kW·h";无功电能表为"千乏·时"或"kVar·h"。

4. 电能表的名称及型号。

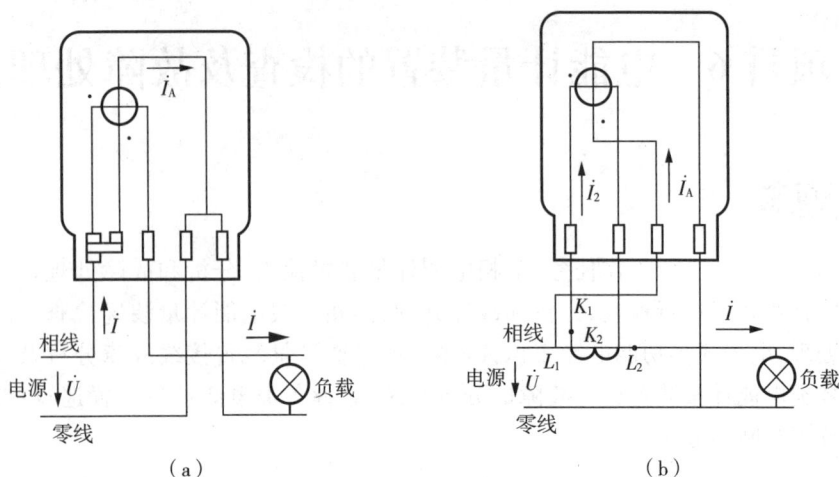

（a）   （b）

图 25-1　单相电能表直接接入或经电流互感器接入电路的接线图

5. 基本电流和额定最大电流。基本电流(标定电流)是作为计算负荷的基数电流值,以 I_b 表示;额定最大电流是仪表能长期工作,误差与温升完全满足技术标准的最大电流值,以 I_{max} 表示。如 1.5(6)A,即电能表的基本电流值为 1.5 A,额定最大电流为 6 A。

6. 额定电压。指的是电能表正常运行的电压值,以 Un 表示。

7. 额定频率。指的是电能表正常运行时电源的频率值,以赫兹(Hz)作为单位。

8. 电能表常数。指的是电能表记录的电能和相应的转数或脉冲数之间关系的常数。有功电能表以 r(imp)/(kW·h)形式表示;无功电能表以 r(imp)/(kVar·h)形式表示。

9. 准确度等级。以记入圆圈中的等级数字表示,无标志时,电能表视为 2.0 级。

三、运行注意事项

1. 单相供电客户电能计量点应接近客户的负荷中心。计量表的安装位置应满足安全防护的要求和方便抄表。

2. 安装在客户处的电能计量装置,由客户负责保护封印完好、装置本身不受损坏或丢失。

3. 计费电能表装设后,客户应妥善保护,不应在表前堆放影响抄表、计量准确及安全的物品。如发生计费电能表丢失、损坏或过负荷烧坏等情况,客户应及时告知供电企业,以便供电企业采取措施。如因供电企业责任或不可抗力致使计费电能表出现或发生故障的,供电企业应负责换表,不收费用;由其他原因引起的,客户应负担赔偿费或修理费。

4. 当发现电能计量装置异常时,客户应及时通知供电公司进行处理。

四、常见故障及异常

1. 相线与零线对调。

正常情况下运行是没有问题,但客户若将用电设备接到火线与大地之间时(如经暖气管道等),将造成电能表少计或不计电量,带来窃电的隐患。

2. 电源线的进出线接反。

此时,由于电流线圈同名端反接,故电能表要反转。

3. 电压连接片没接上。

此时电压线圈上无电压,电能表不计量。

4. 电能表发生"串户"。

电能表的客户号与客户房号不对应,易造成电费纠纷。

5. 电能表可能发生擦盘、卡字、死机、潜动等,影响正确计量。

五、检查的重点

1. 检查计量箱、表计的锁头、铅封、铅印是否完好。

2. 检查电能表运行声音是否正常。

3. 核对表号、资产号、户号是否正确。

4. 注意观察转动情况或信号灯的闪动是否正常。

5. 检查表计的导线是否有破皮、松动、脱落、短接、短路等现象。

6. 带有电流互感器的计量装置应注意检查互感器的铭牌、接线、一二次侧是否有短路或断路情况。

思考与练习

1. 单相电能表相线与零线接反对计量有何影响?

2. 什么是电能表的标定电流和额定最大电流?

任务 26 三相四线电能计量装置检查、分析和故障处理

任务描述

本任务包含三相四线电能计量装置接线形式、计量方式、错接线形式及三相四

线计量装置运行管理等方面的内容。通过对三相四线电能计量装置原理和管理要求的介绍,掌握三相四线电能计量装置运行检查、分析和故障处理方法。

根据《电能计量装置安装接线规则》(DL/T 825—2002)规定:"低压供电方式为三相者应安装三相四线有功电能表,高压供电中性点有效接地系统应采用三相四线有功、无功电能表。"

一、接线形式

三相四线计量装置接线形式分为直接接入式和间接接入式。如图 26 - 1、图 26 - 2所示分别为低压、高压电能计量装置接线图。

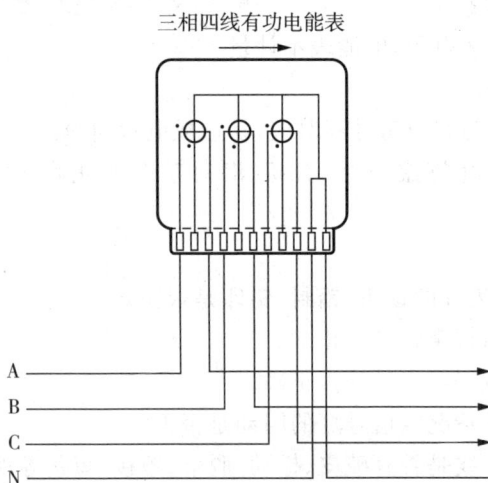

图 26 - 1　低压三相四线电能计量接线图

二、运行注意事项

1. 电能计量点应设定在供电设施与受电设施的产权分界处。如产权分界处不适宜装表的,对专线供电的高压客户,可在供电变电站的出线侧出口装表计量;对公用线路供电的高压客户,可在客户受电装置的低压侧计量。

2. 低压供电的客户,负荷电流为 50 A 及以下时,电能计量装置接线宜采用直接接入式;负荷电流为 50 A 以上时,宜采用经电流互感器接入式。

3. 三相四线制连接的电能计量装置,其 3 台电流互感器二次绕组与电能表之间宜采用六线连接。

4. 110 kV 及以上的高压三相四线计量装置电压互感器二次回路,应不装设隔离开关辅助接点,但可装设熔断器。

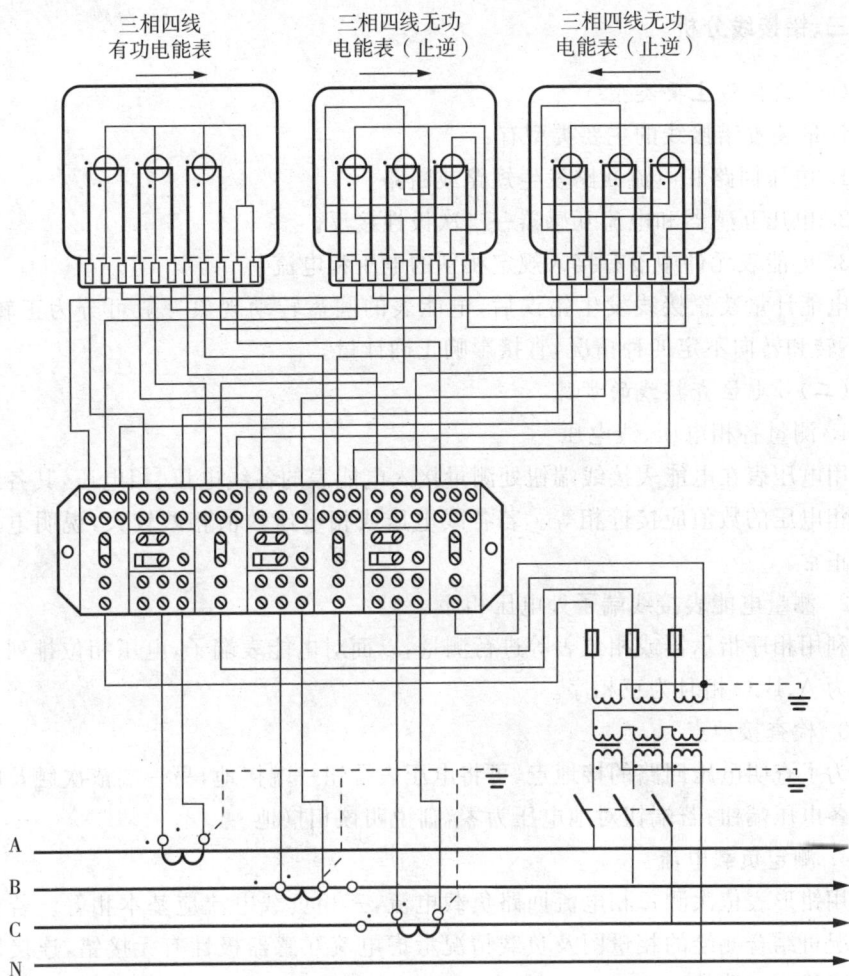

图 26 - 2　高压三相四线电能计量接线图

5. 电能表应安装在电能计量柜(屏)上,每一回路的有功和无功电能表应垂直排列或水平排列,无功电能表应在有功电能表下方或右方,电能表下端应加有回路名称的标签,两只三相电能表相距的最小距离应大于 80 mm,电能表与屏边的最小距离应大于 40 mm。

6. 容量大于 50 kVA 的客户应在计量点安装电能量信息采集系统,实现电能信息实时采集与监控。

7. 安装在发、供电企业生产运行场所的电能计量装置,运行人员应负责监护,保证其封印完好,不受人为损坏。安装在客户处的电能计量装置,由客户负责保护封印完好,装置本身不受损坏或丢失。

三、错接线分析

（一）错接线主要类型

计量装置错接线的主要类型有：

1. 电压回路和电流回路发生短路或断路。

2. 电压互感器和电流互感器一二次极性接反。

3. 电能表元件中没有接入规定相别的电压和电流。

电能计量装置接线发生错误后，电能表的圆盘转动现象一般可分为正转、反转、不转和转向不定四种情况，直接影响正确计量。

（二）带电检查接线的步骤

1. 测量各相电压、线电压

用电压表在电能表接线端钮处测量接入电能表的各线电压、相电压，其各线电压或相电压的数值应接近相等。若各线电压或相电压数值相差较大，说明电压回路不正常。

2. 测量电能表接线端子处电压相序

利用相序指示器或相位表等进行测量，以面对电能表端子，电压相位排列自左至右为 A、B、C 相时为正相序。

3. 检查接地点

为了查明电压回路的接地点，可将电压表端钮一端接地，另一端依次触及电能表的各电压端钮；若端钮对地电压为零，则说明该相接地。

4. 测定负载电流

用钳形表依次测每相电流回路负载电流，三相负载电流应基本相等。若有异常情况可结合测绘的相量图及负载情况考虑电流互感器极性有无接错，连接回路有无断线或短路等。

5. 检查电能表接线的正确性

前面的四项检查还不能确定电流的相位及电压与电流间的对应关系，目前可采用相位伏安表检查电压与电流的相位，通过向量分析的方法，检查电能表的接线是否正确。

下面以一个三相四线计量装置错接案例说明接线检查的方法。

案例：已知一三相四线电能表，第一元件电压为 U_A。

测量及分析如下：

（1）测量电压：$U_{12}=U_{23}=U_{13}=380$ V，$U_{10}=U_{20}=U_{30}=220$ V，说明电压回路正常。

（2）确定零线，$U_{10}=U_{20}=U_{30}=220$ V，说明 0 为 N 线。

(3)测定相序:为正序,说明 U_1 对应 U_A,U_2 对应 U_B,U_3 对应 U_C。

(4)测量电流:$I_1 = 5\ A$,$I_2 = 5\ A$,$I_3 = 5\ A$。

(5)测量相位:$\dot{U}_1$ 超前 $\dot{I}_1$ 为 74°,$\dot{U}_2$ 超前 $\dot{I}_2$ 为 250°,$\dot{U}_3$ 超前 $\dot{I}_3$ 为 253°。

(6)画相量图分析

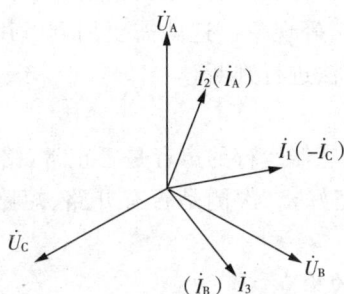

I_1 为 $-I_c$,I_2 为 I_a,I_3 为 I_b。

结论:第一元件为 U_A、$-I_c$,第二元件为 U_B、I_a,第三元件为 U_C、I_b。

四、常见故障及异常

三相四线电能计量装置由三个单相元件计量三相四线制电路电能,因此在运行时应注意检查每个计量元件和电流电压互感器。其主要故障表现为:

1. 计量装置的电流、电压回路发生断路和短路,这样计量电量造成少计量或不计量。

2. 计量装置的电流、电压回路发生极性接反,这样就会造成某个计量元件反转,造成少计电量。

3. 计量装置的电流、电压回路发生错接线。这样的故障就要进行向量分析,计算出正确电量。

4. 电流、电压互感器发生故障。例如:铭牌与实际铭牌不符,熔断器熔断,一二次侧接线发生短路、断路,一二次侧发生错接线等。这些故障就要具体问题具体分析,利用向量分析的方法,算出正确电量。

5. 计量装置本身发生的故障。例如:擦盘、卡字、潜动、超差、黑屏、死机等,这些非人为的因素造成的故障,供电公司应加强核查和检定,耐心与客户沟通解释,按照客户实际运行的情况,计算出合理的电量。

五、检查的重点

(一)外观检查

主要检查计量装置的铅封、铅印,计量柜(屏)的封闭性,电能表的铭牌、电能计量装置参数配置,电流、电压互感器的运行正常,一二次接线完好。注意观察表盘的转向、转速或电子式表的脉冲指示灯的闪速,初步判断计量装置的运行状态是否正常。

（二）接线检查

主要检查电流、电压连接导线是否破皮、松动、脱落,线径是否符合技术标准,是否有短路、断路、接线错接等现象。这就需要用到万用表、相位伏安表等仪表进行测量,运用向量分析的方法进行判断。

（三）互感器的检查

主要检查电流、电压互感器运行的声音是否正常,铭牌倍率与实际倍率是否相符,一二次接线是否连接完好,二次侧是否有开路、短路情况,一二次极性是否正确等。

（四）电能量采集系统的检查

按照国家电网公司要求,容量大于 50 kVA 的客户应在计量点安装电能量信息采集系统。因此,为了保证电能量采集系统正常工作,应检查电能表 485 接口与电能采集系统的连接是否正常,采集系统的通道是否畅通,采集系统供电电源是否正常等。

思考与练习

1. 哪些场合下应装设三相四线电能计量装置?
2. 若低压三相四线电能表一相电压回路断线,其计量结果会如何变化?

任务27 三相三线电能计量装置检查、分析和故障处理

任务描述

本任务包含三相三线电能计量装置接线形式、计量方式、错接线形式及三相三线计量装置运行管理等方面的内容。通过对三相三线电能计量装置原理和管理要求的介绍,掌握三相三线电能计量装置运行检查、分析和故障处理方法。

根据《电能计量装置技术管理规程》(DL/T 448—2000)规定:"接入中性点绝缘系统的电能计量装置,应采用三相三线有功、无功电能表。"这里中性点绝缘系统主要指变压器中性点不接地系统,一般指 35 kV 及以下电压等级的计量。

一、接线形式

三相三线电能计量装置接线形式可分为直接接入式和间接接入式。三相三线制电能计量装置三种接线图如图 27-1 所示。

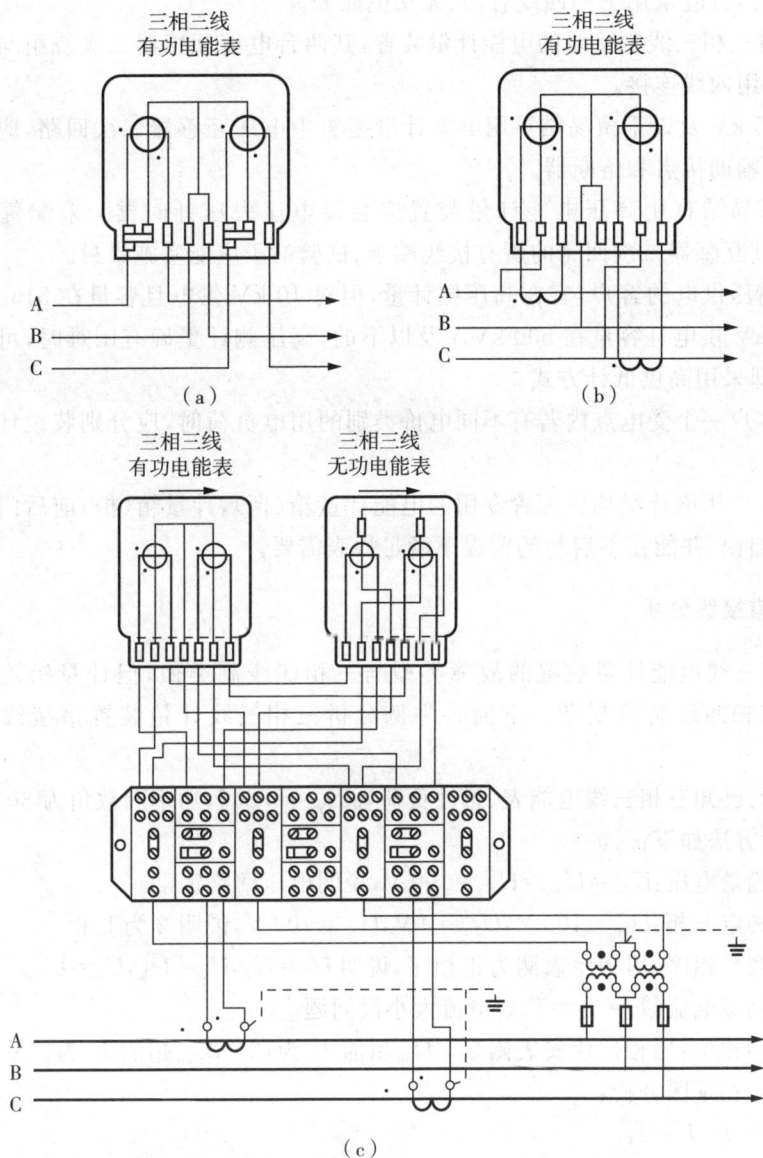

图 27-1　三相三线有功电能计量的三种接线图

(a)直接接入式；(b)通过电流互感器接入；(c)通过电流、电压互感器接入

二、运行注意事项

1. 中性点非有效接地系统一般采用三相三线有功、无功电能表,但经消弧线圈等接地的计费客户且年平均中性点电流(至少每季测试一次)大于 $0.1\%I_N$(额定电流)时,也应采用三相四线有功、无功电能表。

2. 对三相三线制接线的电能计量装置,其两台电流互感器二次绕组与电能表之间宜采用四线连接。

3. 35 kV 及以下贸易结算用电能计量装置中电压互感器二次回路,应不装设隔离开关辅助接点和熔断器。

4. 贸易结算用高压电能计量装置应装设电压失压计时器。未配置计量柜(箱)的,其互感器二次回路的所有接线端子、试验端子应能实施铅封。

5. 高压供电的客户,宜在高压侧计量,但对 10 kV 供电且容量在 315 kVA 及以下、35 kV 供电且容量在 500 kVA 及以下的,高压侧计量确有困难时,可在低压侧计量,即采用高供低计方式。

6. 客户一个受电点内若有不同电价类别的用电负荷时,应分别装设计费电能计量装置。

7. 客户用电计量均应配置专用的电能计量箱(柜),计量箱(柜)前后门(板)应能加封、加锁,并能在不启封的前提下满足抄表需要。

三、错接线分析

三相三线电能计量装置的故障类型与三相四线制类似,但计量错接线分析起来比三相四线制要复杂。下面将举例分析三相三线计量装置错接线的检查方法。

案例:已知三相三线电能表、感性负荷,$\cos\varphi=0.866$,功率因数角为 $30°$。

分析方法如下:

(1)测量电压:$U_{12}=U_{23}=U_{13}=100$ V,说明电压回路正常。

(2)确定 b 相:$U_{10}=100$ V,$U_{20}=0$ V,$U_{30}=100$ V,说明 2 为 b 相。

(3)测量相序:用相序表测为正相序,说明 $U_1=U_a$,$U_2=U_b$,$U_3=U_c$。

(4)测量电流:$I_1=I_2=5$ A,电流大小没问题。

(5)测相位:用相位伏安表测量。U_{ab} 超前 I_1 为 $120°$,U_{cb} 超前 I_2 为 $120°$。

(6)画相量图分析:

$I_1=-I_c$,$I_2=I_a$。

结论:第一元件为 U_{ab}、$-I_c$,第二元件为 U_{cb}、I_a。

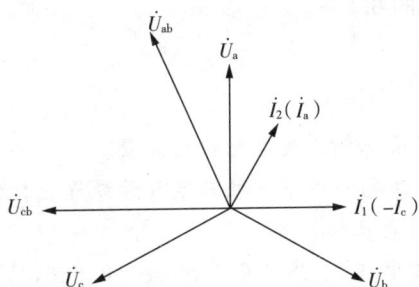

四、常见故障及异常

三相三线电能计量装置常见故障及异常情况类型与三相四线计量装置类似，主要包括电能表本身的各类故障，电流、电压互感器的故障，二次连接导线的超差以及各类错接线引起的故障和异常。用电检查人员应加强检查和监督，及时发现问题，合理解决。

五、检查的重点

1. 外观检查。

主要检查计量装置的铅封、铅印，计量柜（屏）的封闭性，电能表的铭牌电能计量装置参数配置，电流、电压互感器的运行是否正常，一、二次接线是否完好。注意观察表盘的转向、转速或电子式表的脉冲指示灯的闪速，初步判断计量装置的运行状态是否正常。

2. 检查计量方式的正确性与合理性。

3. 检查电流、电压互感器一次与二次接线的正确性。

4. 检查二次回路中间触点、熔断器、试验接线盒的接触情况。

5. 核对电流、电压互感器的铭牌倍率。

6. 检查电能表和互感器的检定证书。

7. 检查电能计量装置的接地系统。

8. 测量一次、二次回路绝缘电阻。采用 500 V 兆欧表进行测量，其绝缘电阻不应小于 5 MΩ。

9. 在现场实际接线状态下检查互感器的极性（或接线组别），并测定互感器的实际二次负载以及该负载下互感器的误差。

10. 测量电压互感器二次回路的电压降。

Ⅰ、Ⅱ类用于贸易结算的电能计量装置中，电压互感器二次回路电压降应不大于其额定二次电压的 0.2%；其他电能计量装置中，电压互感器二次回路电压降应不大于其额定二次电压的 0.5%。

思考与练习

1. 哪些场合下应装设三相三线电能计量装置？

2. 试用向量分析方法判断以下三相三线计量装置错接线类型。

故障现象：有功电能表正转。

已知条件：三相三线电能表、感性负荷，$\cos\varphi=0.866$，功率因数角为 30°。

测量结果如下：

(1)测线电压：$U_{12}=U_{23}=U_{13}=100$ V。

(2)测相电压：$U_{10}=100$ V，$U_{20}=0$ V，$U_{30}=100$ V。

(3)测相序：用相序表测为正相序。

(4)测电流：$I_1=I_2=5$ A。

(5)测相位：U_{ab} 超前 I_1 为 60°，U_{cb} 超前 I_2 为 0°。

任务 28　电子式多功能电能表识读

任务描述

本任务包含电子式多功能电能表各种显示信息内容。通过图形举例，掌握电子式多功能电能表各种参数识读。

电子式多功能电能表是在电子式电能表的基础上发展形成的一种除同时计量正向有功、反向有功、感性无功和容性无功外，还具有分时、测量需量等两种以上功能，并能显示、储存和输出数据的电能表。

一、常规测量信息

包括电能计量、需量测量、电网监测（含潮流方向）、当前运行时段等信息。

（一）电能计量

电子式多功能电能表一般将当前电量设置在轮流显示界面上供人工抄读"本月电量"，这是电能表最基本的计量功能。其显示信息一般有：

正向尖、峰、平、谷、总有功电量；

反向尖、峰、平、谷、总有功电量；

正向尖、峰、平、谷、总无功电量；

反向尖、峰、平、谷、总无功电量。

每组电量信息轮显顺序有可能不同,比如,先显示总电量,再连续显示时段电量。同时,将上月、上上月以及前六个月(至少)以上的电量信息记录存储,供需要时调取。

电子式多功能电能表一般还具有数据冻结功能,可在任意时间即时冻结当前各费率时段电量。由于冻结电量数据相对较多,所有表计都不在轮显信息中反映该类信息,大多数电能表的冻结电量需要利用抄表器或读表程序读取相关电量信息。

(二)需量测量

在测量电能的同时,电子式多功能电能表还要将最大需量进行存储,供需要时读取。记录最大需量所需需量周期和滑差时间等参数可在电能表中进行设置。

最大需量及需量发生时间一般都跟随正向、反向有功电量和正向、反向无功电量进行轮显。需量的单位是 kW,实际反映表计测量的电能计量装置二次功率。

(三)电网监测

电子式多功能电能表一般都能检测当前电能表线电压(或相电压)、电流、功率、功能因数等运行参数。

大多数电能表都在读表界面左下角显示以下符号,表示当前接入电能表的各相电压、电流为正常状态,在轮显信息中显示当前接入电能表的各相电压、电流的具体数值。

$$U_a U_b U_c \quad 或 \quad U_a U_b U_c \quad 或 \quad L_1 L_2 L_3 \quad 或 \quad L_1 L_3$$
$$I_a I_b I_c \qquad\quad I_a \quad I_c \qquad\quad ①②③ \qquad\quad ①③$$

需要说明的是,大多数电能表显示信息中目前仍用 A、B、C 表示各相。在三相三线电能表中,U_a、U_c 分别表示电能表一元件、二元件电压,而非 a 相、c 相电压。

各相有功、无功功率一般在轮显信息中显示具体数值及单位。

功能因数一般在读表界面下方以 A、B、C 与 φ 组合显示,表示电能表各元件功率因数,在读表界面右下方显示具体数值。需要说明的是,有的三相三线电能表显示的功能因数值并非 A 相或 C 相功率因数,而是电能表一元件或二元件电压电流相位角的余弦。

(四)潮流方向

电子式多功能电能表的功率测量功能是以在线实时测量的方式实现的。以设定时间间隔刷新并显示在电能表的界面上,通过观察,即可获得当前电能表的运行基本参数。

当电能表外部接线形式确定后,流经电能表的功率方向即被确定。比如:接线方式满足从电网流入客户方向,称之为"下网潮流"(用电模式);由客户方向流入电网,称之为"上网潮流"(发电模式)。电子式多功能电能表会自动计算并判定当前接入电能表的有功功率和无功功率的方向(以下简称为潮流方向),常见的显示方式有以下几种:

1. 用水平箭头表示当前有功、无功潮流方向,如图 28-1 所示。图中 Var 表示无功潮流,watt 表示有功潮流。图(a)表示当前有、无功处于下网潮流状态。图(b)表示当前无功上网(容性无功)、有功下网潮流状态。图(c)表示当前有、无功均处于上网潮流状态。

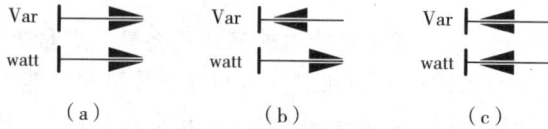

Var		Var		Var	
watt		watt		watt	
(a)		(b)		(c)	

图 28-1 电子式多功能电能表功率方向指示

2. 用坐标箭头表示当前有功、无功潮流方向,如图 28-2 所示。图(a)表示的是液晶屏上预先设置的四个箭头状态,正常运用时,只显示 P、Q 各一个箭头。箭头上的 P、Q 标注可以互换,不影响对有、无功潮流的指示。图(b)表示当前有、无功处于下网潮流。图(c)表示当前有功处于下网潮流,而无功处于上网潮流(容性无功)。图(d)表示当前无功处于下网潮流,而有功处于上网潮流。图(e)表示当前有、无功均处于上网潮流状态。

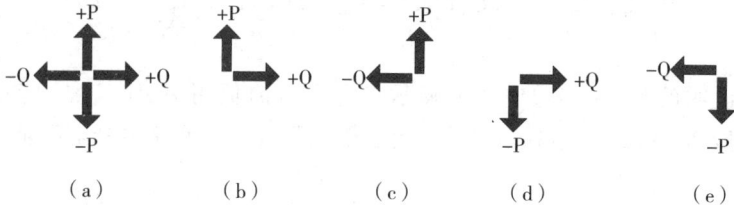

| (a) | (b) | (c) | (d) | (e) |

图 28-2 电子式多功能电能表用坐标箭头表示当前有功、无功潮流方向

3. 有功、无功潮流还可以用坐标圆的形式表示当前有功、无功潮流方向,如图 28-3 所示。图 28-3(a)、(b)、(c)均表示当前有功、无功处于下网潮流,运行在 I 象限。图(d)表示当前有功、无功运行在 II 象限,至于到底属于有功上网,还是无

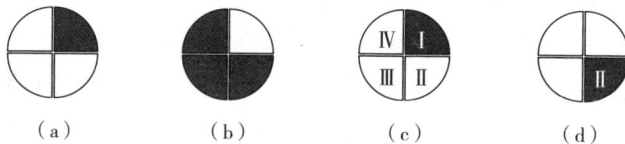

| (a) | (b) | (c) | (d) |

图 28-3 电子式多功能电能表用坐标圆表示当前有功、无功潮流方向

功上网,并不重要。分析的思路是:当按照本模块设置的前提,感性负载下网潮流应在 I 象限,感性负载上网潮流应在 III 象限,对于当前运行在 II 象限的原因,可以观察客户负载性质及电容补偿情况,判断是否是容性无功运行,引起的 II 象限运行。必要时,使用现场校验仪类仪器,核查该装置的实负荷向量图,是否属于异常接线。

4. 用点亮不同字符表示当前有功、无功潮流方向(上、下排各点亮一个字符)。

〔正有功〕 〔反有功〕

〔正无功〕 〔反无功〕

5. 用坐标表示当前有功、无功潮流方向,如图 28-4 所示。图(a)、(b)表示当前有、无功均处于下网潮流,运行在 I 象限。图(c)表示当前无功处于上网潮流(容性无功)。

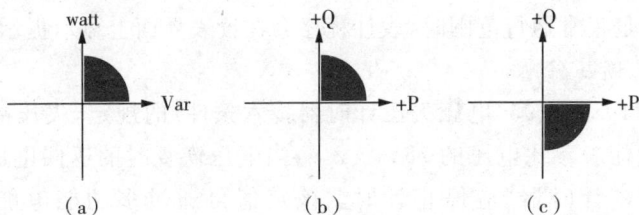

图 28-4 电子式多功能电能表用坐标表示当前有功、无功潮流方向

6. 部分电能表除具有坐标指示功能外,还有当前功率方向指示,如图 28-5 所示。

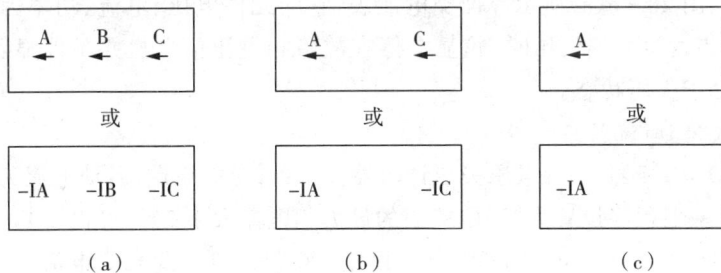

图 28-5 电子式多功能电能表界面信息中的元件功率方向指示

当接入为三相三线方式时,一元件 $P_1 = U_{ab} I_a \cos\varphi_a$,二元件 $P_2 = U_{cb} I_c \cos\varphi_c$。当 P_1 或 P_2 为负时,对应的功率方向符号显示。当对应的功率方向为正时,该符号不显示。

当接入为三相四线方式时，一元件 $P_1=U_aI_a\cos\varphi_a$，二元件 $P_2=U_bI_b\cos\varphi_b$，三元件 $P_3=U_cI_c\cos\varphi_c$。当 P_1 或 P_2 或 P_3 为负时，对应的功率方向符号显示。当对应的功率方向为正时，该符号不显示。

图（a）表示当前三相功率均为负值（或称之为功率反向）；图（b）表示当前 A、C 相功率均为负值；图（c）表示当前 A 相功率为负值。

（五）当前运行时段

所有电子式多功能电能表都具有复费率功能，各时段划分按照当地电价政策设置。大多数表计界面上都有运行时段指示信息，与主电量信息存在明显的区别。常见形式如图 28-6(a)、(b)、(c)、(d)中箭头所示。运行时，分别显示相应的符号，表示当前电能表的运行时段。

二、异常信息

在对接入电压、电流量值的采样分析中，表计自动检测采样参数的技术关系，当关系不能满足正常运行范围时，表计程序会在读表界面上显示提示信息。

（一）失压、断压信息

按照 DL/T 566—95《电压失压计时器技术条件》的规定，失压故障判定的启动电压应为电能表参比电压的78％±2 V；当电压恢复时的返回电压为参比电压的85％±2 V，"计时器"应停止计时。该定值可通过多功能电能表后台程序设置。

当电能表发生失压故障时，凡是具有"$U_a\,U_b\,U_c$"或"$L_1\,L_2\,L_3$"电压符号的界面，处于低电压相的符号应不停地闪烁。当某相电压趋于零时，该符号应消失。此时，电压轮显的数值也会反映出故障相的具体电压数值。

对于如图 28-6(a)所示界面类电能表，它的元件电压、电流、功率因数在界面下侧轮显，当发生某相失压时，轮显会停在故障相电压信息栏并不停显示，提示此时电能表处于失压状态。

（二）失流、断流信息

按照 DL/T 566—95《电压失压计时器技术条件》的规定，启动电流为额定电流的 0.5％。一般程序设置为"当电能表的最大相电流大于 5％（可设置），并且（最大相—某相电流）/最大相电流＞30％（可设置），电能表判定此相为电流不平衡，其对应电流符号闪烁。当某相电流趋于零时，该符号应消失。

（三）相序错误信息

常用电能表有两种表示形式：

1."$U_a\,U_b\,U_c$"（或 $L_1\,L_2\,L_3$）三个符号同时闪烁；

2.中文"相序"点亮。

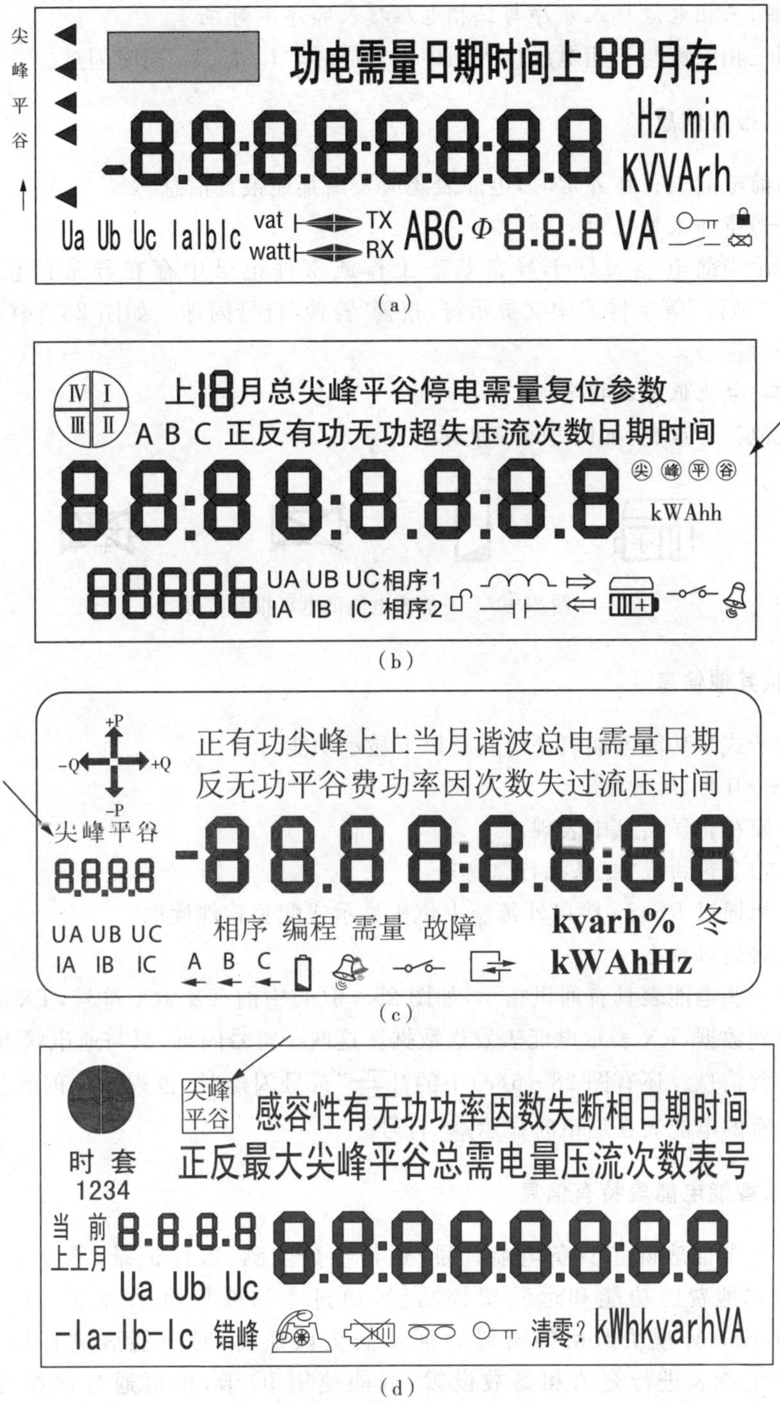

图 28－6　电子式多功能电能表界面信息中的时段设置显示

（四）三相电流接入顺序与三相电压接入顺序不对应

当三相电流与三相电压接入顺序不对应时，"I_1、I_2、I_3"同时闪烁。

三、报警信息

当前电能表存在异常时，电能表还应发出其他报警信息。

（一）事件报警提示

表示当前电能表处于异常状态工作或事件记录中存在异常信息，如出现"Errl"、"故障"等字样或中文提示符，报警"警铃"符号闪烁。如图 28-6(c)所示界面中警铃符号。

（二）电池低电压报警

电池符号点亮，如图 28-7 所示。

图 28-7　电能表电池低电压报警符号

四、其他信息

电子式多功能电能表还应具备以下显示功能：

（一）日历、时钟

一般在轮显信息中表现。

（二）负荷曲线、超限执行信息等

需要通过 RS485 接口外传至上位机显示或配套软件读取。

（三）通讯状态

有一些电能表具有通讯指示，如图 28-6(a)中的 TX、RX 符号，TX 表示电能表接收到数据，RX 表示电能表发送数据。这两个符号闪烁，只与通讯状态有关，不代表异常信息。还有图 28-6(c)中的"⇥"符号闪烁时，也表示电能表当前正在通讯。有的电能表在通讯时显示📞符号。

五、智能电能表特有信息

智能电能表除了具备电能计量、运行参数监测、事件记录、冻结等功能外，还具备本地费控功能和远程费控功能，通过主站或售电系统下发拉闸命令，经内置 ESAM 模块严格的密码验证及安全认证后，对电能表进行拉、合闸控制。对电能表进行充值和参数设置，既能使用 IC 卡，也可通过虚拟介质远程实现。

智能电能表具有一些独有的显示信息,如图 28-8 所示。主要有以下字符显示:阶梯电价、电量,赊欠金额,剩余金额,密码验证错误指示,IC 卡"读卡中"、"读卡成功"、"读卡失败","请购电"(剩余金额偏低时闪烁),"透支"状态指示,"囤积"(IC 卡金额超过最大储值金额时闪烁),"拉闸"(跳闸前延时过程中字符闪烁,延时时间到停止闪烁,合闸延时前字符停止显示)。

图 28-8　单相智能电能表全屏显示内容

六、用电信息采集终端显示信息

用电信息采集终端按应用场所分为专变采集终端、集中抄表终端(包括集中器、采集器)、分布式能源监控终端等,下面主要介绍专变采集终端、集中器和采集器。

(一)专变采集终端

专变采集终端是对专变客户用电信息进行采集的设备,可实现电能表数据的采集、电能计量设备工况和供电电能质量监测,以及客户用电负荷和电能量的监控,并对采集数据进行管理和双向传输。专变采集终端显示主画面如图 28-9 所示,显示菜单内容见表 28-1 所列。

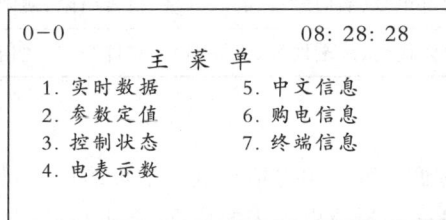

图 28-9　专变采集终端显示主画面

表 28-1 专变采集终端显示菜单内容表

主菜单	1. 实时数据	1. 当前功率	当前总加组功率和当前各个分路脉冲功率
		2. 当前电量	当日电量(有功总、尖、峰、平、谷、无功总) 当月电量(有功总、尖、峰、平、谷、无功总)
		3. 负荷曲线	功率曲线
		4. 开关状态	当前开关量状态
		5. 功控记录	当前功控记录
		6. 电控记录	当前电控记录
		7. 遥控记录	当前遥控记录
		8. 失电记录	当前失电及恢复时间
	2. 参数定值	1. 时段控参数	时段控方案及相关设置
		2. 厂休控参数	厂休定值、时段及厂休日
		3. 下浮控参数	控制投入次数、第1轮告警时间、第2轮告警时间、第3轮告警时间、第4轮告警时间、控制时间、下浮系数
		4. KvKiKp	各路 KvKiKp 配置
		5. 电能表参数	局编号、通道、协议、表地址
		6. 配置参数	行政区码、终端地址
	3. 控制状态	功控类:时段控解除/投入、报停控解除/投入、厂休控解除/投入、下浮控解除/投入 电控类:月定控解除/投入、购电控解除/投入、保电解除/投入	
	4. 电表示数	电表数据:局编号、正向有功电量总尖峰平谷示数、正反向无功示数、月最大需量及时间	
	5. 正文信息	信息类型及内容	
	6. 购电信息	购电单号、购前电量、购后电量、报警门限、跳闸门限、剩余电量	
	7. 终端信息	地区代码、终端地址、终端编号、软件版本、通信速率、数传延时	

(二)集中器

集中抄表终端是对低压客户用电信息进行采集的设备,包括集中器和采集器。

集中器是指收集各采集器或电能表的数据,并进行处理储存,同时能和主站或手持设备进行数据交换的设备。集中器显示主画面如图 28-10 所示,包括顶层显示状态栏、主显示画面、底层显示状态栏等三部分。

图 28-10　集中器显示主画面

1. 顶层显示状态栏

显示固定的一些参数(不参与翻屏轮显),如通信方式、信号强度、异常告警等。

ıl|l——信号强度指示,目前是 4 格,信号最好;

G——通信方式指示,目前是 GPRS 通信方式;

①——异常告警指示,表示集中器或测量点有异常情况;

01——当前测量点编号,目前是轮显第 1 号测量点数据。

2. 主显示画面

集中器在默认情况下为轮显模式,主要显示翻屏数据,如瞬时功率、电压、电流、功率因数等。轮显模式下按任意键叩进入按键查询(或设置)模式(图 28-11),停止按键一分钟后回到轮显模式。在按键查询模式下,可通过按键翻屏显示所有未被屏蔽的内容;在按键设置模式下,可设置与主站通信参数、测量点运行参数、密码、时间等参数。

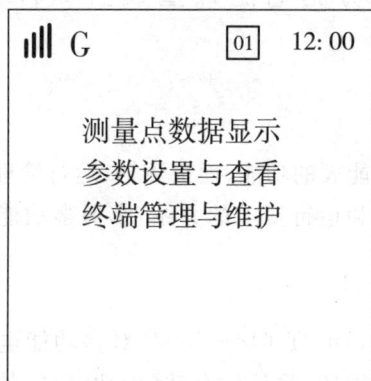

图 28-11　集中器非轮显模式下主菜单示图

3. 底层显示状态栏

显示集中器运行状态,如任务执行状态、与主站通信状态等。

(三)采集器

采集器是指采集多个或单个电能表的电能信息,并可与集中器进行数据交换的设备。采集器显示信息较少,一般采用指示灯显示上电失电、异常告警、与主站通信状况等内容,如图 28-12 所示。

○　　○　　○　　○

电　源　告　警　上行通信 下行通信

图 28-12　采集器状态显示图

电源灯——上电指示灯,绿色。采集器上电时灯亮,失电时灯灭。

告警灯——告警指示灯,红色。

上行通信灯——上行通信状态指示灯,红绿双色灯。红色闪烁时表示采集器上行通道接收数据,绿色闪烁时表示采集器上行通道发送数据。

下行通信灯——下行通信状态指示灯,红绿双色灯。红色闪烁时表示采集器下行通道接收数据,绿色闪烁时表示采集器下行通道发送数据。

思考与练习

1. 列举几种常见的电能表功率方向的表示方式。

2. 列举几种常见的电能表当前运行时段的表示方法。

3. 列举几种常见的集中器数据查询和参数设置方法。

任务 29　多功能电能计量装置故障分析及处理

任务描述

本任务包含多功能电能表的功能、面板数据、运行管理等方面的内容。通过对多功能电能计量装置功能和运行要求的介绍,掌握多功能电能计量装置故障分析及处理的方法。

根据《多功能电能表》(DL/T 614—2007)对多功能电能表的定义:"凡是由测量单元和数据处理单元等组成,除计量有功(无功)电能外,还具有分时、测量需量等两种以上功能,并能显示、储存和输出数据的电能表,都可称为多功能电能表。"

一、屏面数据介绍

典型的电子式多功能电能表外形如图 29－1 所示。它由底盒、上盖、面板、端盖、铅封螺钉、接线插孔等部分组成。

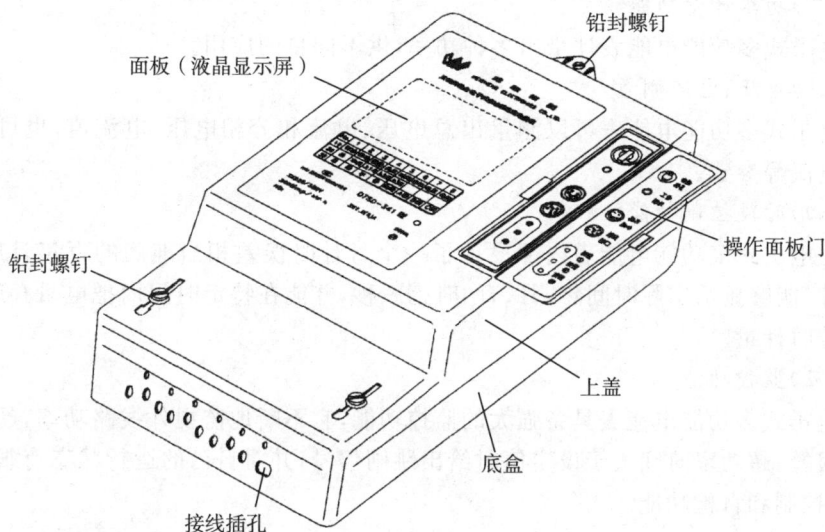

图 29－1　电子式多功能电能表外形

其显示单元基本上采用大屏幕液晶屏，可以显示有功电量、无功电量、分时电量、最大需量、电流、电压等多种功能参数，如图 29－2 所示。在电能表面板上装一个发光二极管，发光二极管的闪烁与功率成正比。

图 29－2　液晶显示画面全屏

二、主要功能

（一）电能计量功能

一块表能同时计量正向有功、反向有功、感性无功、容性无功、分时电能等。

（二）功率计量功能

电子式多功能电能表计量出多种功率，供不同目的应用。

（三）电压、电流测量

电子式多功能电能表可以测量出总电压、电流和分相电压、电流值，也可测量零序电流等参数。

（四）时段控制功能

在电子式多功能电能表内部设计了一个日计时误差相当准确的百年日历，实时时钟，能够显示实际时间年、月、日、时、分、秒，并能在特定时间内把电量存起来，进行分时计量。

（五）监控功能

电子式多功能电能表具备强大的监控功能，它不断地监视外线路功率，超功率限额报警，超功率时间大于设定值时给出跳闸信号，并对自己的运行状态有很强的监视、控制和自检功能。

（六）数据显示

各种不同生产厂、不同类型的多功能电表的显示方式和显示内容是不一样的。显示方式分为循环显示和固定画面显示两种。

（七）数据传输

电子式多功能电能表可通过多种方式和外界进行数据交换，可实现本地或远程通信，实现本地或远方抄表和参数预置。

（八）脉冲输出

多功能电能表通过辅助端子输出电量脉冲。一般包括正向有功脉冲输出、反向有功脉冲输出、感性无功脉冲输出和容性无功脉冲输出。

（九）预付费功能

某些电子式多功能电能表还具有预付费功能，能通过专用介质（电钥匙或IC卡）预购电量或预购电费，欠费提供报警信号和跳闸信号。

（十）事件记录功能

多功能电能表某些参数出现异常时，记录发生异常情况的时间，异常情况下多功能表的状态，可监视多功能电表是否出现故障，使用条件是否正常，有没有窃电行为等。

（十一）电压合格率记录

电子式多功能电能表能够给出在线实时记录电压合格率数据。

（十二）失压、断流记录

（十三）停电抄表功能

三、运行注意事项

1. 多功能电能表对运行的环境有较高的要求。一般要求环境温度在 $-10℃\sim$ 45℃ 之间，避免强磁场，避免阳光直射。

2. 多功能表应封闭在符合国家标准的计量箱或计量柜里。

3. 运行中的多功能表能够及时反应客户的各种电气参数和异常状态信息，用电检查人员应注意观察面板的各种参数，记录电能表指示的异常状态信息。

4. 运行中的多功能表应做好防雷和抗干扰措施。

四、常见故障及异常

（一）电能表超差

电能表内部发生故障，如：电能表某相霍尔元件损坏，电能表的功率校验接口与标准装置光电脉冲接口不匹配。

（二）时钟故障

电能表时钟故障，如不记分钟或显示错误，现场干扰造成时钟混乱等。

（三）电能表失压显示

可能是线路产生失压、电能表内部的互感器故障、电压互感器熔丝熔断等原因。

（四）脉冲输出不正常

电能表的脉冲接口芯片损坏，脉冲接口电路与终端输入电路不匹配。

（五）电能表不显示

电能表内部工作电源故障、液晶屏损坏等。

（六）显示不完整

液晶屏故障、液晶屏接触不良等。

（七）电能表潜动

TA 二次线路中存在感应的微弱电流。

（八）电能表数据突变

电能表存储器故障。

（九）电能表提示芯片故障

芯片已坏、电能表程序设置错误等。

五、检查的重点

1. 外观检查

主要检查多功能表的铅封、铅印,计量柜(屏)的封闭性,电能表的铭牌、装置参数配置,电流、电压互感器的运行正常,一、二次接线完好。注意观察面板上的信号灯的指示信号、电子式表的脉冲指示灯的闪速等。

2. 显示参数检查

多功能表的显示信息较多,显示完全部信息还需要等待轮显或手动翻屏。因此,应注意观察液晶屏上每个信息参数所代表的含义,及时发现异常情况。

3. 检查多功能表与负荷管理装置连接是否正常,注意观察与其相邻的负荷管理装置有无异常。

思考与练习

1. 什么是多功能电能表? 有哪些主要功能?

2. 多功能电能表常见故障有哪些? 主要由哪些原因引起?

综合练习

一、单选题

1. 电压互感器 V/v 接线,当 A 相一次断线,若,在二次侧空载时,则为( )V。

A. 0　　　　　　B. 50　　　　　　C. 57.7　　　　　D. 100

2. 电压互感器 V/v 接线,当 B 相二次断线,若,在二次侧空载时,则为( )V。

A. 0　　　　　　B. 50　　　　　　C. 57.7　　　　　D. 100

3. 下列不影响电能计量装置准确性的是( )。

A. 实际运行电压　　　　　　B. 实际二次负载的功率因数

C. TA 变比　　　　　　D. 电能表常数

4. 二次 V 形接线的高压电压互感器二次侧应( )接地。

A. A 相　　　　B. B 相　　　　C. C 相　　　　D. 任意相

5. 二次 Y 形接线的高压电压互感器二次侧应( )接地。

A. A 相　　　　B. B 相　　　　C. C 相　　　　D. 中性线

6. 计量装置安装后检查的简要步骤为( )。

A. 施工完毕接线检查、通电检查、加锁、加封、回单

    B. 施工完毕接线检查、通电检查、加封、加锁、回单

    C. 施工完毕接线检查、加封、加锁、通电检查、回单

    D. 施工完毕接线检查、加封、通电检查、加锁、回单

7. 315kVA 及以上专变客户采用（　　）。

    A. 高供高计   B. 高供低计

    C. 低供低计   D. 以上 A、B、C 均不是

8. 315kVA 以下专变客户采用（　　）。

    A. 高供高计   B. 高供低计

    C. 低供低计   D. 以上 A、B、C 均不是

9. 电能表应安装在电能计量柜（箱）上，每一回路的有功、无功电能表应垂直或水平排列，无功电能表应在有功电能表（　　）。

    A. 下方或右方   B. 上方或右方   C. 下方或左方   D. 上方或左方

10. 三相电能表必须按正相序接线，以减少逆向序运行带来的（　　）。

    A. 附加误差   B. 系统误差   C. 随机误差   D. 偶然误差

11. 同一组的电流互感器应采用制造厂、型号、额定电流变比、准确度等级、（　　）均相同的互感器。

    A. 标定电流   B. 额定电压   C. 匝数   D. 二次容量

12. 直接接入式三相四线电能计量装置，A 相电流接反，则电能表将（　　）。

    A. 停转   B. 计量 1/3   C. 倒走 1/3   D. 没有变化

13. 单相智能电能表在 Q/GDW 1355—2013 中规定的标定电流为（　　）。

    A. 1.5A，0.3A   B. 1.5A，5A   C. 5A，10A   D. 10A，20A

14. 液晶显示应采用国家法定计量单位，如（　　）等，只显示有效位。

    A. kW、kVar、kW·h、kVar·h、V、A

    B. kw、kVar、kwh、kVar·h、V、A

    C. kW、kvar、kW·h、kvarh、V、A

    D. kw、kvar、kwh、kvarh、V、A

15. 某一型号单相电能表，铭牌上标明 C=1667r/(kW·h)，该表转盘转一圈所计量的电能为（　　）。

    A. 1.7Wh   B. 0.6Wh   C. 3.3Wh   D. 1.2Wh

16. 按 DL/T 825—2002 规定，二次回路的绝缘电阻采用 500V 兆欧表测量，绝缘电阻不应小于（　　）M。

    A. 5   B. 20   C. 100   D. 250

17. 运行中电能表及其测量用互感器，二次接线正确性检查应在（　　）处进行，当现场测定电能表的相对误差超过规定值时，一般应更换电能表。

A. 电能表接线端　　　　　　B. 测量用互感器接线端

C. 联合接线盒　　　　　　　D. 以上 A、B、C 均可

18. 集中抄表终端包含（　　）。

A. 集中器、采集器　　　　　B. 集中器、智能电能表

C. 采集器、智能电能表集中器　D. 采集器、智能电能表

19. 如三相四线电能表铭牌上额定电压标注为 3×57.7/100V，那么此表通电后可以长期承受的相电压是（　　）。

A. 57.7V　　　B. 100V　　　C. 200V　　　D. 380V

20. 三相三线有功电能表，三相对称接线正确，若将任何两相电压对调，则电能表转速将（　　）。

A. 减慢　　　B. 加快　　　C. 不变　　　D. 停转

21. 电能表的直观检查是凭借（　　）进行的。

A. 检查者的目测或简单的工具　B. 检测工具和仪器

C. 检定装置　　　　　　　　D. 专门仪器

22. 兆欧表主要用于测量（　　）。

A. 电阻　　　B. 接地电阻　　　C. 绝缘电阻　　　D. 动态电阻

23. 液晶显示应采用国家法定计量单位，如（　　）等，只显示有效位。

A. kW、kVar、kW·h、kVar·h、V、A

B. kw、kVar、kwh、kVar·h、V、A

C. kW、kvar、kW·h、kvarh、V、A

D. kw、kvar、kwh、kvarh、V、A

24. 当智能表出现故障时，采用的报警方式为（　　）。

A. 声报警　　　　　　　　　B. 光报警

C. 声、光报警　　　　　　　D. 以上 A、B 均不对

24. 当智能表液晶上显示 Err-04 时，表示的意义为（　　）。

A. 控制回路错误　　　　　　B. ESAM 错误

C. 内卡初始化错误　　　　　D. 时钟电池电压低

25. 电压互感器 V/v 接线，当 B 相一次断线，若，在二次侧空载时，则为（　　）V。

A. 33.3　　　B. 50　　　C. 57.7　　　D. 100

二、多选题

1. 电能计量装置根据计量对象的电压等级，一般分为（　　）的计量方式。

A. 高供高计　　B. 高供低计　　C. 低供低计　　D. 低供高计

2. 三相电能表接线判断检查有（　　）。

A. 检查电流　　　　　　　　B. 检查电压

  C. 电流间的相位关系　　　　　　D. 测定三相电压的排列顺序

3. 电流互感器二次开路将产生的结果是(　　　)。

  A. 烧坏电能表

  B. 二次侧将产生高电压,对二次绝缘构成威胁,对设备和人员的安全产生危险

  C. 使铁芯损耗增加,发热严重,烧坏绝缘将在铁芯中产生剩磁

  D. 使互感器的比差、角差、误差增大,影响计量准确度

4. 选择电流互感器的要求有(　　　)。

  A. 电流互感器的额定电压应与运行电压相同

  B. 根据预计的负荷电流,选择电流互感器的变比

  C. 电流互感器的准确度等级应符合规程规定的要求

  D. 电流互感器实际二次负荷应在 $25\%\sim100\%$ 额定二次负荷范围内

5. 要确保计量装置准确、可靠,必须具备的条件是(　　　)。

  A. 电能表和互感器的误差合格

  B. 电能表接线正确

  C. 电压互感器二次压降满足要求

  D. 电能表铭牌与实际电压、电流、频率相对应

6. 智能电能表具有以下哪些功能(　　　)。

  A. 电能量计量　　　　　　　　　B. 信息存储及处理

  C. 实时监测　　　　　　　　　　D. 费率控制

  E. 信息交互

7. 集中器下行通信信道可选用(　　　)。

  A. 微功率无线　　　　　　　　　B. 电力线载波

  C. RS-485 总线　　　　　　　　D. 以太网

三、判断题

1. 电压互感器二次电压有 $100V$、$100/\sqrt{3}\,V$ 两种。(　　　)

2. 测量单元和数据处理单元等组成,除计量有、无功电能外,还具有分时、测量需量等两种以上功能的电能表,可称为多功能电能表。(　　　)

3. 与不同的供电相数相适应,电能表分为单相表、三相三线表及三线四线表。(　　　)

4. 单相电能表铭牌上的电流为 2.5(10)A,其中 2.5A 为额定电流,(10)A 为标定电流。(　　　)

5. 电能表、互感器及二次回路,必须安装在封闭可靠的电能计量屏或计量箱内。(　　　)

6. 对用户的不同受电点和不同用电类别的用电应分别安装计费电能表。（　　）

7. W 相电压互感器二次断线,将造成三相三线有功电能表可能正转、反转或不转。（　　）

8. 单相电能表的电流线圈不能接反,如接反,则电能表要倒走。（　　）

9. 智能电能表均应具有自动循环和按键显示功能。（　　）

10. 智能电能表是由测量单元、数据处理单元、通信单元等组成,具有电能量计量、信息存储及处理、实时监测、自动控制、信息交互等功能的电能表。（　　）

11. 在三相负荷对称情况下,三相四线有功电能表漏接一相电压或电流,电能表少计电量 1/3。　（　　）

四、问答题

1. 电能计量装置现场核查的内容有哪些?

2. 错接线的主要类型有哪些?

五、计算题

1. 某一电力用户,连接 $3 \times 100V$,5A 的电能表,计量有功电能,现场检查的接线方式是 $U_{ca} I_a$；$U_{ba}(-I_c)$,试求这种接线方式电能计量更正系数是多少? 并分析表计的转动方向。（负载为感性 $\varphi = 36.1°$）

2. 某客户实际用电负荷为 100kW,安装三相四线有功表的常数为 $1000r/kW \cdot h$,电流互感器变比为 150/5A。用秒表法测得圆盘转 10 圈的时间为 15s,试求该套计量表计的误差为多少?

3. 根据下图,分析判断误接线,并计算更正系数,画出向量图。

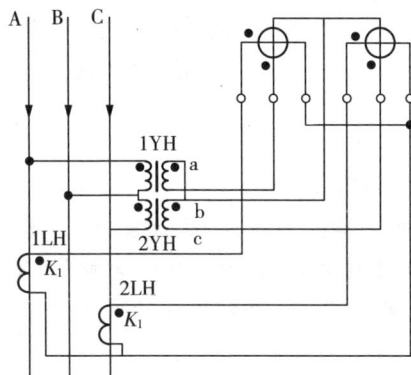

项目 7 低压接户线、进户线及配套设备安装

项目简介

本项目包括六个工作任务：进户线与接户线金具、材料选配；进户线、接户线安装方案；单相、三相接户线与进户线安装；电缆架空接户线、进户线施工；电缆敷设；电力电缆头的制作。通过对户内、户外线缆材料的选配及安装工艺的介绍，掌握接户线、进户线、电缆等金具的选用及安装、施工方法。

任务30 进户线与接户线金具、材料的选配

任务描述

本任务介绍如何根据接户线、进户线施工方案编制工程材料表，选配工程所需要的导线、金具、熔断器（隔离开关）等施工器材的方法，掌握金具、材料的选配方法。

当客户用电申请被受理后，业扩部门经现场查勘定点，确定供电方案。根据客户的供电方案，接户、进户线安装作为一个工程，确定所需要的全部器材。本任务根据供电方案，提出接户线、进户线工程施工器材选配原则。

一、接户线与进户线

（一）接户线

计量装置在室内时，接户线是由供电公司配电线路的接户杆（或墙铁板支持物）直接接至进户杆（或客户室外第一个支持物）之间的一段配电线路部分。

计量装置在室外时，接户线是由供电公司配电线路的接户杆（或墙铁扳支持物）直接接至电能计量装置之间的一段配电线路部分。

接户线分为单相接户线和三相接户线；或分为低压接户线和高压接户线；或分为架空接户线和电缆（分支箱）接户线。

（二）进户线

计量装置在室内时，进户线是由接户线引到计量装置的一段导线。

计量装置在室外时，进户线是从计量装置至客户室内第一支持物（或配电装置）的一段导线。

进户线的选择要求:进户线应采用绝缘铜芯线,中间不允许有接头,不得采用软线,不宜采用铝芯线,并应穿管进户且管口两端应留有足够的余量导线。

进户线长度一般不超过 6 m,最长不得超过 10 m。

进户线的截面应满足导线的安全载流量且不应小于客户用电最大负荷电流或电能表的额定最大电流。进户线的最小允许截面:铜绝缘导线不应小于 2.5 mm²;铝芯绝缘导线不应小于 4.0 mm²。

进户线与客户室内外隔墙的支撑点称为进户点。

(三)装设接户线和进户线遵循的原则

有利于电网的运行;能保证客户的用电安全;便于维护和检修。进户线与接户线之间的连接或拆卸属于带电操作,均应由供电公司负责。

二、金具的选配

(一)一般原则

线路金具主要指户外部分导线架设和设备安装的支撑器材,是接户线、进户线安装工程必不可少的器材。除所有金具、标准件表面必须做热镀锌处理外,金具的形式和规格需要根据导线选配参数、架设方式、工程现场条件选择标准构件,如需采用非标构件应提前预制,避免现场对标准构件或预制的金具做安装前的再加工处理,致使金具防锈涂层被破坏。

(二)杆上部分

主要是配置四线或两线横担、隔离开关安装横担以及横担规定抱箍、M 垫铁等金具,根据接户横担等金具安装高度的杆径,选配横担、抱箍、M 垫铁开档尺寸。

(三)建筑物侧配置的金具

需要根据进户线位置和方式确定。常用有门型、"一"字形、"七"字形等金具,金具的固定也需要根据建筑物墙面形状、材质和接户线跨度、张力等因数采取膨胀螺栓或穿墙螺栓、预埋等方式。所有制作横担金具的角钢不小于 50 mm×50 mm×5 mm,有专业工厂预制。不推荐现场制作。

(四)电缆接户、进户

还需要根据电缆的敷设和固定方式制作适当的金具和防护装置,以保证电缆的安全运行。

三、导线的选配

导线选配涉及两个方面,即导线规格、型号。

(一)导线选型

1. 低压接户线应采用绝缘导线,导线截面根据负荷计算电流和机械强度确定,同时要考虑今后负荷发展的可能性。当负荷电流小于 30 A 且无三相用电设备时,宜采用单相接户方式;大于 30 A 时,宜采用三相四线接户方式。

2. 低压接户线一般采用 JKYJ、JKLYJ 或 BV、BLV 等型号聚乙烯、交联聚乙烯或聚氯乙烯绝缘电缆、电线,实际运用中以铝芯线居多。由于架空主线均采用铝制导线,使用铜线接户,必须进行铜铝转换,使用铝导线接户,线路侧可采用并沟线夹或直接绑扎连接,负荷侧一般与隔离开关或熔断器相连接,需使用铜铝过渡接线鼻转接,严禁铜铝直接搭、压接。

3. 进户线部分采用铜芯绝缘线居多。如果采用铝导线进户,则必须使用铜铝过渡接线鼻。不得直接将铝质导线制作羊眼圈供隔离开关螺丝压接,也不允许将铝质导线直接接入电能表。

4. 接户线导线直径要求:DL/T601—1996《架空绝缘配电线路设计技术规范》规定为,铜绞线,不小于 10 mm²;铝绞线,不小于 16 mm²。在其他规程、规范中也有各放大一个规格的规定。

5. 常用的低压电力电缆有 YJV、YJLV、YJV22、YJLV22 等型号聚氯乙烯、交联聚乙烯绝缘电缆。

聚氯乙烯绝缘电缆具有电气性能较高、化学性能稳定、机械加工性能好、不延燃、价格便宜的特点。对运行温度要求不高于 65 ℃。此类绝缘一般只用在 6 kV 及以下的电力电缆绝缘层或作为电缆的外护层。

交联聚乙烯绝缘电力电缆适用于规定敷设在交流 50 Hz、额定电压 35 kV 及以下的电力输配电线路上作输送电能用,与聚氯乙烯电力电缆相比,具有优异的电气性能、机械性能、耐热老化性能、耐环境应力和耐化学腐蚀性能的能力,而且具有结构简单、重量轻、不受敷设落差限制、长期工作温度高(90 ℃)等特点。

随着生产技术和工艺的不断提高,交联聚乙烯电缆的应用更为广泛。电缆选型时,有带钢铠和不带钢铠两种,应根据使用的不同环境和条件,结合具体情况进行选择。

(二)导线规格的选择

1. 接户线导线的选择,主要兼顾电压损失、额定载流量、机械强度、允许最小截面四个方面。

2. 鉴于接户线、进户线用途的确定性,不需要进行较复杂的计算。一般情况下,为保证供用电系统安全、可靠、经济、合理的运行,进户线、接户线截面的选择可根据经济电流密度来确定。

确定导线传输的最大负荷电流 I_{max},其值为:

$$I_{max} = \frac{P_{max}}{\sqrt{3}U_n \cos\varphi}$$

式中, P_{max}——最大传输有用功率, W;

U_n——线路额定电压, V;

$\cos\varphi$——负荷功率因数。

确定客户的最大负荷利用小时 T_{max}, 它是由用电负荷的性质确定的。确定经济电流密度 j(可通过下表查得)。

表 31-1　经济电流密度确定一览表

导线材质	年最大负荷利用小时(h)		
	<3 000	3 000~5 000	>5 000
铜	3.00	2.25	1.75
铝	1.65	1.15	0.90

计算导线截面积"S"(mm²), 计算公式为:

$$S=\frac{I_{max}}{j}$$

根据计算所得的导线截面, 选择最近的标称截面。当计算所得截面介于两个标称截面之间时, 一般应选取较大的标称截面。

导线截面选定后, 应用最大允许截流量来校核。如果负荷电流超过了允许载流量, 则应增大截面。必要时, 还应进行机械强度试验, 在任何恶劣的环境条件下, 应保证线路在电气安装和正常运行过程中导线不被拉断。

3. 当接户线线路过长时, 还应按电压损失校验导线截面, 保证线路的电压损失不超过允许值(10 kV 及以下三相供电的客户受电端供电电压允许偏差为额定电压的±7%; 220 V 单相供电, 为额定电压的+7%, -10%)。

4. 电缆截面积的选择, 需要兼顾工程投资、线路的损耗和电压质量、电缆的使用寿命等因素。选择合适的截面积, 使电力电缆满足最大工作电流下的缆芯温度要求和压降要求、最大短路电流作用下的热稳定要求。必要时, 还应考虑负荷增长的剩余系数。另外, 选择电缆截面积时, 还要满足 DL/T599—2005《城市中低压配电网改造技术导则》和 Q/GDW156—2006《城市电力网规划导则》的要求。

四、绝缘子的选择

低压户外绝缘子选择有蝶式、针式、轴式瓷绝缘子三种。

1. 针式瓷绝缘子在 1 kV 以下架空电力线路中作绝缘和固定导线用。蝶式、轴式瓷绝缘子供配电线路终端、耐张及转角杆上作为绝缘和固定导线用。

2. 低压针式瓷绝缘子型号有 PD-1T、PD-2T 铁横担直脚, PD-1M、PD-

2M 木横担直脚,PD−2W 弯脚形式。型号中后缀数字"1"为尺寸最大一种。

3. 低压蝶式瓷绝缘子型号为 ED−1、ED−2、ED−3、ED−4,型号中后缀数字"1"为尺寸最大一种。

4. 绝缘子规格选型可根据导线的截面规定,截面积大的导线选择大规格绝缘子。

五、熔断器或隔离开关

接户线与进户线之间通常安装一组熔断器或隔离开关,其主要作用是便于进户线侧开展检修工作,也可以解决导线材质的转换。

1. 熔断器或隔离开关的选择主要依据所接入负荷的大小,小容量接户装置选择熔断器,相对大容量的接户装置选择隔离开关。

2. 熔断器可选择瓷插式、螺旋式以及管式,容量在 60 A 以下。

3. 隔离开关可选择低压隔离开关,容量在 100～200 A。小容量接户装置也使用隔离开关,以保证线路断开时具备明显的断开点。

4. 户外安装时,熔断器或隔离开关必须做好防雨措施。

5. 进户中性线不得经过任何熔断器。

六、进户端重复接地器材

接户线重复接地装置选择圆钢或角钢制作的接地极,根据地形、地质条件和接地电阻决定接地极的位置和接地极限数。一般接地极的规格为:$\geqslant \phi 20$ mm×2 000 mm 镀锌圆钢或<40 mm×40 mm×4 mm×2 500 mm 镀锌角钢。接地极的连接和引出采用 40 mm×4 mm 镀锌扁钢。接地极和接地扁钢的表面应采用热镀锌处理,其焊接面应用沥青漆做防锈处理。

思考与练习

1. 如何做接户线型号选择?

2. 接户线、进户线最小截面是如何规定的?

3. 接户线与进户线转接时通常采用何种方法?

4. 根据经济电流密度,如何计算导线截面?

任务 31 进户线、接户线安装方案

任务描述

本任务包含架空接户线、进户线的施工方案查勘、设计,依据方案制作工程器

材计划表。通过案例分析介绍,掌握低压架空接户安装工程查勘定点、方案制订、质量控制、施工验收的方法。

一、制订方案的基本原则和要求

（一）基本原则

1. 应能满足供用电安全、可靠、经济、运行灵活、管理方便的要求,并留有发展余度。

2. 符合电网建设、改造和发展规划要求;满足客户近期、远期对电力的需求,具有最佳的综合经济效益。

3. 具有满足客户需求的供电可靠性及合格的电能质量。

4. 符合相关国家标准、电力行业技术标准和规程以及技术装备先进要求,并应对多种供电方案进行技术经济比较,确定最佳方案。

（二）基本要求

1. 根据电网条件以及客户的用电容量、用电性质、用电时间、用电负荷重要程度等因素,确定供电方式和受电方式。

2. 根据重要客户的分级确定供电电源及数量、自备应急电源及非电性质的保安措施配置要求。

3. 根据确定的供电方式及国家电价政策确定电能计量方式、用电信息采集终端安装方案。

4. 根据客户的用电性质和国家电价政策确定计费方案。

5. 对有受电工程的,应按照产权分界划分的原则,确定双方工程建设出资界面。

二、制订方案的过程

按照营销业务流程,装表接电部门在接到用电业务流程传递的用电方案通知书后,组织接户线、进户线方案制订。

（一）查勘部分

现场根据工程施工环境、架设方式,确认工程方案。

（二）制订施工方案

依据现场查勘结果完成施工方案的编制。

由用电方案通知书确定的用电地址、用电性质、用电容量设计施工方案。方案主要兼顾客户负荷位置、电源位置、电能计量装置方式及位置,便于施工维护,接户线、进户线走向及环境空间。

（三）编制工程器材计划表

施工方案确定后,即可编制工程器材材料计划表。送审后,由物资供应部门完成器材配置。材料表需要列出本项工程所需要的全部器材型号规格、单位数量明细,对不可预计器材、耗材,可另注明。

三、制订施工质量管理方案

施工质量管理方案,主要体现在施工质量和工程质量方面。对于一个方案确定的安装工程,全过程质量管理是施工组织者施工前必须明确的一个环节。对于装表接电工而言,承接一个接户线、进户线工程,主要质量管理体现在以下环节:

（一）前期准备

工程过程所涉及的全部器材的型号、规格、质量、数量与计划表相一致。

（二）施工组织

根据工作班成员的技能水平安排不同人员担任不同的工作。

（三）施工过程质量控制

1. 金具安装牢固,满足技术要求。

2. 导线搭接符合搭接方案,扎线工艺合格,并沟线夹安装正确,压接可靠。

3. 架空线路对地距离满足技术要求,导线弧垂满足技术要求。

4. 熔断器箱、室内配电箱安装箱、柜安装牢固可靠,符合技术要求。

5. 重复接地装置安装、测试接地装置安装满足技术要求,引出部分防护可靠牢固,测试数据合格。

6. 接户线建筑物侧金具安装、金具制作符合现场要求,安装牢固可靠,不影响建筑整体形象。

7. 接户线敷设,防止雨水顺导线流入措施。防水弯制作合格,必要时在导线进入建筑物前的最低处用电工刀,将导线绝缘面向地面侧横向切开 2~3 道口,以利于雨水排除。

8. 进户熔断器两侧铜铝过渡接线鼻压接,采用油压钳可靠压接（六角模具压接,不少于两模）,利用电工绝缘胶带将接线鼻除螺栓连接部分做绝缘处理。

9. 中性线与重复接地引线连接可靠。接地线引出地面部分的防护处理。

10. 进户线敷设,户内 PVC 管布线,线管安装线路合理,美观可靠。

11. 配电箱内器件安装,接、配线,器件布置合理,安装牢固,配线美观。

12. 组织工程质量验收。

四、制订施工方案案例

某客户提出用电申请,经用电业务部门受理并现场查勘,批复方案见表 31 - 1 所列。

表 31-1 用电申请批准方案

户号	户名	用电地址
510111111	×××	××区××路××号
用电容量	供电电压	负荷等级
12 kW	380 V	Ⅲ类

贵单位的用电申请已获悉。经研究确定,初步供电方案为:

1. 供电电源从 10 kV××线××路公用变压器 B6 号杆搭接。

2. 你户新装 3×10(40)A 三相四线费控智能表一只,用电性质:商业。

3. 应急自备发电机作为用电负荷的应急电源,并到××供电公司营业厅完善审批手续。

经审批,最终确定接户线、进户线工程方案如下:

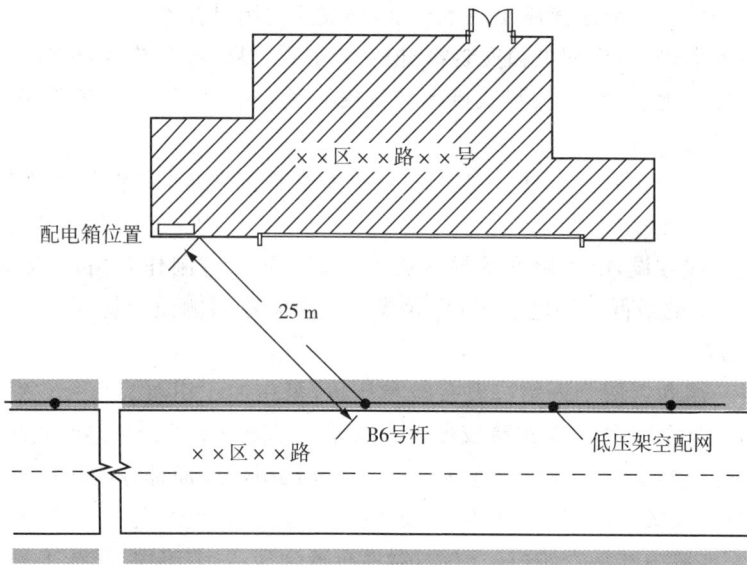

图 31-1 接户工程现场平面图

(一)工程地理地形示意图

(二)接户线设计条件

1. 接户杆技术参数:变径 12 m 电杆(杆体参数);低压接户横担距地平面高度 8 m(最下一层线路);

2. 接户线客户侧技术参数:建筑物墙面安装接户装置,穿孔进入户内;

3. 客户负荷性质:商业经营用电。主要负荷:宾馆照明、空调、电梯等,测算预计共 10 kW。

（三）进户线设计条件

1. 建筑物墙平面接户(还可以设置墙转角接户、低压电缆接户——直接进入户内配电箱等),室内墙面悬挂三相配电箱(或落地式低压配电屏、柜),配备表前熔断器一组,表后塑壳空气断路器一台,进户前重复接地。

2. 配电箱内安装三相四线有功电能表一只。

3. 出线要求:一路三相四线电源、五路单相电源出线。

（四）电源

"T"接在低压架空配网线路,从 10 kV××线××路公用变压器 B6 号杆搭接,距离客户接户位置直线距离 25 m 采用架空直接接户。

（五）材料计划样表

表 31-2 材料计划表(样表)

填报单位:××供电公司计量部装表班　　　　　制表时间:××××年××月××日

工程名称:×××低压客户表接户、进户工程					
序号	材料	型号规格	单位	数量	备注
1	三相壁挂式配电箱	500×600×180	个	1	户内喷塑,带零排
2	熔断器	RT16—00	套	3	100 A
3	熔断器式隔离开关	HR17Y—160	个	3	(80)A 表箱内配置
4	塑壳空气断路器	DZ20Y—63A	台	1	
5	四线横担	L50×5×1 800	片	1	
6	U 型栓	ϕ220	套	1	
7	四线一字铁横担	L50×5×1 200	片	1	安装在侧墙头
8	蝶式绝缘子	ED—2	个	8	
9	绝缘子丝杆	M16×120	套	8	
10	户外保险箱	350×300×200	个	1	不锈钢带防雨遮沿
11	镀锌圆钢接地极	ϕ20×2 500	根	2	视接地电阻值增减
12	镀锌扁钢	40×4	m	5	视接地极位置确定
13	绝缘铝芯线	BLV—25 mm^2	m	200	
14	钢铝过渡线鼻	25 mm^2	个	12	
15	绝缘铜芯线	BV—16 mm^2	m	10	电能表进出线

（续表）

工程名称：×××低压客户表接户、进户工程					
16	PVC 电线管	$\phi 50$	根	1	进户线使用
17	PVC90°弯头	$\phi 50$	个	4	进户线使用
18	镀锌铁管卡	$\phi 50$	个	10	进户线使用
19	铁膨胀螺栓	M12×150	根	5	
20	铁膨胀螺栓	M8×10	根	4	户外保险箱固定
21	穿芯螺栓	M12×300	根	1	
22	塑料膨胀	M8	包	1	
23	其他耗材				

注：其他耗材主要包括各种螺丝、搭接扎线、绝缘粘胶带、尼龙扎带等。

五、质量控制

接户、进户工程质量控制主要从施工器材质量和工程安装工艺两个方面开展。

1. 所采用的器材应满足国际技术要求。工程施工所采用的器材主要分为主材和耗材两个部分。主材指金具、绝缘子、螺栓、螺丝、并沟线夹、接线鼻、熔断器、隔离开关、配电箱柜等。施工前，应对领用的全部器材进行检查验收，不应使用来路不明、没有规范标志的器材。耗材指扎线、电工绝缘胶带等。

2. 安装工艺主要指器具安装是否满足技术规范，比如横担的安装位置、导线架设规程及绑扎的规范和导线弧垂的一致性、对地距离等技术指标，所有器件安装的牢固性等施工环节。应对照标准化作业指导书中所列施工工艺逐项检查。

六、施工验收

工程安装完工后，验收检查可分为两种形式，一种是监督施工人员确认施工质量的完好性；另一种是验收人员亲自检查安装质量。验收人员应熟悉技术规程规范的具体要求，所有验收项目都要逐一检查确认，并签字认可备案。

思考与练习

1. 依据何种资料开展现场查勘工作？
2. 对工程材料表的编制有何要求？

任务 32　单相、三相接户线与进户线安装

任务描述

本任务按照架空接户线、进户线的设计方案、施工方案、操作程序及注意事项，通过要点讲解，掌握安装安全控制、施工步骤的技术要求、质量控制、施工方法及相关的技术指标。

一、接户线安装相关技术规定

（一）1 kV 以下架空配电线路接户线安装技术要求

1 kV 以下架空配电线路自电杆引至建筑物外墙第一支持物的线路安装工程接户线安装技术要求如下：

1. 低压绝缘接户线截面应按允许截流量和机械强度选择，但不应小于：铜芯线 10 mm²；铝芯线 16 mm²。

2. 三相四线制中性线不小于相线截面积的 50%（施工中一般中性线与相线选相同截面的导线）；单相接户线相线与中性线截面相同。

3. 低压接户线受电端对地距离不小于 2.5 m。

4. 接户线不得从高压引下线间穿过；不同材质的接户线不得在档距间连接；接户线档距中间不能有接头；来自不同的电源引入的接户线不宜同杆架设。

5. 架空接户线的档距不大于 25 m，否则应加装中间杆。

6. 架空导线的弧垂值，允许偏差为设计弧垂值的 5%，水平排列的同档导线间弧垂值偏差为 ±50 mm。

7. 不同金属导线的连接应有可靠的过渡设备。

8. 同金属导线，采用绑扎连接时，截面积小于 35 mm² 的导线，绑扎长度应小于 150 mm。

9. 绑扎连接时应接触紧密、均匀、无硬弯。接户引流线应呈平滑弧度。

10. 不同截面导线连接时，绑扎长度以小截面导线为准。

11. 采用并沟线夹连接时，线夹数量一般不小于 2 个。

12. 绑扎用的绑线，应选用与导线同金属的单股线，其直径不应小于 2 mm。

13. 1 kV 以下配电线路每相过渡引流线、引下线与邻相的过渡引流线、引下线或导线之间的净空距离，不应小于 150 mm。

14. 1 kV 以下配电线路的导线与拉线、电杆或构架之间的净空距离，不应小于 50 mm。

15. 1~10 kV 以下线与 1 kV 以下线路间的距离不应小于 100 mm。垂直排列,档距在 6 m 以下,线路间的距离不应小于 150 mm。

(二)接户线对地及交叉跨越距离技术要求

接户线对地及交叉跨越距离是接户线施工必须遵循的技术规范,相关国家标准 GBJ232《电气装置安装工程施工及验收规范》(10 kV 及以下架空配电线路篇)第十二篇第八、九章和 DL/T601—1996《架空绝缘配电线路设计技术规范》的规定。

当采用中性线故障保护时,还应满足下列相应要求:

1. 防雷接地装置和中性线断线故障保护的接地装置之间应通过低压避雷器连在一起。

2. 电源为架空引入时,应在入户处的各相和中性线上装设低压避雷器,并将铁横担、绝缘子铁脚及避雷器的接地线共同接到中性线断线故障保护的接地装置上。

3. 当采用上述措施时,中性线断线故障保护的接地电阻不宜大于 10 Ω。

4. 低压架空线路接户线的绝缘子铁脚宜接地,接地电阻不宜超过 30 Ω。当土壤电阻率在 200 Ω·m 及以下时,由于铁横担钢筋混凝土杆线路连续多杆自然接地作用,可不另设接地装置。

二、进户线安装的相关技术规范

(一)进户点的选择

1. 进户点的线路位置应尽量靠近配电线路和用电负荷中心。

2. 进户点的结构形式应尽可能与邻近客户的进户点取得一致。

3. 进户点的建筑物应牢固不漏水。

4. 进户点应显而易见,便于施工和维修操作。

5. 同一单位的一个建筑物内部相连通的房屋,多层住宅的每一个单元,同一围墙内同一客户的所有相邻独立的建筑物,只应有一个进户点,特殊情况除外。

如果接近供电线路和用电负荷中心不能同时满足,则应以供电线路施放的长短、负荷的大小等作经济技术比较后,决定进户点的位置。

(二)进户线的安装要求

1. 进户线应采用绝缘导线。进户线穿墙时,应套上保护套管,套管露出墙外的部分不应小于 10 mm;进户点与接户点的垂直距离不应大于 0.5 m,否则进户线必须进行固定。

2. 管内导线(包括绝缘层)的总截面不应大于管子有效截面的 40%;最小管径不小于内径 15 mm。

3. 进户管的户外端稍低一些并设向下防水弯头,以防雨水流入管内。

4. 用钢管穿线时,同一交流回路的所有导线必须穿在同一根钢管内。用瓷管穿线时,应一根一管。

5. 导线在管内不准有接头。

6. 为防止进户线在穿套管处磨破,应先套上软塑料管或包绝缘胶布后再穿入套管,也可在钢管两端加护圈。

7. 进户线与通信线、广播电视线进户点必须分开。

三、安装质量及工艺

(一)金具的安装

金具是接户线在线路侧固定的支撑,不同的接户形式会设计不同的金具形式,如四线、两线横担,线路所有金具必须经热镀锌处理。

常见的方式为在直线杆上接户、转角杆上或建筑物侧支撑物上接户,接户金具的安装方式相同。

1. 横担安装在接户线下线的反方向,U 型栓固定,使用双螺帽可防止松脱。

2. 接户线横担安装在电杆所有电力线路的最底层,距上层低压线路的距离不小于 0.6 m。

3. 现场施工一般是在地面组装,使用传递绳将其吊至杆上施工位置,再将横担固定在电杆上。

(二)导线的绑扎与连接

导线的绑扎分为接户线搭接的绑扎与绝缘子的绑扎。

1. 将 LJ-25(35)架空裸铝绞线剪断约 1~1.2 m/段,退成单股,将其卷成直径约 100 mm 的线卷,用作绝缘子扎线和接户线绑扎用扎线。

2. 25 mm^2 及以下截面的导线连接可直接进行绑扎搭接;35 mm^2 及以上截面的导线搭接宜采用并沟线夹。绑扎搭接的长度按表 32-1 规定。

表 32-1　接户线、进户线绑扎搭接长度

导线截面积(mm^2)	绑扎长度(mm)	导线截面积(mm^2)	绑扎长度(mm)
10 及以下	>50	25	>150
16	>80		

3. 并沟线夹搭接

低压接户线常用并沟线夹规格型号:JB-0(10~25 mm^2)、JB-1(35~50 mm^2),还有如 BTL-10 型、BJL-16-70 A 异性铝质并沟线夹,当主线与接户线截面不等时可进行选用。

安装过程:装表人员在杆上选择一个合适的位置,在做好安全措施后,将接户线与主线之间的过渡线头做造型,剥除适当长度的绝缘,并整理为相互平行。选择适当型号的并沟线夹,使用铝包带将线夹要压接导线部分缠紧,处理好后将导线安装到线夹夹口内,并将螺栓压紧。

4. 缠绕法搭接。装表人员在杆上定位并完成安全措施后,将接户过渡线做造型,剥除需搭接的外绝缘,用铝扎线在线头靠绝缘处绑扎两圈,扎线线头与导线平行且延长 3~5 cm。将接户线与配电网主线靠接在一起,左手稳住导线,右手将扎线顺势紧密缠绕两根导线,当缠绕 2~3 匝后,使用钢丝钳刀口根部夹住扎线再顺势用力,将扎线缠绕紧密。当双线缠绕绑扎长度、紧密度满足技术要求时,使用钢丝钳将扎线两端提起绞紧,在其与胶合部位至根部约 20~40 mm 处剪断,并将其弯头并拍至与导线平行。绑扎导线及搭接示意如图 32-1 所示。

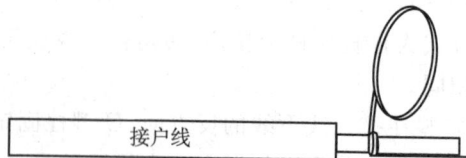

绑扎导线扎线示意图

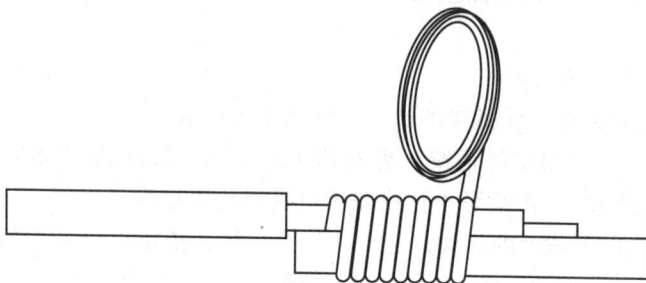

绑扎导线搭线示意图

图 32-1 绑扎导线及搭接示意图

5. 绝缘子的绑扎。碟式绝缘子采用边槽绑扎法,针式绝缘子采用顶槽或边槽绑扎法,施工工艺相同。

施工过程:将扎线一头顺导线预留 150~250 mm,另一头的扎线顺绝缘子绕一圈与导线交叉回头至绝缘子两根导线平行处绕根部缠绕,缠绕长度视接户线的跨距确定(跨距越大,导线张力大,缠绕的长度应适当放长)。当双线缠绕长度满足要求时,将引流线分开,继续将导线与扎线的另一平行线头紧紧缠绕 5~10 拳,再将扎线两端提起绞紧、拍平。安装示意如图 32-2 所示。

（三）过渡引流线的处理

过渡引流线（也叫引流线、弓子线）主要指接户线杆上绝缘子固定与搭接头之间的一段导线。除要求美观、对称外，应尽可能缩短过渡线的长度。为防止雨水顺接户线线芯流下，影响进户线侧电器的绝缘安全，在搭接处将接户线做向上翘起造型，作 50～100 mm 半圆形弧度引下，如图 32-3 所示。

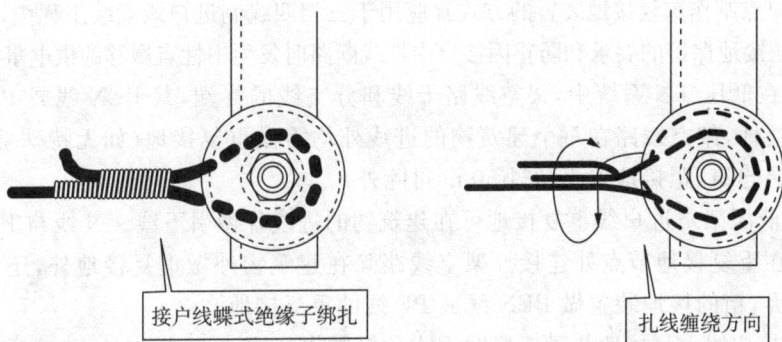

图 32-2 低压蝶式绝缘子绑扎示意图

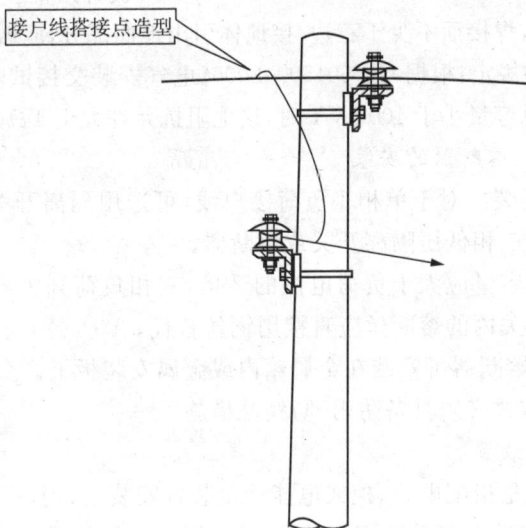

图 32-3 接户线过渡引流线制作示意图

（四）建筑物侧固定

接户线在建筑物侧的固定一般使用门型支架或 L 型支架，所有支架做热镀锌表面处理。根据建筑物墙体、墙面条件，也可以设计其他形状支撑架。

在建筑物墙体满足使用膨胀螺栓固定支架时，可采用膨胀螺栓安装支架。当墙体不能满足膨胀螺栓胀力时,可采用加长穿墙螺栓内侧加装方型垫铁的方式固定支架。若将直横担的一端预埋进墙体固定横担,预埋端要制作成燕尾状,做防锈处理,埋入深度要根据受力程度确定,至少要大于 120 mm,使用高强度水泥砂浆并经过养护期固化。

（五）重复接地的安装

进户点制作重复接地装置的方式常应用于三相四线制进户线安装工程中,主要满足客户侧接地保护的要求和防止因接户中性线断路时发生中性点飘移的供电事故。

1. 在低压 TN 系统中,架空线路干线和分支线的终端,其 PEN 线或 PE 线应做重复接地,架空线路在每个建筑物的进线外均需做重复接地(如无特殊要求,对小型单层建筑,距接地点不超过 50 m 可除外)。

2. 低压架空进户线重复接地可在建筑物的进线外做引下线。N 线与 PE 线的连接可在重复接地节点处连接。架空线路除在建筑物外做重复接地外,还可利用总配电屏、箱的接地装置做 PEN 线或 PE 线的重复接地。

3. 接户线重复接地装置选择圆钢或角钢制作的接地极,根据地形、地质条件和接地电阻决定接地极的位置和接地极限数。一般接地极的规格为:$\geq \phi 20$ mm×2 000 mm 镀锌圆钢或<40 mm×40 mm×4 mm×2 500 mm 镀锌角钢。接地极与接电线的连接须电焊或气焊,焊接面不少于三边,接地体引出地面部分,应做热镀锌处理。

4. 接地电阻的规定:根据 GB 50150—2006《电气安装交接试验标准》规定,1 kV 以下电力设备,当总容量小于 100 kVA 时,接地阻抗允许大于 4 Ω,但不得大于 10 Ω。

（六）隔离开关、熔断器的安装

1. 建筑物侧安装。对于单相小负荷接户线,可选用隔离开关。三相接户线根据用电容量可选取三相低压隔离开关或熔断器。

单相负荷开关容量应大于负荷电流的 2 倍,三相负荷开关容量应大于负荷电流的 3 倍。隔离开关内的熔断丝应直接用铜丝替代。

2. 隔离开关、熔断器可安装在金属箱内或金属安装板上。金属部位应接地。

3. 户外安装方式必须具备防雨、防锈蚀措施。

（七）户内配电装置

户内配电装置是指配电箱、柜或电能计量装置安装箱、柜。

1. 进户线管应进入箱、柜后引出导线,箱、柜内电能计量装置的前端应安装熔断器或隔离开关,后端应安装负荷开关。

2. 熔断器、隔离开关、负荷开关的规格型号应满足安全用电的技术要求。

3. 配电箱内应设置中性线母排,中性线应接入中性线母排后进行转接。禁止将中性线经电能表转接。

4. 户内配电箱、柜体应妥善接地。

思考与练习

1. 对架空接户线的最小截面有什么要求?

2. 进户线的重复接地有什么意义?

任务 33　电缆架空接户线、进户线施工

任务描述

本任务介绍采用电缆接户、进户方式的施工技术,掌握安装步骤中的技术要求、质量控制、施工方法以及相关的技术指标。

一、电缆架空接户方案

在接户杆上安装一组双横担,一组单横担,在上下垂直横担面上安装一组低压户外熔断器式隔离开关,其上侧另一组横担装设碟(针)式绝缘子用于绑扎接户引流线。熔断器式隔离开关安装也有单横担方式,可根据其选型以及安装说明书配置横担形式。安装示意图如图 33 - 1 所示。

二、安装技术要求

1. 按照 GB50254—1996《电气装置安装工程施工及验收规范》的要求,电力电缆应经保护开关接入配电网,考虑到进户电缆长度相对较短(不超过 50 m),选用 JDW2 - 2.5 或 GRW1 - 0.5 户外型熔断器式隔离开关,可满足通、断空载电缆线路和电缆侧短路故障保护。

2. 在电缆与架空线连接处,还应装设避雷器,避雷器接地端与电缆的金属外皮或钢管及绝缘子铁脚连在一起接地,其冲击接地电阻不应大于 10 Ω。

3. 对于具有电缆接户的架空线路,阀型避雷器应装设在熔断器式隔离开关电缆侧。

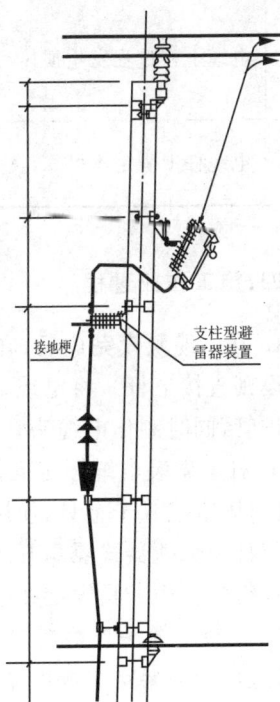

图 33 - 1　电缆架空接户方案示意图

4. 现场还应根据配电网架构以及配网过电压保护设施的配置,确定是否设置避雷器。

5. 电源为电缆引入时,采用中性线保护接地。即各相及中性线通过低压避雷器在进线箱处与重复接地保护的接地干线连接,重复接地的接地电阻不宜大于 10 Ω。

三、危险点分析与预控

电缆接户工程施工危险点分析与预控措施见表 33-1 所列。

表 33-1　电缆接户工程施工危险点分析与预控措施

序号	危险点	控制措施
1	操作人员登杆及杆上作业发生失误	按照登杆安全技术要求操作、监护
2	外人进入作业杆施工场地	在作业场地设置安全围栏
3	吊具滑轮的杆上固定不牢、吊绳强度不够	选择适当规格吊轮,检查吊绳是否满足安全条件
4	安装过程金具、设备发生脱落	杆上人员规范操作,杆下禁止站立人员
5	电缆上杆过程发生损坏	正确使用吊绳绑扎电缆头,上杆过程注意保护,到位后使用电缆卡子将电缆固定在杆上
6	电缆杆上固定不可靠,发生位移损坏电缆	选择规格合适的电缆卡子,使用单层电缆外皮进行固定电缆保护

四、施工作业过程

1. 在电缆敷设完成后,在搭接杆脚下预挖一个备用电缆埋设坑(埋管或电缆沟敷设则直接上杆),将电缆上杆尺寸以及预留长度确定后,切断多余电缆,穿入电缆保护管,同时制作电缆头。

2. 杆上安装电缆固定支撑金具及电缆头固定金具、熔断器式隔离开关安装金具、跳线固定绝缘子金具,使用滑轮吊绳将在地面制作完成的低压电缆头连同电缆提升至杆上熔断器式隔离开关侧下方位置,调直电缆,调整电缆方向(以方便连接为宜),将电缆用卡具固定在电杆金具上。

3. 连接电缆头与熔断器式隔离开关、开关电源侧过渡线,过渡线与绝缘子绑扎,将过渡线与架空主线可靠搭接,将电缆接入配电网系统,完成杆上跳线搭接部分与架空线接户施工项目。

4. 垂直接地体的安装:将配置好的接地体放在预挖的地沟的中心线上,用大锤将接地体打入地下,顶部距地面不小于 0.6 m,间距不小于 5 m。接地极与地面应保持垂直打入,然后将镀锌扁钢调直置入沟内,依次将扁钢与接地体用电焊焊接。扁钢应侧放而不可平放,扁钢与接地体连接的位置距接地体顶端 100 mm,焊接时将扁钢拉直,焊好后清除药皮,刷沥青漆做防腐处理,并将接地扁钢引出至需要的位置,留有足够的连接高度,以待使用。

五、施工质量要求

1. 电缆敷设部分应遵照国家标准 GBJ 232—1992《电气装置安装工程施工及验收规范(电缆线路篇)》相关规定。

2. 杆上金具、熔断器式隔离开关安装要牢固可靠。

3. 熔断器式隔离开关的熔断片规格配置要满足接入负荷的基本配置。

4. 杆上金具、金属电缆护管、电缆铠装接地及接地装置的连接要可靠。接电电阻负荷满足技术要求。

5. 电缆与熔断器式隔离开关的连接:电缆分相导线自然过渡,在保持堆成的前提下,减少多余的导线。过渡线制作与连接主要考虑自然弧度和对称美观。

6. 使用金属电缆保护管时,管口需做护口处理,电缆外绝缘不得受到金属管口的切割损伤。

思考与练习

1. 简述电缆接户、进户方案。

2. 电缆与架空线连接处如何进行过电压保护?

3. 简述电缆架空接户、进户线施工的作业过程。

任务 34　电缆敷设

任务描述

本任务针对电缆接户、进户方式下低压电力电缆敷设施工作业及技术要求进行介绍,掌握电缆埋设、杆上固定、穿管等施工敷设技术。

低压电力电缆大多使用聚合塑胶绝缘材料制作,其结构具有可靠、免维护等优势,在电力系统得到广泛应用,本书主要介绍低压电力电缆敷设的相关要求及技术规范。

一、敷设路径的选择

1. 便于电缆敷设和日常维护。
2. 满足安全要求条件下使电缆路径最短。
3. 避免电缆遭受机械性外力、过热、腐蚀等危害。
4. 避开将要挖掘施工的地方。
5. 与城市建设规划无冲突。
6. 无其他外部因素破坏的危险。

二、确定敷设方式

电缆工程敷设方式的选择,应视工程条件、环境特点和电缆类型、数量等因素,并按满足运行可靠、便于维护的要求和技术经济合理的原则来选择。

(一)电缆直埋敷设方式的选择,应符合下列规定

1. 同一通路少于 6 根的 35 kV 及以下电力电缆,在厂区通往远距离辅助设施或城郊等不易有经常性开挖的地段,宜用直埋;在城镇人行道下较易翻修情况或道路边缘,也可用直埋。

2. 厂区内地下管网较多的地段,可能有熔化金属、高温液体溢出的场所,待开发或较频繁开挖的地方,不宜用直埋。

3. 在化学腐蚀或杂散电流腐蚀的土壤范围内,不得采用直埋。

(二)电缆穿管敷设方式的选择,应符合下列规定

1. 在有爆炸危险场所明敷的电缆,露出地坪上需加以保护的电缆,地下电缆与公路、铁道交叉时,应采用穿管。

2. 地下电缆通过房屋、广场的区段,电缆敷设在规划将作为道路的地段,宜用穿管。

3. 在地下管网较密的工厂区、城市道路狭窄且交通繁忙或道路挖掘困难的通道等电缆数量较多的情况下,可用穿管敷设。

(三)电缆沟敷设方式的选择,应符合下列规定

1. 有化学腐蚀液体或高温熔化金属溢流的场所,或在载重车辆频繁经过的地段,不得用电缆沟。

2. 经常有工业水溢流、可燃粉尘弥漫的厂房内,不宜用电缆沟。

3. 在厂区、建筑物内地下电缆数量较多但不需采用隧道时,城镇人行道开挖不便且电缆需分期敷设时,又不属于上述(1)、(2)项的情况下,宜用电缆沟。

4. 有防爆、防火要求的明敷电缆,应采用埋砂敷设的电缆沟。

(四)架空敷设方式的选择,应符合下列规定

1. 地下水位较高的地方、化学腐蚀液体溢流的场所,厂房内应采用支持式架

空敷设。建筑物或厂区不适于地下敷设时,可用架空敷设。

2. 在垂直走向的电缆,宜沿墙、柱敷设,当数量较多,或含有 35 kV 以上高压电缆时,应采用竖井。

3. 明敷又不宜用支持式架空敷设的地方,可采用悬挂式架空敷设。

4. 在控制室、继电保护室等有多根电缆汇聚的下部,应设有电缆夹层。电缆数量较少的情况,也可采用有活动盖板的电缆层。

三、敷设基本要求

1. 电缆具备防护措施。

2. 敷设整齐美观,固定牢固可靠。

3. 电缆与各种设施间的距离符合规定要求。

4. 电缆与主网及负荷的连接应装设隔离开关和熔断器。

5. 电缆在两头应留有 1～2 m 余量,以备重新封端或制作电缆头用。

6. 电缆从地下引出地面时,地面上 2 m 一段,应采用镀锌金属管(或硬塑胶电缆管)加以保护。

7. 电缆金属铠装及金属保护管应可靠接地。

四、敷设技术要求

(一)电缆埋地敷设

1. 电缆室外埋置敷设深度应符合下列规定:电缆外皮至地下构筑物基础不得小于 0.3 m,至地面深度不得小于 0.7 m;当位于车行道或耕地下时,应适当加深且不宜小于 1 m。

2. 直埋敷设电缆方式,电缆应敷设在壕沟里,沿电缆全长的上、下紧邻侧铺以厚度不少于 100 mm 的软土或砂层。沿电缆全长应覆盖宽度不小于电缆两侧各 50 mm 的保护板,保护板宜用混凝土制作。

3. 位于城镇道路等开挖较频繁的地方,可在保护板上层铺以醒目的标志带。位于城郊或空旷地带,沿电缆路径的直线间隔约 100 m 处、转弯处或接头部位,应竖立明显的方位标志或标桩。

4. 直埋敷设的电缆,严禁位于地下管道的正上方或下方。电缆与电缆或管道、道路、构筑物等相互间容许最小距离,应符合表 34-1 的要求。

5. 直埋敷设的电缆与铁路、公路或街道交叉时,应穿保护管,且保护范围超出道路路基面两边各 2 m,伸出排水沟边 0.5 m 以上;直埋敷设的电缆引入构筑物,在贯穿墙孔处应设置保护管且对管口实施阻水堵塞。

表 34-1　电缆与电缆或管道、道路、构筑物等相互间容许最小距离(m)

电缆直埋敷设时的配置情况		平行	交叉
控制电缆之间		—	0.5*
电力电缆与控制电缆之间	10 kV 及以下电力电缆	0.1	0.5*
	10 kV 以上电力电缆	0.25**	0.5*
不同部门使用的电缆		0.5**	0.5*
电缆及地下管沟	热力管沟	2***	0.5*
	油管或易燃气管道	1	0.5*
	其他管道	0.5	0.5*
电缆与铁路	非直流电气化铁路路轨	3	1.0
	直流电气化铁路路轨	10	1.0
电缆与建筑物基础		0.6***	—
电缆与公路边		1.0***	
电缆与排水沟		1.0***	
电缆与树木的主干		0.7	
电缆与 1 kV 以下架空线电杆		1.0***	
电缆与 1 kV 以上架空线杆塔		4.0***	

注：*用隔板分隔或电缆穿管时可为 0.25 m；**用隔板分隔或电缆穿管时可为 0.1 m；***特殊情况可酌减且最多减少一半值。

6. 电缆管的弯曲半径应符合所穿入电缆弯曲半径的规定,见表 34-2 所列。每根电缆管最多不应超过三个弯头,直角弯头不应多于两个。

表 34-2　电缆最小允许弯曲半径

电缆种类	最小允许弯曲半径	电缆种类	最小允许弯曲半径
聚氯乙烯绝缘电力电缆	10D	交联聚氯乙烯绝缘电力电缆	15D

7. 直埋敷设电缆在采取特殊换土回填时,回填土的土质应对电缆外护套无腐蚀性。

(二)管道内电缆敷设

1. 电缆保护管必须是内壁光滑无毛刺。保护管的选择,应满足使用条件所需的机械强度和耐久性。地中埋设的保护管,应满足埋深下的抗压要求和耐环境腐蚀性。通过不均匀沉降的回填土地段等受力较大的场所,宜用钢管。同一通道的电缆数量较多时,宜用排管。

2. 电缆保护管埋入地面的深度不应小于 100 mm（埋入混凝土内的不作规定），伸出建筑物散水坡的长度不应小于 250 mm。保护罩根部应与地面取平。

3. 管道内部应无积水且无杂物堵塞。穿电缆时，为避免保护层损伤，可采用无腐蚀性的润滑剂。

4. 电缆穿管时，应符合下列规定：每根电力电缆应单独穿入一根管内；电力电缆不得与裸铠装控制电缆穿入同一根管内；敷设在混凝土管、陶土管、石棉水泥管内的电缆，宜使用塑料护套的电缆。

（三）室内、电缆沟敷设

1. 无铠装的电缆在室内明敷，应在电缆支架上敷设。水平敷设时，距地面不应小于 2.5 m；垂直敷设时，距地面不应小于 1.8 m。当电缆需沿墙面垂直敷设时，应参照电缆上杆的方式，对至地面 1.8 m 电缆加以保护（铜管或金属护网）。

2. 相同电压等级的电缆并列明敷时，电缆的净宽距离不应小于 35 mm，低压电缆与控制电缆及高压电缆应分开敷设。当需要并列明敷时，其净宽距离不应小于 150 mm。

3. 在下列地方应将电缆加以固定：垂直敷设或超过 45°倾斜敷设的电缆，在每个支架上；水平敷设的电缆，在电缆首末两端及转弯、电缆接头的两端处。

4. 电缆支架一般为角钢焊接，钢结构电缆支架所用钢材应平直，无显著扭曲。下料后长短差应在 5 mm 范围内，切口处应无卷边、毛刺。

5. 钢支架应焊接牢固，无显著变形。支架各横撑间的垂直净距应符合设计规定，其偏差不应大于 2 mm。当无设计规定时，参考表 34-3 的数据，但层间净距应不小于两倍电缆外径加 10 mm。

表 34-3　层间最小允许垂直距离　　　　　　　　　　　　　　　mm

电缆种类	电缆夹层	电缆隧道	电缆沟
电力电缆	200	200	150

6. 电缆各支持点间的距离应符合设计规定。当无设计规定时，不应大于表 34-4 中所规定的数值。

表 34-4　电缆各支持点间的距离　　　　　　　　　　　　　　　m

电缆种类	支架上敷设		钢索上悬吊敷设	
	水平	垂直	水平	垂直
电力电缆	0.4	1.0	0.75	1.5

7. 电缆固定点的间距应按设计规定。当无设计规定时，不应大于表 34-5 中

所规定的数值。

表 34-5　电缆固定点的间距　　　　　　　　　　　　　（mm）

电缆种类		固定点的间距
电力电缆	全塑型	1 000
	除全塑型外的电缆	1 500

（四）架空敷设

1. 此类敷设一般采用钢铠作为电缆的悬空定位支撑,除钢铠的架设技术要考虑敷设环境外,电缆定位一般采用通信电缆架空敷设的镀锌钢丝吊卡或专用电缆夹具。

2. 在架设施工中,应考虑电缆吊卡或夹具经钢铠所形成的闭合回路在电缆处于三相负荷不平衡大电流运行时,可能产生的涡流引起的热效应损害电缆的绝缘。设计方案时,需要采取技术措施,防止吊卡或夹具产生涡流。严禁使用闭合导磁金属吊卡或夹具。

3. 对于聚合塑胶绝缘材料制作的电力电缆的室外敷设,除生产厂家注明外,环境温度应高于 0 ℃。

4. 电缆进入电缆沟、隧道、竖井、建筑物、盘（柜）以及穿入管子时,出入口应封闭,管口应密封。封闭材料要满足防火、防水、防鼠害等功能。

在实际运用时,电缆的敷设可以参考 JGJT16—2008《民用建筑电气设计规范》第 8、9 章以及 GB50217—94《电力工程电缆设计规范》第 5 章的相关规定。

思考与练习

1. 简述电缆敷设路径选择的主要依据。

2. 电缆敷设方式的确定应考虑哪些方面的因素?

3. 聚氯乙烯绝缘低压电力电缆的弯曲半径是多少?

任务 35　低压电力电缆头的制作

任务描述

本任务针对装表接电工操作技能需要,主要讲解低压三相四线交联聚乙烯绝缘电力电缆热缩电缆头的制作过程。掌握依据电缆头制作技术尺寸图纸,合理使用工器具,符合工艺要求及质量标准。

· 172 ·

低压电力电缆主要形式为交联聚氯乙烯绝缘聚氯乙烯护套电缆（VV 型）、交联聚乙烯绝缘聚乙烯护套电缆（YJV 型）。电缆线芯通常采用 3+1 方式配置，即三根主线截面相同，中性线配置小规格截面，例如（3×25）mm² ＋（1×16）mm²。

电缆在结构上还分铠装型和非铠装型，在型号编排中以字母后缀数字表示，如：22、20，分别表示带铠装和不带铠装。本任务主要以低压铠装电力电缆为例，介绍电缆头制作及技术要求。

一、制作电缆头主要工具及使用

低压电力电缆头制作常用的工具主要包括细齿钢手锯及锯条、汽油喷灯（或液化气喷炬）、压接钳、细锉刀等。

（一）汽油喷灯的使用

汽油喷灯普遍应用于电力电缆头的制作，具有体积小、取材方便、易于携带等特点。其结构和功能如图 35-1 所示。

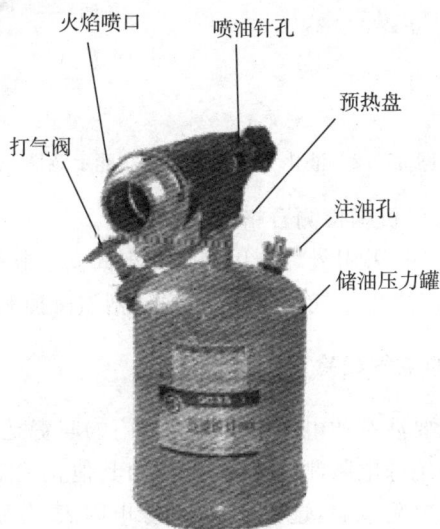

图 35-1 汽油喷灯结构和功能示意图

1. 由注油孔注入适量的燃油，一般不超过储油罐的 3/4，由于注油孔口径较小，需要准备相应规格的漏斗。注油完毕后应旋紧注油孔螺栓，螺栓内橡胶封闭垫完好，关闭油量调节阀，擦净灯体外部的残油。

2. 少量打气，轻旋油量调节阀，使燃油顺喷嘴流出，进入预热盘后，关闭调节阀，点燃预热盘中燃油预热火焰喷嘴及喷腔。

3. 待喷头嘴管路烧热后，缓慢开起油量调节阀，喷嘴喷出雾状燃油并正常燃烧,继续加压,使火焰喷射呈蓝色焰柱为止。罐体加压不得过高,打气完毕时,阀杆应压下处于大气泵阀的盖卡上。

4. 使用完毕时,先关闭油量调节阀至火焰完全熄灭,待喷头温度降低后,慢慢旋松注油螺栓,让压缩气体缓慢泄放至压力释放完毕。

5. 当喷油嘴出现断续喷射或喷射无力时,应将油量调节阀适量关小,使用喷灯配置的专用钢丝捅针,疏通喷油嘴。

(二)液化气喷炬的使用

液化气喷炬具有使用便捷、安全系统高的特点,特别适合在地面使用。液化气喷炬结构和功能如图 35 - 2 所示。

图 35 - 2 液化气喷炬结构和功能示意图

1. 必须采用具有专门机构检测合格的液化气罐。

2. 配置合格的减压阀,采用氧焊专用胶管并牢固固定软管接头。

3. 使用中,防止火焰烧灼输气胶管,防止气罐剧烈碰撞和高空跌落。

二、电缆头制作前的电气试验

装表接电工作中主要涉及的电缆电气试验部门的职责是对低压交联聚乙烯护套绝缘的电力电缆进行绝缘电阻测量。必要时,由其他相关工种做交流耐压试验。

低压电力电缆绝缘电阻试验,选择 1 kV 绝缘电阻表,分别对电缆芯线间、芯线对铠装金属部位做绝缘电阻测试。试验前,将电缆两头芯线破开悬空,芯线裸露部分保持一定空间距离。

在 GB50303—2002《建筑电气工程施工质量验收规范》第 18.1.2 款规定:低压电线和电缆,线间和线对地间的绝缘电阻值必须大于 0.5 MΩ。对于新电缆,应按照大于 10 MΩ 的技术要求做交接实验。

电力电缆的绝缘测试,属于测试电容性负荷,绝缘电阻表的使用应严格按照操作规范要求(参见使用说明书等),同时测试完成后应对每一根芯线进行允分对地放申。

三、电力电缆头的制作

(一)安全及注意事项

1. 电缆头的制作,应由经过培训的熟悉工艺的人员进行;

2. 施工现场必须符合防火规定,具备施工所需的环境空间。户外制作电缆头时,应在气候良好的条件下,并能有效防止尘土和外来污物的影响。

3. 对于低压电力电缆,一般采用 SY 型热缩电缆头套件,选择时应根据电缆的材料、尺寸等,选择不同规格的热缩电缆头套件,同时按照生产厂家提供的工艺尺寸简图逐步进行电缆头制作。

4. 剥除多余绝缘时,应防止割伤芯线绝缘。

5. 对热缩材料加热时,应了解材料热缩比性能,不能过度加热,以防止材料碳化损坏。

6. 制作完成后,应保护好电缆头,防止绝缘损坏。

(二)作业程序及技术要求

1. 确认电缆型号规格且试验合格,同时检查配件是否齐全并符合要求。

2. 根据电缆与设备连接的尺寸,在电缆上做好标记,切除多余的电缆;根据电缆头套件型号尺寸要求,剥除电缆外护套。

3. 锯除铠装。开锯前用细铁丝或钢丝在电缆钢铠锯断处做临时绑扎;用细齿钢锯在第一道卡子位置再延长 5 mm 处,将钢铠锯一环形锯痕,不得锯透;再用钳子将钢铠顺锯痕撕断,用平板细锉将断口毛刺修整光滑。

4. 制作安装钢带卡箍。采用剥离下来的废弃钢铠,按照如图 35-3 所示制作,卡箍的作用是防止钢铠松脱,固定接地编织软铜线。

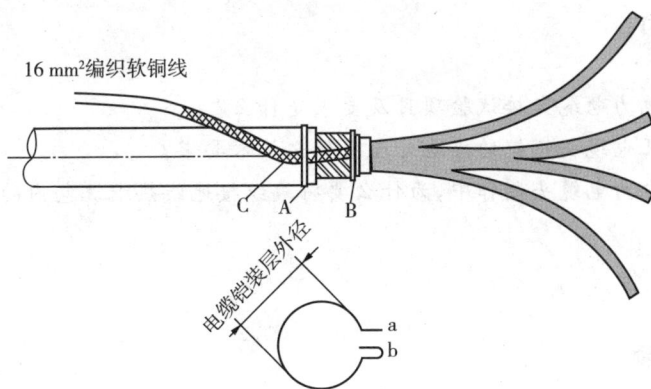

图 35-3 钢带卡箍制作及接地线焊接示意图

5. 焊接铠装接地线(16 mm²裸铜编织软线)。将接地线焊接部位的钢铠表面打磨干净,用制作的钢带卡箍将接地线和钢铠紧密地卡接在一起;使用电烙铁将图36-3中"B"点前后接地软铜线可靠焊接在两层钢带上,同时要求将图中"C"部位长15~20 mm的软铜编织带镀满焊锡,防止水分沿编织铜带渗入。

6. 剥除电缆分支部分护套及填料。

7. 电缆头填充。一种是使用电缆填充料(或电工塑料带)将四芯分叉并包裹成球状,再套入分支手套;另一种直接将分支手套套入电缆根部进行热缩。低压电力电缆,两种方式均满足技术要求。

8. 安装热缩分支手套,指套的统包部分要大于60 mm,套入线芯根部。指套内部要预涂密封胶,加热时,起到密封防潮作用。使用喷灯或液化气喷炬,先对分支套部分加热,逐步向统包导管加热,待完全收缩后,应有少量密封胶受热挤出。

9. 安装压接接线端子(接线鼻子)。根据接线鼻管的深入,剥除线芯绝缘,清除管内及线芯表面的氧化层,在线芯上涂抹导电膏,调节好方向,用压线钳进行六角压模,不少于两模。

10. 安装分相热缩管。分相热缩管要将指套套入20~30 mm,接线鼻侧要套入30 mm,也可以使热缩管稍长,待热缩完成后,用电工刀将多余部分切割掉。使用喷灯或喷炬,应沿手指根部向上均匀加热,使热缩管均匀收缩至四指完全收缩为止。

11. 安装热缩防雨罩。在处理好的分相线芯上的适当位置,套入一至两个热缩防雨罩,加热后雨水不会顺线芯流下;低压电缆也可以不安装防雨罩。

12. 将相色箍热缩在接线鼻根部,最后将电缆头固定到预定位置并防护好。

思考与练习

1. 低压电力电缆交接试验项目及要求是什么?

2. 对低压电缆头钢铠的接地处理有什么技术要求?

3. 低压电力电缆头制作中,为什么要将编织接地线热缩统包内的一段镀锡?

综合练习

一、单选题

1. 接户线和进户线的进户端对地面的垂直距离不宜小于( )。
   A. 2.0米 B. 2.5米 C. 3.0米 D. 3.5米

2. 某小区居民用户,因外力破坏,造成高压电进户,致使家用电器损坏,用户

于当日 9:30 向供电企业投诉,供电企业在接到投诉后最迟应在何时派员赴现场进行调查核实?(　　)

　　A. 当日 15:30　　B. 当日 21:30　　C. 次日 09:30　　D. 次日 15:30

3. 低压用户接户线自电网电杆至用户第一个支持物最大允许档距为(　　)。

　　A. 25m　　　　　B. 50m　　　　　C. 65m　　　　　D. 80m

4. 低压用户接户线的线间距离一般不应小于(　　)。

　　A. 600mm　　　B. 400mm　　　C. 200mm　　　D. 100mm

5. 1~10kV 以下与 1kV 以下线路间的距离不应小于(　　)。

　　A. 600mm　　　B. 400mm　　　C. 200mm　　　D. 150mm

6. 每一路接户线的线长不得超过(　　)。

　　A. 100m　　　　B. 80m　　　　　C. 60m　　　　　D. 40m

7. 接户线跨越人行道时,其对地最小距离为(　　)。

　　A. 3.5m　　　　B. 5.5m　　　　C. 7.5m　　　　D. 9m

8. 低压接户线受电段对地的最小距离为(　　)。

　　A. 5.5m　　　　B. 4.5m　　　　C. 3.5m　　　　D. 2.5m

9. 每一路接户线,支接进户点不得(　　)。

　　A. 多于 15 个　　B. 多于 10 个　　C. 多于 5 个　　D. 多于 20 个

10. 用户进户绝缘线的钢管(　　)。

　　A. 必须多点接地　　　　　　　B. 可不接地

　　C. 必须一点接地　　　　　　　D. 可采用多点接地

11. 用户进线和进户线最好是(　　)。

　　A. 不要合杆安装　　　　　　　B. 合杆安装

　　C. 上下装置　　　　　　　　　D. 随便装

12. 若发现进户线装置有故障,应做好记录,并(　　)。

　　A. 亲自调换处理　　　　　　　B. 组织处理

　　C. 通知用户处理　　　　　　　D. 不处理

13. 选择进户点,应考虑尽量接近(　　)。

　　A. 供电线路　　B. 公路　　　　C. 街道　　　　　D. 供电公司

14. 进户熔断器熔断电流可以按电能表(　　)的 1.5~2 倍选择。

　　A. 基本电流　　　　　　　　　B. 实际负荷电流

　　C. 额定最大电流　　　　　　　D. 任意电流

15. 进户杆有长杆与短杆之分,它们可以采用(　　)。

　　A. 混凝土杆　　　　　　　　　B. 木杆

　　C. 混凝土杆或木杆　　　　　　D. 除了木杆

16. 10kV 绝缘电力电缆的直流耐压试验电压是（　　）。

    A. 10kV   B. 25kV   C. 30kV   D. 60kV

17. 某 6kV 电缆长 500m,则其芯线对地间绝缘电阻值不应小于（　　）。

    A. 100M   B. 200M   C. 300M   D. 400M

18. 聚氯乙烯铜芯电缆的产品型号用字母（　　）表示。

    A. VV   B. XV   C. VLV   D. YJV

19. 以架空线进线的低压用户的责任分界点是（　　）。

    A. 接户线末端   B. 进户线末端

    C. 电能表进线端   D. 电能表出线端

20.《电力法》规定,非法占用变电设施用地、输电线路走廊或者电缆通道的,由（　　）责令限期改正;逾期不改正的,强制清除障碍。

    A. 省、自治区、直辖市人民政府   B. 国务院

    C. 有管理权   D. 县级以上地方人民政府

21.《电力设施保护条例》规定,电力电缆线路保护区:海底电缆一般为线路两侧各（　　）(港内为两侧各一百米),所形成的两平行线内的水域。

    A. 一海里   B. 一百米   C. 二海里   D. 五十米

22.《电力设施保护条例》规定,电力电缆线路保护区:江河电缆一般不小于线路两侧各（　　）(中、小河流一般不小于各五十米)所形成的两平行线内的水域。

    A. 一海里   B. 一百米   C. 二海里   D. 五十米

23. 电缆及电容器接地前应（　　）充分放电。

    A. 逐相   B. 保证一点   C. 单相

24. 当验明设备确已无电压后,应立即将检修设备接地并三相短路。（　　）及电容器接地前应逐相充分放电。

    A. 避雷器   B. 电缆   C. 电抗器

25. 电缆施工完成后应将穿越过的孔洞进行封堵,以达到（　　）、防火和防小动物的要求。

    A. 防水   B. 防高温   C. 防潮   D. 防风

26. 挖掘出的电缆或接头盒,如下面需要（　　）时,应采取悬吊保护措施。

    A. 拆除   B. 固定   C. 挖空   D. 移动

二、多选题

1. 进户线的形式有（　　）。

    A. 绝缘线穿瓷管进户

    B. 加装进户杆

C. 角铁加绝缘子支持单根导线穿管进户

D. 墙上打洞直接进户

2. 同一建筑物内部相互连通的房屋、多层住宅的每个单元、同一围墙内一个单位的电力和照明用电,不能设置的进户点是( )。

A. 1个 　　　　B. 2个 　　　　C. 5个 　　　　D. 10个

3. 对隐蔽工程进行中间检查及施工质量抽检,包括( )和断路器等电气设备特性试验等。

A. 电缆沟和隧道 　　　　　　　B. 变压器

C. 接地装置工程 　　　　　　　D. 电缆直埋敷设工程

4. 《客户安全用电服务若干规定》中,以下哪些属于隐蔽工程进行中间检查及施工质量抽检项目。( )

A. 电缆沟和隧道 　　　　　　　B. 电缆直埋敷设工程

C. 接地装置工程 　　　　　　　D. 变压器、断路器等电气设备特性试验

5. 电缆耐压试验前,加压端应做好安全措施,防止人员误入试验场所。另一端应( )。如另一端是上杆的或是锯断电缆处,应派人看守。

A. 挂警告标示牌 　B. 派人看守 　　　C. 设置围栏 　　　D. 挂接地线

6. 在电缆沟( )进行动火工作时需采取必要的防火措施。

A. 盖板上 　　　　B. 20m 以内 　　C. 15m 以内 　　D. 旁边

7. 保证安全的技术措施规定,当验明设备确无电压后,接地前( )。

A. 电缆及电容器接地线应逐相充分放电

B. 装在绝缘支架上的电容器外壳也应放电

C. 星形接线电容器的中性点应放电

D. 串联电容器及与整组电容器脱离的电容器应逐个多次放电

8. 保证安全的技术措施规定,需要拆除全部或一部分接地线后始能进行工作有( )。

A. 检查断路器触头是否同时接触

B. 测量线路参数

C. 测量电缆的绝缘电阻

D. 测量母线的绝缘电阻

9. 电缆进入( )以及穿入管子时,出入口应封闭,关口应密封。

A. 电缆沟 　　　　B. 竖井 　　　　　C. 隧道 　　　　　D. 建筑物

10. 不得在带电导线、带电设备、变压器、油开关附近以及在( )内对火炉或喷灯加油及点火。

A. 蓄电池室 　　　B. 沟洞 　　　　　C. 电缆夹层 　　　D. 隧道

11. 变电站(生产厂房)内外电缆,在进入(　　　)等处的电缆孔洞,应用防火材料严密封闭。

    A. 电缆夹层　　　B. 控制柜　　　　C. 开关柜　　　　D. 控制室

12. 电缆进入隧道时,管口应密封,封闭材料应满足(　　　)等功能。

    A. 防火　　　　　B. 防风　　　　　C. 防水　　　　　D. 防鼠害

三、判断题

1. 采用低压电缆进户,电缆穿墙时最好穿在保护管内,保护管内径不应小于电缆外径的2倍。(　　　)

2. 进户点的位置应明显易见,便于施工操作和维护。(　　　)

3. 进户线进入计量屏(箱)时,首先应接至熔断器(或自动开关),用来保护电能表及防止电气装置的故障影响电网安全运行。(　　　)

4. 进户线应采用绝缘良好的铜芯线,不得使用软导线,中间不应有接头,并应穿钢管或硬塑料管进户。(　　　)

5. 选择进户点时应尽可能考虑接近用电负荷中心。(　　　)

6. 电缆外皮可作为零线。(　　　)

7. 计量装置电源进线,必须采用电缆或穿管绝缘导线,且不得有破口或裸露部分。(　　　)

8. 接户、进户装置上的低压带电工作和单一电源低压分支线的停电工作,可以执行口头或电话命令。(　　　)

9. 《供电营业规则》规定,采用电缆供电的,按照产权所属的原则,分界点由供电企业与用户协商确定。(　　　)

10.《电力设施保护条例实施细则》规定,地方人民政府应当根据城市发展需要,在电力电缆沟内合理敷设其他管线。(　　　)

11.《电力设施保护条例》规定不得在海底电缆保护区内抛锚、拖锚、炸鱼、挖沙。(　　　)

12. 电缆隧道、偏僻山区和夜间巡线应由两人进行。暑天、大雪天等恶劣天气,必要时由两人进行。单人巡线,禁止(攀登电杆和铁塔)。(　　　)

13. 通风条件不良时,不允许在电缆隧(沟)道内进行长距离巡视。(　　　)

14. 链条葫芦链条直径磨损量达5%时,禁止使用。(　　　)

15. 沟槽开挖时,在堆置物堆起的斜坡上应牢固放置工具材料等器物,以免滑入沟槽损伤施工人员或电缆。(　　　)

16. 填用电力电缆第一种工作票和填用电力电缆第二种工作票的工作都需经调度的许可。(　　　)

四、问答题

1. 计量装置在户外时,什么叫接户线? 什么叫进户线?
2. 低压客户新装用电时,对其电源进户点有何要求?
3. 进户点的选择应注意些什么?
4. 二次回路对电缆截面积有何要求?

项目 8 互感器的现场检查与测量

项目简介

本项目包括五个工作任务:互感器极性判断、互感器变比测量、互感器接线检查、电流互感器二次负载的测量与计算、电压互感器二次回路压降测量与计算。通过对电流互感器、电压互感器常见检查项目的介绍,掌握互感器极性检查、变比测量以及二次负载、二次回路压降的测量与计算方法。

任务 36 互感器极性判断

任务描述

本任务包含互感器极性判断操作程序及注意事项、三相电压互感器组别试验方法及注意事项。通过操作程序介绍、图解说明,掌握互感器加、减极性的判断方法。

互感器在工作时,瞬间流过一、二次线圈的电流方向称为互感器的极性。所谓减极性,对于电流互感器,一次电流 $\dot{I}_1$ 与二次电流 $\dot{I}_2$ 瞬时方向相对于同名端正好相反,即若 $\dot{I}_1$ 从 P_1 端流入,$\dot{I}_2$ 此时一定从 S_1 端流出,如图 36-1 所示。

对于电压互感器,一次线圈 $\dot{U}_1$ 与二次线圈 $\dot{U}_2$ 瞬时极性相对于同名端恰好相同,即若"A"端为"+","a"端此时也一定为"+"。反之称为加极性,如图 36-2 所示。

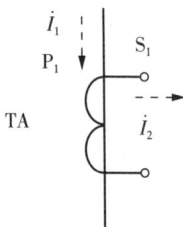

图 36-1 电流互感器极性示意图   图 36-2 电压互感器极性示意图

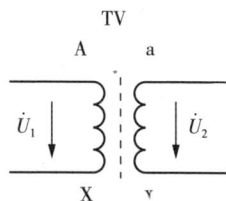

在互感器投入运行以前,必须进行一、二次绕组极性试验。测试互感器的极性非常重要,如果极性判断错误,会使接入电能表的电压或电流的相位相差180°,电能计量装置的接线即使是正确的,也会导致电能表出现计量错误。

一、安全和技术要求

互感器极性测试分现场和实验室两种。现场对运行设备开展互感器极性测试应遵照以下规定。

1. 按规定办理第一种工作票。

2. 至少有两人一起工作,其中一人进行监护。

3. 应在工作区范围设立标示牌或护栏。

4. 工作时,按规定着装,戴手套、安全帽,穿绝缘鞋,并站在绝缘垫上,操作工具绝缘良好。

5. 拆、接试验接线前,应将被试互感器对地充分放电,以防止剩余电荷、感应电压伤人及影响测量结果。

二、测试接线及步骤

互感器极性测试方法一般有直流法、交流法和比较法等。比较法是利用互感器校验仪来确定被试互感器绕组的极性,通常在互感器检定时同时进行。直流法和交流法方法简单,容易操作。交流法主要是用于检查电压互感器的极性。

(一)直流法

1. 单相电压互感器

(1)试验用工器具有直流毫伏表1只,开关1只,1.5 V直流电源1只,导线若干。

(2)接线。将直流毫伏表接入电压互感器二次绕组中:仪表正端接预判的"a",负端接预判"x"。将开关断开和直流电源串联用导线接入电压互感器一次绕组中:直流电源的正极接预判"A"端,负极接预判"X"端。接线参见图37-3,并检查接线是否牢固可靠。

(3)极性判断。用"点合"(刚合上,立即断开)的方式操作开关。合上开关的瞬间,仪表指针正向摆动,断开开关的瞬间,仪表指针反向摆动,则电压互感器为减极性,电压互感器一次绕组预判的"A"端和二次绕组"a"端与实际极性相同,为同名端。

若偏转方向与上述方向相反,则电压互感器为加极性,电压互感器一次绕组预判的"A"端和二次绕组预判的"x"端为同名端。

试验时,若电压表指针偏转不明显,电池也可以放在二次侧,但是直流电压表

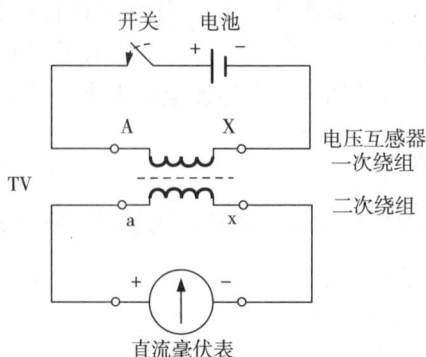

图 36 - 3　单相电压互感器直流法极性试验接线图

应放在较高的档位。

接线时要注意电源正极、仪表正端与绕组之间的对应,切勿接错,对应关系错误将会造成极性判断错误。

2. 电流互感器

电流互感器极性试验基本上和电压互感器极性试验方法一样,不同的是电流互感器一次绕组的匝数少,有的甚至只有一匝,而电压互感器初级绕组匝数多,所以试验时注意仪表量程的选用。

(1)试验用工器具有直流微安表(也可以用万用表直流毫安档代替)1 只,开关1 只,1.5 V 直流电源 1 只,导线若干。

(2)接线。将直流微安表接入电流互感器二次绕组中:仪表正端接预判的"S_1",负端接预判的"S_2"。将开关断开和直流电源串联用导线接入电流互感器一次绕组中:直流电源的正极接预判的"P_1"端,负极接预判的"P_2"端。接线如图36 - 4所示,并检查接线是否牢固可靠。

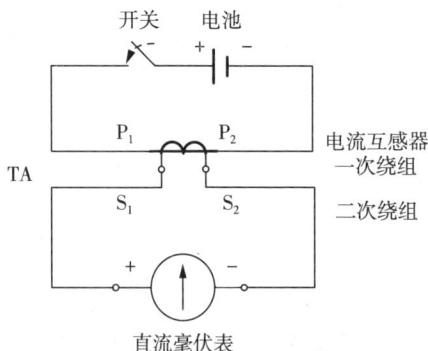

图 36 - 4　单相电流互感器直流法极性试验接线图

（3）极性判断。用"点合"（刚合上，立即断开）的方式操作开关。当合上开关的瞬间，仪表指针正向摆动，断开开关的瞬间，仪表指针反向摆动，则电流互感器为减极性，电流互感器一次绕组 P_1 端和二次绕组 S_1 端为同名端。

若偏转方向与上述方向相反，则电流互感器为加极性，电流互感器一次绕组 P_1 端和二次绕组 S_2 端为同名端。

接线时要注意电源正极、仪表正端与绕组之间的对应，切勿接错，对应关系错误将会造成极性判断错误。

（二）交流法

主要用于电压互感器极性判定。

1. 试验用工器具有交流电压表（也可以用万用表电压挡代替）2 只，试验交流电源，导线若干。

2. 接线。在电压互感器一、二次侧各选一个端子，用导线直接连接起来，将电压表 V 接在剩余的两个端子之间，将电压表 V_1 连接在一次侧两端子间，然后加适于测量的交流电压。接线图如图 36 - 5 所示。

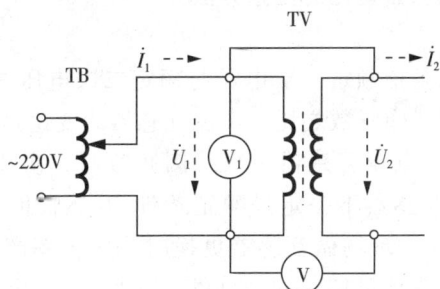

图 36 - 5　交流法检查电压互感器的极性

3. 极性判断。若电压表 V 测得的电压为一、二次电压之差（$V = U_1 - U_2$），则电压表 V 所连互感器的两端为同名端；若测得的电压为一、二次电压之和（$V = U_1 + U_2$），则 V 所连互感器的两端为异名端。

三、试验注意事项

1. 测试时要将直流电源和仪表的同极性端接绕组的同名端。拉、合开关时都应有一个时间间隔，以便观察清楚表针摆动的真实方向。

2. 试验时应反复操作几次，以免误判试验结果。

3. 操作时要先接通测量回路，然后再接通电源回路。读完数后，要先断开电源回路，然后再断开测量回路仪表。

4. 测量变比大的电压互感器时，应加较高的电压同时选用小量程仪表，以便仪表有明显的指示。

5. 测试过程中不要用手触及绕组的高压侧接线端头,以防触电。

6. 使用交流法判断电压互感器极性时,严禁电压互感器二次回路短路。

思考与练习

1. 互感器的减极性是如何定义的?

2. 交流法判断电压互感器极性试验中应注意哪些问题?

任务 37 互感器变比测量

任务描述

本任务包含互感器变比检查内容、互感器变比现场测试方法。通过操作程序介绍、图解说明,掌握互感器变比的检查方法。

电压互感器的变比是指额定一次电压与额定二次电压之比,也等于电压互感器一次线圈匝数与二次线圈匝数之比。电流互感器的变比是指额定一次电流与额定二次电流之比,也等于电流互感器一次线圈匝数与二次线圈匝数之比的倒数。现场运行的电压、电流互感器不一定是额定条件,互感器的实际运行变比就等于一、二侧电压或电流之比。现场做互感器更换时或对倍率产生怀疑时应进行变比检查。测量变比可以检查计量倍率的准确性。根据电压、电流互感器变比的定义可知,测量电压比和测量电流比就可得出电压、电流互感器的变比。

一、安全和技术要求

参见任务 36"互感器极性判断"。

二、带电测试低压电流互感器变比

(一)测试前的准备

1. 查勘被试电流互感器现场情况及试验条件,办理工作票并做好试验现场安全和技术措施。

2. 选择测试用仪表。多量程钳形电流表 1 只,根据被测试电流互感器的一、二次电流的大小选择合适的量程。

3. 检查被试电流互感器一、二次接线的正确性,检查接线端子是否牢固可靠。

（二）测试方法

将钳形电流表分别接入被测电流互感器的一、二次回路，记录读数，根据测试的一、二次侧电流之比得出被测电流互感器的变比。测试完成后，取下钳形电流表，确认无误后撤离现场。

（三）测试注意事项

1. 装表接电工不得使用钳形电流表在高压系统中测量高压电流互感器一次电流。

2. 操作者和带电导线保持一定的安全距离，防止人员触电。

3. 一次电流测量应在绝缘导体上进行。

4. 测试中应特别注意不能使电流互感器二次回路开路。

5. 钳形电流表使用前必须检查钳口是否清洁，如不清洁则清理后再使用，否则会带来较大的测量误差。

6. 测量时钳口要接触良好，不要用手挪动钳口，或用手夹紧钳头。

三、停电测试高压电压、电流互感器变比

（一）电流法测试电流互感器变比

1. 测试前的准备

（1）办理工作票并做好安全和技术措施。

（2）选择测试用设备和仪表。电流互感器一、二次电流的测试导线，普通电流表（可用万用表代替），钳型电流表，试验电源，升流器。

（3）电流互感器从系统中隔离，对电流互感器一次、二次端子进行放申，并在一次侧两端挂接地线。

（4）确认电流互感器二次有关保护回路已退出，电流互感器除被测二次绕组外其他二次绕组应可靠短路。

（5）测试开始前将一次侧任一端接地线拆除，测试完迅速恢复。

2. 测试方法

（1）在电流互感器被测二次回路接入普通电流表，将其他二次绕组短接。

（2）在电流互感器一次回路中接入升流器和钳形电流表。接线图如图 37-1 所示。

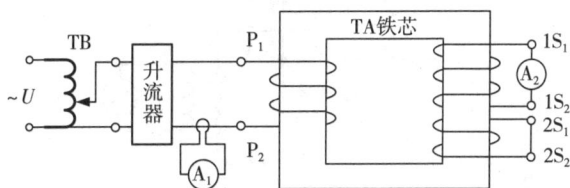

图 37-1　电流法检查电流互感器的变比

(3)对被测试电流互感器一、二次回路进行检查核对,确认无误后,调节升流器使施加的电流在一、二次电流表上有足够的分辨率,并保持电流稳定。

(4)读取电流互感器一、二次侧电流表的读数并记录,计算电流互感器的变比。

(5)将升流器降至零,然后拆除测试导线。

按照上述方法测量其他二次绕组的变比。

3. 测试注意事项

(1)试验中禁止电流互感器二次回路开路。

(2)短路电流互感器二次绕组时,必须使用专用短路片或短路线,短路应妥善可靠,严禁用导线缠绕。

(3)施加在电流互感器一次电流稳定后,同时读取一、二次侧电流值。

(4)注意测试导线不能太长,接触应良好,否则将产生测量误差。

(二)比较法测试电压互感器变比

1. 测试前的准备

(1)办理工作票并做好试验安全和技术措施。

(2)选择测试用设备和仪表。标准电压互感器(或已知变比的电压互感器),电压互感器一、二次电压的测试导线,普通电压表(可用万用表代替),试验电源,调压器。

(3)电压互感器从系统中隔离,对电压互感器一次、二次端子进行放电,并在一次侧两端挂接地线。

(4)测试开始前将一次侧接地线拆除,测试完迅速恢复。

2. 测试方法

(1)将被试电压互感器 TV 和标准互感器 TV_0 二次回路分别接入电压表 V_1 和 V_2。

(2)将被试电压互感器和标准电压互感器一次绕组并联,接到调压器两输出端,接线图如图 37 - 2 所示。

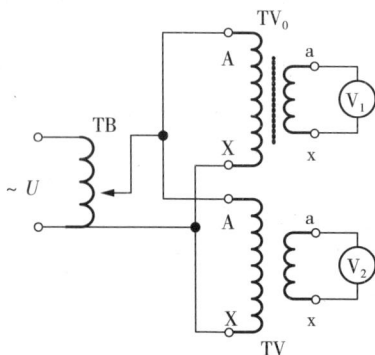

图 37 - 2 比较法测试电压互感器变比

（3）对一、二次回路进行检查核对，确认无误后，使调压器从零开始升压，升至被试电压互感器额定电压的 20％～70％，并保持电压稳定。

（4）读取电压表 V_1、V_2 的读数并记录，按照下述公式计算被试电压互感器的实际变比

$$K_x = \frac{K_n U_n}{U_x}$$

式中，K_n——标准互感器的变比；

　　U_n——标准互感器二次回路电压，即电压表 V_2 的读数，V；

　　U_x——被试互感器二次回路电压，即电压表 V_1 的读数，V。

（5）将调压器降至零，对电压互感器放电，然后拆除测试导线。

3．测试注意事项

（1）试验中禁止电压互感器二次回路短路。

（2）施加的电压不应低于被试电压互感器额定电压的 20％，并尽可能保持稳定，读数时低压侧两只电压表应同时进行。

思考与练习

1．检查互感器的极性有哪些方法？为什么要检查互感器的极性？

2．用直流法测试电流互感器变比注意哪些问题？

3．绘制用比较法测试电压互感器变比的接线图，并给出被试互感器实际变比的计算公式。

任务 38　互感器接线检查

任务描述

本任务介绍了电流互感器、电压互感器的接线方式及错误接线的类型；通过对电流互感器、电压互感器各种接线方式的介绍，掌握电流互感器、电压互感器各种接线检查的技能，使电能计量装置正确计量。

一、接线方式

（一）电流互感器接线方式

1．一相接线

如图 38－1 所示。

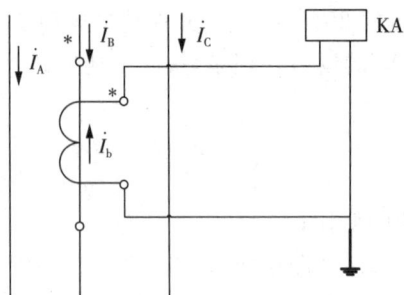

图 38-1 一相接线的电流互感器

此种接线方式可以测量对称三相负载或相负荷平衡度小的三相装置中的一相电流。其二次侧电流线圈中流过的电流,能正确地反映对应相的实际电流。一般用在负荷平衡的三相电路中测量电流或作过负荷保护。

2. 二相不完全星形接线

如图 38-2 所示。

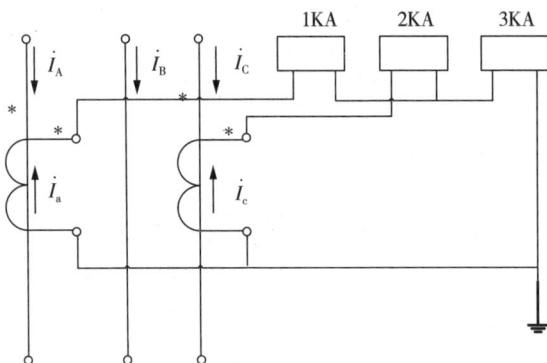

图 38-2 二相不完全星形接线的电流互感器

此种接线方式可以反映三相的电流,一般用于三相三线制电路中,负荷是否平衡对接线无影响。

3. 两相电流差接线

如图 38-3 所示。

此种接线方式其二次侧公共线流过的电流,等于两个相电流的电流差,为相电流的$\sqrt{3}$倍。一般用于 10 kV 及以下三相三线制电路的继电保护中。

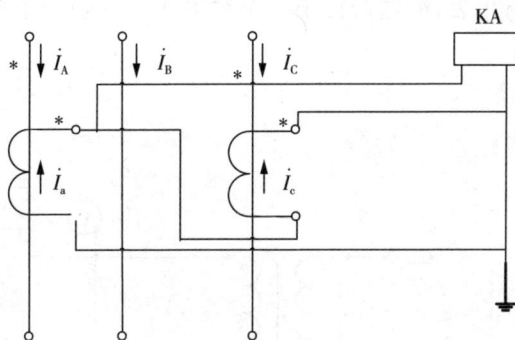

图 38-3 两相电流差接线的电流互感器

4．三相完全星形接线

如图 38-4 所示。

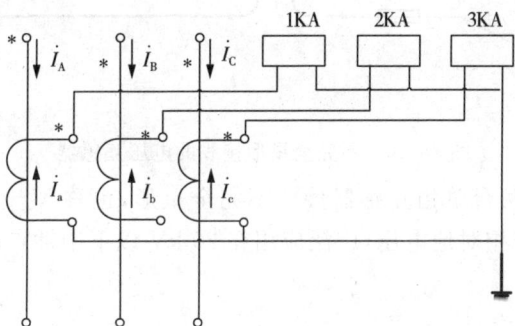

图 38-4 三相完全星形接线的电流互感器

此种接线方式其二次侧三个电流线圈中流过的电流，能正确反映对应相的实际电流。一般用于三相四线制电路中。

（二）电压互感器方式

1．单相电压互感器接线

如图 38-5 所示。

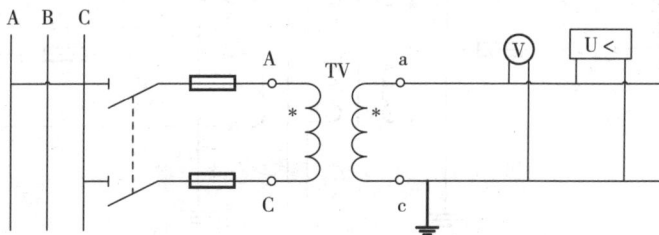

图 38-5 单相电压互感器接线图

此种接线方式下仪表、继电器接于一个线电压。一般用于单相负载的测量和继电保护用。

2. 不完全星形接线

如图 38 - 6 所示。

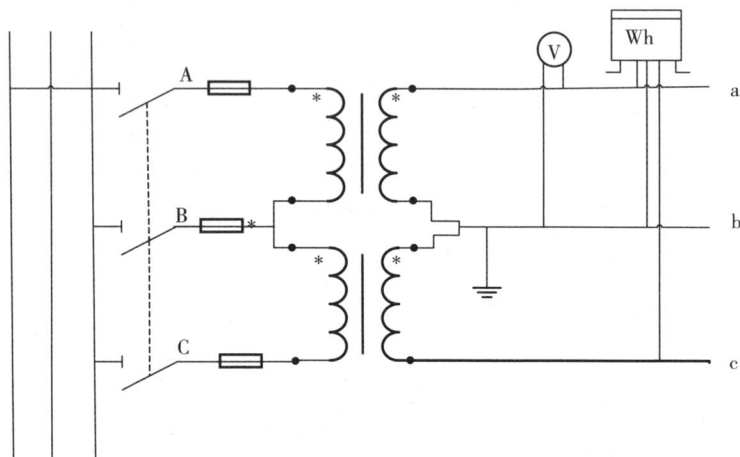

图 38 - 6　不完全星形接线的电压互感器

这种接线是由两台单相互感器接成不完全星形,也称 V/v 接线,用来测量各相间电压,但不能测相对地电压,广泛应用在 20 kV 以下中性点不接地或经消弧线圈接地的电网中。

3. 三相星形接线

如图 38 - 7 所示。

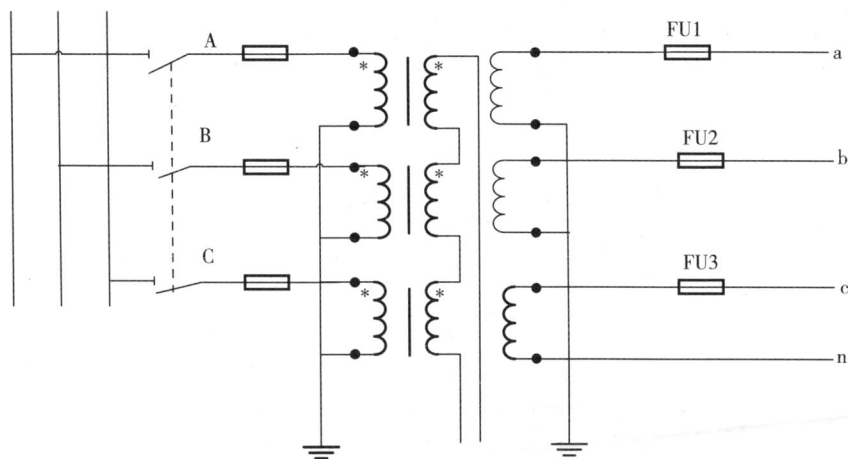

图 38 - 7　三相星形接线的电压互感器

这种接线是由三只三绕组单相电压互感器接成星形的接线方式。这三只电压互感器一次绕组是根据相电压设计的,它的三个基本二次绕组接成星形,可以测量相电压和线电压,其辅助二次绕组接成开口三角形,构成零序电压过滤器供保护继电器用。这种接线方式广泛地用于中性点直接接地的 110 kV 及以上电力系统中。

4. 三相五绕组接线

如图 38-8 所示。

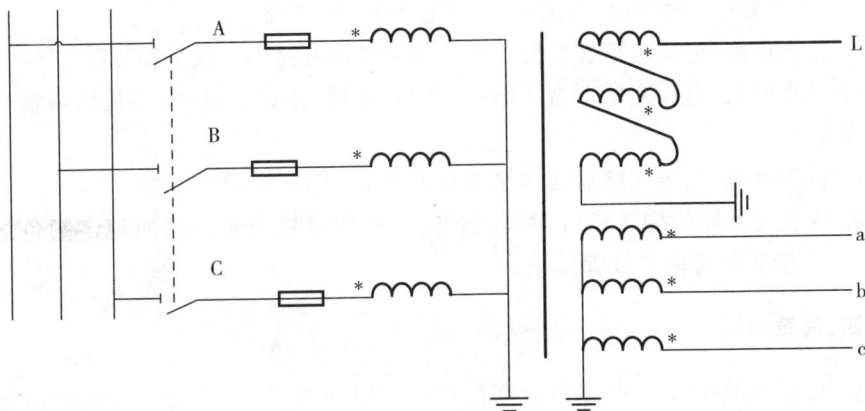

图 38-8　三相五绕组接线的电压互感器

在小电流接地系统中(35 kV 及以下装置),还广泛采用三相五柱式电压互感器,一次、二次绕组为 $Y_0/y_0(Y_0/y_0)$ 接线方式,辅助二次绕组接成开口三角形,供绝缘监察装置使用。

二、错误接线类型

电流、电压互感器主要错误接线类型有:

1. 电压回路和电流回路的短路和断路。主要表现为电压互感器一、二次线圈熔断器熔断、二次侧短路,电流互感器一次侧断线、二次侧开路、二次侧短路等;

2. 电压互感器和电流互感器一、二次线圈极性接反;

3. 电压互感器和电流互感器一、二次侧发生错相,即一次电流、电压相和二次电流、电压相发生错相。

互感器发生接线错误将带来严重的后果,可能造成继电保护和自动装置误动、拒动、误发信号,可能造成表计回路测量错误,带来较大的计量差错。

三、接线检查重点

1. 检查电流、电压互感器二次回路中是否可靠接地。

2. 测量电流互感器的每相电流及中性线电流,测量电压互感器的相电压、线电压。

3. 检查互感器二次回路导线的选择是否满足要求,一般规定电压二次回路导线截面不应小于 2.5 mm²;电流互感器二次回路导线,其截面一般规定不应小于 4 mm²。

4. 检查互感器的一次、二次连接部分接触是否良好,二次回路中间触点、熔断器、试验接线盒的接触情况,有无松动、接触不良、发热现象。

5. 检查电流、电压互感器实际二次负载及电压互感器二次回路压降。

6. 检查电流、电压互感器有无断线、开路、短路、接触不良、相序接错或极性反接等现象。

7. 检查电流、电压互感器二次接线有无交叉、虚接、断路等现象。

8. 检查互感器的接线是否规范、整齐;二次回路接线是否按照规定颜色加以区分;二次接线是否标有号牌标识。

四、注意事项

1. 互感器的接线检查分为带电检查和停电检查,特别是带电检查时应按照《国家电网公司电力安全工作规程(试行)》的要求,做好各项安全措施。

2. 检查时应与带电设备保持足够的安全距离,并且要与运行设备有一定隔离措施。

3. 接线检查时,电流互感器二次侧(二次回路)不允许开路,电压互感器二次侧不允许短路。

4. 注意检查互感器的二次侧应可靠接地。

5. 接线检查时,应至少有两人进行,一人测量,另一人应做好监护工作。

6. 正确使用各种测量仪表,如万用表、相序表、相位伏安表等,选择合适的量程和量项。切忌测量时带电切换表计量程开关工作。

7. 注意做好各种测量数据的记录,掌握用相量分析的方法判断互感器接线的正确与否。

五、案例

案例:电流互感器二次绕组极性接反造成变压器保护误动。

(一)故障现象

某客户变电站变压器差动保护连续两次误动作,造成设备停机事故,严重影响设备的正常运行。工作人员在运行中测量差动继电器执行元件之间的不平衡电流,测量的结果为 A 相 0.74 A;B 相 0.68 A;C 相 0.61 A,均超过额定值 0.15 A。

这说明流入差动继电器的不平衡电流已经超过规定值,这是造成误动作的主要原因。

(二)原因分析

停电后进一步检查,发现是新投入运行的一条分路的电流互感器的二次绕组极性接反,应按照减极性接,错接成加极性,这样流入差动继电器的不平衡电流随该分路负荷的增加而增加,当增大到继电器动作整定值时,就造成了继电器误动作。更正错误接线后,对运行中不平衡电流进行测量,数据为 0.013 A,已恢复正常。

(三)结论

差动回路电流互感器二次绕组极性接反造成变压器保护误动。

(四)采取措施

1. 调整极性,测量差动回路的电流,已正常运行;

2. 安装接线时,一定要按照图纸接线确保互感器二次绕组接线极性和相位正确,并且投运后一定要带负荷进行测试。

思考与练习

1. 电流互感器、电压互感器的接线方式有哪几种?

2. 电流互感器、电压互感器的错误接线有哪些主要类型?

3. 为什么电流互感器二次侧不能开路运行?

任务 39 电流互感器二次负载的测量与计算

任务描述

本任务包含测量用电流互感器二次负载的技术要求、二次负载的变化对电流互感器误差的影响、二次负载的计算及电流互感器二次负载的测试等内容和技能;通过对电流互感器二次负载测量误差的介绍,掌握电流互感器二次负载的测量方法,分析判断电流互感器是否存在超差及超差的原因,达到保证电能计量装置安全准确计量的目的。

一、二次负载的计算

(一)电流互感器二次负载

电流互感器二次所接仪表、导线和二次回路接触电阻称为二次负载,用欧姆值或视在功率值数表示。

（二）电流互感器二次负载的计算

由于电流互感器的二次额定电流 I_{2n} 已标准化，二次负载 S_2 主要取决于外阻抗 Z_b。Z_b 包括以下三部分：所有仪表中串联线圈的总阻抗 Z_m，二次绕组导线电阻 R_L，接头的接触电阻 R_K，接触电阻 R_K 一般为 $0.05 \sim 0.1\ \Omega$，即

$$Z_b = Z_m + R_L + R_K$$

这样电流互感器的二次负载计算公式为：

$$S_2 = I_{2n}^2(Z_m + R_L + R_K) \tag{39-1}$$

二、对二次负载的技术要求

运行中互感器实际二次负荷应在 $25\% \sim 100\%$ 额定二次负荷范围内，电流互感器额定二次负荷的功率因数应为 $0.8 \sim 1.0$。

三、二次负载对误差的影响

（一）二次负荷对误差的影响

电流互感器误差公式为：

$$\varepsilon = \frac{K_{IN}\dot{I}_2 - \dot{I}_1}{\dot{I}_1} \times 100\%$$

可知

$$\varepsilon = \frac{K_{IN}\dot{I}_2 - \dot{I}_1}{\dot{I}_1} \times 100\% = \frac{\dot{I}_m}{\dot{I}_1} \times 100\% = \frac{-\dot{E}_1/Z_m}{-\dot{E}_2'/Z_f'} \times 100\% = \frac{Z_f'}{Z_m} \times 100\%$$

$$\tag{39-2}$$

式中，I_m 为激磁电流，Z_m 为激磁阻抗，Z_f' 为二次阻抗的折算值。

从上式可知，互感器误差与二次负荷的大小成正比，实际上当二次负荷增大时，铁芯的磁密增大，导磁率也略为减少。所以，互感器的误差随着二次负荷的增大而增大。

（二）二次负荷的功率因数对误差的影响

在二次负荷 Z_f 的 $\cos\varphi$ 中，功率因数角 φ 为 Z_f 的阻抗角。如下式所示：

$$f = -\frac{I_m}{I_1}\sin(\theta + \varphi) \times 100\% \tag{39-3}$$

$$\delta = \frac{I_m}{I_1}\cos(\theta+\varphi)\times 3438'$$ (39-4)

式中 f 为比差，δ 为角差，I_m 为激磁电流，φ 为 Z_f 的阻抗角，θ 为损耗角。

随着二次负荷的功率因数角 φ 的增大，将引起互感器的比值差增大，相位差减小。

四、二次负载的测量

（一）测量步骤

1. 计量设备的检查。检查二次回路标识是否正确齐全。

2. 测量仪器的检查。保证测量仪器完好。

3. 执行二次工作票。执行二次工作安全措施票中的措施。

4. 测量仪接线。

5. 进行测量。对测量结果进行分析比较。

6. 测量报告记录签字。

7. 测量完毕后拆除测量仪接线、临时电源线。

8. 加封确认。对计量装置加封印并签字确认。

9. 清理工作现场。

（二）二次负载测试仪的使用

以 RSQF-C 二次负荷测试仪为例介绍电流互感器二次负载测试的方法。

该测试仪仪器具有很高的测量准确度、读数分辨率及长期工作的稳定性。采用汉字菜单操作方式，使用方便且测试数据可以保存。该仪器除了可测试 TV、TA 二次负荷外，还可以测试全部电参量（电压、电流、相位、频率、有功、无功、视在功率、功率因素等）。

1. 接线

测量 TA 二次负荷时，必须将仪器安装在 TA 二次出口的附近。取出仪器附带的电压取样线和钳型互感器，按下图 39-1 所示进行接线。

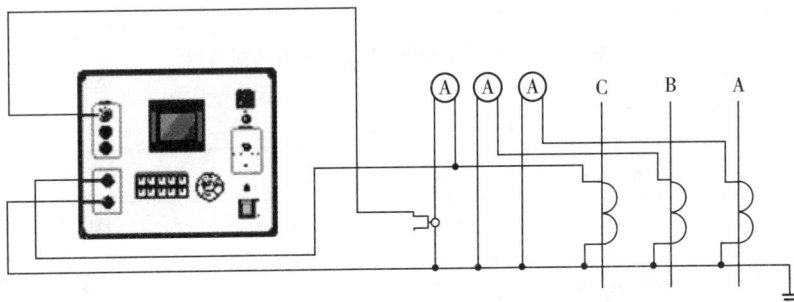

（a）钳形夹接入

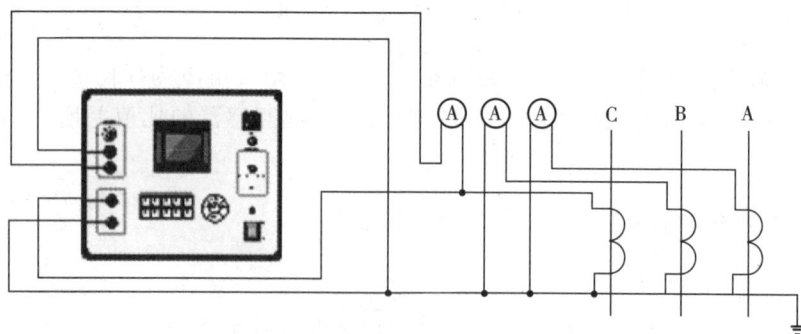

（b）直接接入

图 39-1　测量 TA 二次负荷接线图

2. 测量

选择"TA 二次负荷测量"按下"确认"键,液晶屏显示如下。

按"选择"键选择被测 TA 额定电流值后,按下"确认"键,液晶屏显示测量界面。其中测量仪显示的测试结果有,Sn、Z、$\cos\varphi$、S、U、I、Q、P。

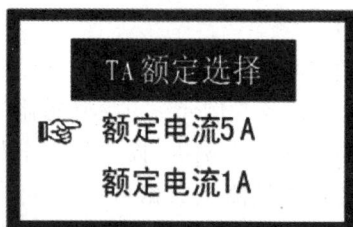

五、测试报告及结果分析

对电流互感器二次负荷的测试结果,按照表 39-1 要求填写测试报告,并进行结果分析。

表 39-1　电流互感器二次负荷测试报告单

（一）送检单位:×××

变电站	×××变电站	开关号	1103
计量点类别	I	电能表资产号	HD4503
回路类别	电流互感器二次回路	额定电流变比	000 A/5 A

（二）测试时使用的标准器具

名称	二次负荷测试仪	型号	RSQF－C
出厂编号	071174	准确度等级	1.0

（三）测试条件

温度（℃）	22	湿度（%）	62

（四）负荷测试

回路　项目	U 回路	V 回路	W 回路
电压（U）（V）	1.302	1.036	1.350
电流（I）（A）	0.824	0.828	0.856
电阻（R）（Ω）	1.572	1.253	1.577
电抗（K）（Ω）	−0.009	−0.010	−0.018
视在功率（S）（VA）	39.3	31.3	39.4
电网频率（Hz）	50.01	50.01	50.01
功率因数（$\cos\varphi$）	1.0	1.0	1.0

（五）测试结果

结论及说明：	型号为 LVQB－126W2 额定二次容量为 50 VA，0.2S 级电流互感器，实测负荷在 25%～100% 额定二次负荷范围内，能满足其精度要求。		
测试日期	2013 年　3 月　11 日		
测试人	×××	审核人	×××

若测得实际二次负荷小于 25% 额定二次负荷，则电流互感器的额定二次容量选得太大；

若测得实际二次负荷大于 100% 额定二次负荷，则可能有以下原因：

1. 电流互感器的额定二次容量选得太小。

2. 电流二次回路有电流表，有功、无功功率表，有功、无功电能表及遥测设备等诸多元件，共用一组电流互感器，中间过渡点多。

六、危险点分析及控制措施

（一）走错间隔或屏位

1. 核对工作点（间隔或屏位）名称。

2. 在工作地点设备上挂"在此工作"标识牌，在相邻和同屏运行设备上挂"运行中"布帘。

（二）误触误碰

工作监护人要做好作业全过程的监护，及时纠正工作班成员违反安规的行为。

（三）人身触电

1. 高压场地与带电设备保持足够的安全距离。

2. 确保测量线与带电设备保持足够的安全距离。

3. 使用测试仪时电源侧必须安装漏电保护设备。

（四）电流互感器二次开路引起人体伤害

1. 严防电流互感器二次侧开路。

2. 测试人员在全部测试过程中应精力集中，在变换测试设备时应看清带电位置，并与带电设备保持足够的安全距离。

（五）防止误接线

接线时应实行两人检查制，一人操作，一人监护。

思考与练习

1. 什么是电流互感器二次负载？

2. 简述互感器的误差与二次负荷的关系。

3. 如何计算电流互感器二次负载？

4. 互感器二次负荷的功率因数对误差的影响有哪些？

任务40　电压互感器二次回路压降测量与计算

任务描述

本任务包含测量用计量装置综合误差、电压互感器二次回路压降产生的误差、二次回路压降的技术要求、二次回路压降的测试及误差计算、减少二次回路压降误差的措施等内容和技能；通过对电压互感器二次回路压降测量及减少误差措施的介绍，掌握电压互感器二次回路压降的测量方法，分析判断电压互感器是否存在超差及超差的原因，达到保证电能计量装置安全准确计量的目的。

一、综合误差

电能计量装置的综合误差包括电能表的误差、互感器合成误差、二次回路压降引起的误差,即

$$r = r_b + r_h + r_d \ (\%) \tag{40-1}$$

式中,r_b——电能表误差;

r_h——互感器合成误差;

r_d——电压互感器二次回路压降引起的误差。

二、二次回路产生压降的原因

电能表电压线圈上的电压取自电压互感器,由于回路中熔断器、开关、电缆、接触电阻等的电压降,使电能表端电压和电压互感器出口电压在数值和相位上不一致,造成电压互感二次回路压降误差。

三、对二次回路压降的技术要求

根据《电能计量装置技术管理规程》(DL/T448—2000)规定:Ⅰ、Ⅱ类用于贸易结算的电能计量装置中电压互感器二次回路电压降应不大于其额定二次电压的0.2%;其他电能计量装置中电压互感器二次回路电压降应不大于其额定二次电压的0.5%。

四、二次回路压降的误差计算

(一)三相三线电路中电压互感器二次导线引起的压降可按下式计算

$$\Delta U_{ab} = \frac{U_{ab}}{100} \sqrt{f_{ab}^2 + (0.0291\delta_{ab})^2} \tag{40-2}$$

$$\Delta U_{cb} = \frac{U_{cb}}{100} \sqrt{f_{cb}^2 + (0.0291\delta_{cb})^2} \tag{40-3}$$

(二)三相三线电路中电压互感器二次导线引起的计量误差,可按下式计算

$$\varepsilon_r = \left[\frac{f_{ab} + f_{cb}}{2} + \frac{\delta_{cb} - \delta_{ab}}{119.087} + \left(\frac{f_{cb} - f_{ab}}{3.4641} - \frac{\delta_{ab} + \delta_{cb}}{68.755} \right) \tan\varphi \right] (\%) \tag{40-4}$$

式中 f_{ab}(或 f_{cb})、δ_{ab}(或 δ_{cb})为电能表端电压 U'_{ab}(或 U'_{cb})相对于电压互感器端电压 U_{ab}(或 U_{cb})的比差和角差。

(三)三相四线电路中电压互感器二次导线引起的压降可按下式计算

$$\Delta U_a = \frac{U_a}{100} \sqrt{f_a^2 + (0.0291\delta_a)^2} \tag{40-5}$$

$$\Delta U_b = \frac{U_b}{100}\sqrt{f_b^2 + (0.0291\delta_b)^2} \tag{40-6}$$

$$\Delta U_c = \frac{U_c}{100}\sqrt{f_c^2 + (0.0291\delta_c)^2} \tag{40-7}$$

（四）三相四线电路中电压互感器二次导线带来的计量误差，可按下式计算

$$\varepsilon_r = \left[\frac{f_a + f_b + f_c}{3} - 0.0097(\delta_a + \delta_b + \delta_c)\tan\varphi\right](\%) \tag{40-8}$$

式中，f_a、f_b、f_c 和 δ_a、δ_b、δ_c 为电能表端电压 U'_a、U'_b、U'_c 相对于电压互感器端电压 U_a、U_b、U_c 的比差和角差。

五、减少二次回路压降的措施

减少电压二次回路压降的总体原则是减少二次回路阻抗和负载。一般采取以下措施：

1. 增大二次回路导线的线径，可以减小二次电阻；
2. 减小二次回路导线的长度，降低连接导线的电阻；
3. 取消回路中的一些过渡器件，如熔断器、接线端子、空气开关等；
4. 定期对开关、熔断器、端子的接触部分进行检查、维护，减小接触电阻。

六、二次回路压降的测量

（一）测量步骤

1. 计量设备的检查。检查计量屏及互感器端子箱（端子排）设备标识和电缆牌是否正确齐全。

2. 测量仪器的检查。保证电压互感器二次压降测量仪器完好。

3. 测量仪接线。指定人员进行临时电源接线、测量仪接线，工作负责人检查接线。

4. 进行测量。对测量结果进行分析比较。若有问题立即查找原因并尽快解决。

5. 测量报告记录签字。

6. 测量完毕后拆除测量仪接线、临时电源线。

7. 加封确认。对计量装置加封印并签字确认。

8. 清理工作现场。

（二）二次回路压降测试仪的使用

以 SXP-8 二次压降测试仪为例介绍电压互感器二次回路压降的测量方法。

1. 接线

始端方法，线车与仪器分开，测试时接线如图 40-1 所示。

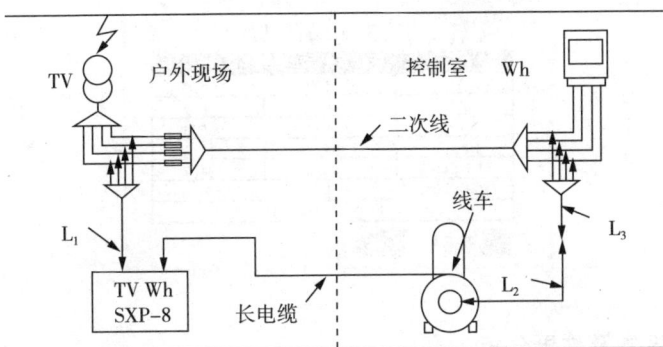

图 40-1　始端方法,线车与仪器分开电压互感器二次压降测试接线图

末端方法,线车与仪器在一起时,接线如图 40-2 所示。

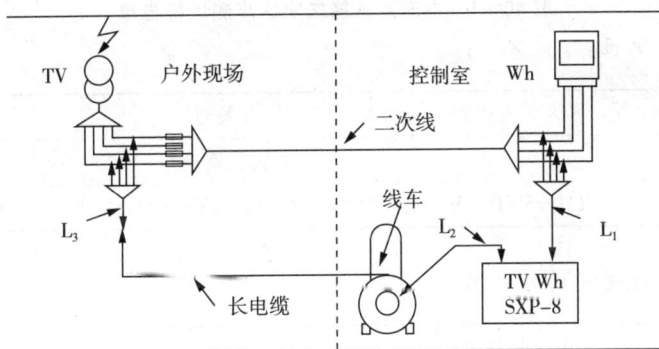

图 40-2　末端方法,线车与仪器在一起时,压互感器二次压降测试接线图

2. 测量

根据所选的接线方式用"选择"键选择相应的方式,按下"确认"键,液晶屏显示如下:

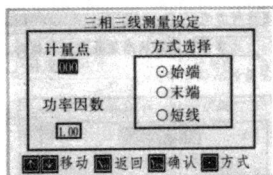

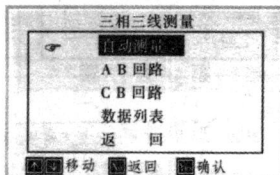

测量参数类型的选择:

选择"自动测量",按下"确认"键,液晶屏显示测量界面,测量仪显示的测量测试结果如下。

七、测试报告及结果分析

对电压互感器二次压降的测试结果，按照表 40-1 要求填写测试报告，并进行结果分析。

表 40-1　电压互感器二次压降测试报告单

（一）送检单位：×××

变电站	×××变电站	开关号	11003
计量点类别	I	电能表资产号	HD2003
额定电压变比	110 kV/100 V	电缆截面长度（mm²/m）	10/120

（二）测试时使用的标准器具

名称	二次压降测试仪	型号	SXP-8
出厂编号	0710714	准确度等级	1
名称	万用表	型号	VC9801A+
出厂编号	99267958		

（三）测试条件

温度（℃）	23	湿度（%）	70

（四）电压测试

类别电压	$U_a(U_{ab})$	U_b	$U_c(U_{cb})$
始端电压（V）	57.7	57.8	57.7
末端电压（V）	57.7	57.0	57.7

（五）误差测试

误差 \ 类别	$U_a(U_{ab})$	U_b	$U_c(U_{cb})$
比差(f)(%)	-0.119	-0.108	-0.055
角差(δ)(′)	$+3.3$	$+2.8$	$+3.8$
PT 二次压降 ΔU	0.153%	0.135%	0.124%

（六）二次导线引起的计量误差　功率因数：0.97

测试值 ε(%)	-0.118

（七）测试结果

结论及说明：	电压降不大于其额定二次电压的 0.2%,合格		
测试日期	2013 年 3 　月　 17 　日		
测试人	×××	审核人	×××

若二次回路电压降测量结果超出规定值,可能有以下原因:

1. 回路中的一些过渡器件连接不紧;

2. 二次回路中的刀闸、隔离开关辅助触点、二次保险等元件氧化;

3. 二次负荷太大,回路有电流表,有功、无功功率表,有功、无功电能表,遥测及保护等诸多元件,共用一组电压互感器,计量电压回路应设专用电压互感器或独立电压回路不与保护、测量同回路;

4. 电压互感器额定二次容量选得太小;

5. 电压互感器端子箱至电能表盘的二次线截面过小,造成导线阻抗较大。

八、危险点分析及控制措施

（一）走错间隔或屏位

1. 核对工作点(间隔或屏位)名称。

2. 在工作地点设备上挂"在此工作"标识牌,在相邻和同屏运行设备上挂"运行中"布帘。

（二）误触误碰

工作监护人要做好作业全过程的监护,及时纠正工作班成员违反安规的行为。

(三)人身触电

1. 高压场地与带电设备保持足够的安全距离。

2. 确保测量线与带电设备保持足够的安全距离。

3. 使用检验设备时电源侧必须安装漏电保护设备。

(四)电压互感器二次回路短路或接地引起人体伤害

1. 严防电压互感器二次回路短路或接地。

2. 接临时负载时,应装有专用的隔离开关(刀闸)和熔断器。

3. 工作时应有专人监护,严禁将回路的安全接地点断开。

(五)防止误接线

接线时应实行两人检查制,一人操作,一人监护。

思考与练习

1. 什么是电能计量装置的综合误差? 电能计量装置的综合误差包括哪些内容?

2. 简述电压互感器二次回路产生压降的原因。

3. 减少电压互感器二次回路压降的方法有哪些?

综合练习

一、单选题

1. 用直流法检查电压互感器的极性时,直流电压表应接在电压互感器的( )。

    A. 高压侧   B. 低压侧

    C. 高、低压侧均可   D. 接地侧

2. 电流互感器的负荷,就是指电流互感器( )所接仪表、继电器和连接导线的总阻抗。

    A. 一次   B. 二次

    C. 一次和二次之和   D. 以上 A、B、C 均不对

3. 《DL/T 448》规定,互感器实际二次负荷应在( )额定二次负荷范围内。

    A. 0%～100%   B. 25%～120%

    C. 25%～100%   D. 0%～120%

4. 《DL/T 448》规定,电流互感器额定二次负荷的功率因数应为( )。

    A. 0.8～1.0   B. 0.85～1.0

    C. 0.8～0.9   D. 0.85～0.9

5. 《DL/T 448》规定,接入中性点绝缘系统的 3 台电压互感器,35kV 及以上的宜采用(　　)方式接线。

　　A. Y/y 　　　　B. V/V 　　　　C. Y0/y0 　　　　D. V0/V0

6. 《DL/T 448》规定,接入中性点绝缘系统的 3 台电压互感器,35kV 以下的宜采用(　　)方式接线。

　　A. Y0/y0 　　　B. V0/V0 　　　C. Y/y 　　　　D. V/V

7. 《DL/T 448》规定,接入非中性点绝缘系统的 3 台电压互感器,宜采用(　　)方式接线。其一次侧接地方式和系统接地方式相一致。

　　A. Y0/y0 　　　B. V0/V0 　　　C. Y/y 　　　　D. V/V

8. 《DL/T 448》规定,低压供电,负荷电流为(　　)时,宜采用直接接入式电能表;负荷电流为(　　)时,宜采用经电流互感器接入式的接线方式。

　　A. 50A 以下、50A 以上　　　　　　B. 50A 及以下、50A 及以上

　　C. 50A 以下、50A 及以上　　　　　D. 50A 及以下、50A 以上

9. 《DL/T 448》规定,某一高压用户,月用电量为 150 万千瓦时,其电能计量装置中电压互感器二次回路电压降应不大于其额定二次电压的(　　)。

　　A. 0.1% 　　　B. 0.2% 　　　C. 0.5% 　　　　D. 1%

10. 《DL/T 448》规定,省级电网经营企业与其供电企业的供电关口计量点的电能计量装置中电压互感器二次回路电压降应不大于其额定二次电压的(　　)。

　　A. 0.1% 　　　B. 0.2% 　　　C. 0.5% 　　　　D. 1.00%

11. 《DL/T 448》规定,对电流二次回路,连接导线截面积应按电流互感器的(　　)计算确定,至少应不小于 4mm²。

　　A. 二次负荷　　B. 额定电流　　C. 额定二次负载　D. 额定二次负荷

12. 《DL/T 448》规定,某用户变压容量为 800 千伏安,请问电流互感器额定一次电流应选择为(　　)A。

　　A. 20 　　　　B. 30 　　　　C. 50 　　　　D. 75

13. 《DL/T 448》规定,经电流互感器接入的电能表,其标定电流宜不超过电流互感器额定二次电流的(　　)。

　　A. 10% 　　　B. 20% 　　　C. 30% 　　　　D. 60%

14. 《DL/T 448》规定,经电流互感器接入的电能表,其额定最大电流应为电流互感器额定二次电流的(　　)左右。

　　A. 100% 　　　B. 120% 　　　C. 60% 　　　　D. 90%

15. 电流互感器额定一次电流的确定,应保证其在正常运行中负荷电流达到额定值的 60% 左右,当实际负荷小于 30% 时,应采用电流互感器

为（　　）。

    A. 高准确度等级电流互感器　　　　B. S级电流互感器

    C. 采用小变比电流互感器　　　　D. 采用大变比电流互感器

16. 当电流互感器一、二次线圈的电流、的方向相同时,这种极性关系称为（　　）。

    A. 减极性　　　　　B. 加极性　　　　　C. 同极性

17. 若电流互感器二次线圈有多级抽头时,其中间抽头的首端极性标志为（　　）。

    A. K1　　　　　　B. K2　　　　　　C. K3

18. 在一般的电流互感器中产生误差的主要原因是存在着（　　）。

    A. 容性泄漏电流　　　　　　　　B. 负荷电流

    C. 激磁电流　　　　　　　　　　D. 感性泄漏电流

19. 电流互感器的初级电流向量与逆时针旋转180°的次级电流向量之间的夹角,称为电流互感器的角差;当旋转后的次级电流向量超前于初级电流向量时,角差为（　　）。

    A. 正　　　　　　B. 负　　　　　　C. 不定

20. 互感器或电能表误差超出允许范围时,以（　　）误差为基准,进行退补电量计算。

    A. 基本误差　　　B. 0　　　　　　C. 修正误差

21. 当电流互感器一次电流不变,二次回路负载增大（超过额定值）时,（　　）。

    A. 其角误差增大,变比误差不变　　B. 其角误差不变,变比误差增大

    C. 其角误差减小,变比误差不变　　D. 其角误差和变比误差均增大

22. 电压互感器空载误差分量是由（　　）引起的。

    A. 励磁电流在一、二次绕组的阻抗上产生的压降

    B. 励磁电流在励磁阻抗上产生的压降

    C. 励磁电流在一次绕组的阻抗上产生的压降

    D. 励磁电流在一、二次绕组上产生的压降

23. 当电压互感器二次负荷的导纳值减小时,其误差的变化是（　　）。

    A. 比差往负,角差往正　　　　　B. 比差往正,角差往负

    C. 比差往正,角差往正　　　　　D. 比差往负,角差往负

24. 当电压互感器一、二次绕组匝数增大时,其误差的变化是（　　）。

    A. 增大　　　　　B. 减小　　　　　C. 变　　　　　D. 不定

25. 电压互感器的负载误差,通常随着二次负荷导纳的增大,其比值差往

（　　　）方向变化,相位差往(　　　)方向变化。

    A. 正、负   B. 负、正   C. 正、正   D. 负、负

二、判断题

1. 电流互感器一、二次 P1 与 S1 是同名端,P2 与 S2 是非同名端。(　　　)

2. 电流互感器一、二次绕组本身的电压很小,其额定电压是指绕组本身的电压。(　　　)

3. 电流互感器一、二次绕组的电流 P1、S1 的方向相反时,这种极性关系称为反极性。(　　　)

4.《DL/T 448》规定,电能计量专用电压、电流互感器或专用二次绕组及其二次回路不得接入与电能计量无关的设备。(　　　)

5.《DL/T 448》规定,互感器二次回路的连接导线应采用铜质单芯或多芯绝缘线。(　　　)

6.《DL/T 448》规定,经电流互感器接入的电能表,其标定电流宜不超过电流互感器实际二次电流的 30%。(　　　)

7.《DL/T 448》规定,经电流互感器接入的电能表,其额定最大电流宜为电流互感器额定二次电流的 120% 左右。(　　　)

8. 电流互感器二次回路每只接线螺钉只允许接入一根导线。(　　　)

9. 对 10kV 以上三相三线制接线的电能计量装置,其两台电流互感器,可采用简化的三线连接。(　　　)

10. 多绕组的电流互感器应将剩余的组别可靠短路,多抽头的电流互感器可将剩余的端钮短路或接地。(　　　)

11. 经互感器接入式电能表更换时应断开试验接线盒电压回路、短接试验接线盒电流回路。(　　　)

12. 电流互感器一次侧反接,为确保极性正确,二次侧不能反接。(　　　)

13. 断开互感器二次回路时,应事先将其二次的试验端子开路。(　　　)

三、多选题

1. 下列说法中,错误的是(　　　)。

    A. 电能表采用经电压、电流互感器接入方式时,电流、电压互感器的二次侧必须分别接地

    B. 电能表采用直接接入方式时,需要增加连接导线的数量

    C. 电能表采用直接接入方式时,电流、电压互感器二次应接地

    D. 电能表采用经电压、电流互感器接入方式时,电能表电流与电压连片应连接

2. 电流互感器运行时造成二次开路的原因有(　　　)。

   A. 电流互感器安装处有振动存在,二次导线接线端子的螺丝因振动而自行脱钩

   B. 保护盘或控制盘上电流互感器的接线端子压板带电测试误断开或压板未压好

   C. 电流互感器的二次导线,因受机械摩擦而断开

   D. 电压太低

3. 电流互感器运行时二次开路后处理方法有(　　)。

   A. 若二次接线端子螺丝松动可一个人直接把螺丝拧紧

   B. 运行中的高压电流互感器,必须停电处理

   C. 不能停电的应该设法转移负载

   D. 待低峰负载时停电处理

4. 电流互感器二次开路将产生的结果是(　　)。

   A. 烧坏电能表

   B. 二次侧将产生高电压,对二次绝缘构成威胁,对设备和人员的安全产生危险

   C. 使铁芯损耗增加,发热严重,烧坏绝缘将在铁芯中产生剩磁

   D. 使互感器的比差、角差、误差增大,影响计量准确度

5. 选择电流互感器的要求有(　　)。

   A. 电流互感器的额定电压应与运行电压相同

   B. 根据预计的负荷电流,选择电流互感器的变比

   C. 电流互感器的准确度等级应符合规程规定的要求

   D. 电流互感器实际二次负荷应在 $25\% \sim 100\%$ 额定二次负荷范围内

6. 《经互感器接入式低压电能计量装置装拆标准化作业指导书》中,进行现场勘查时,工作人员的作业内容有(　　)。

   A. 配合相关专业进行现场勘查

   B. 查看计量点设置是否合理

   C. 计量方案是否符合设计要求

   D. 计量屏柜(箱)是否安装到位等

四、简答题

1. 电压互感器二次压降的产生原因是什么?

2. 运行中电流互感器二次侧开路会产生什么后果? 如遇有开路的情况如何处理?

3. 如何利用直流法测量单相申压互感器的极性?

4. 利用直流法如何测电流互感器的极性?

5. 什么叫电流互感器的减极性？为什么要测量电流互感器的极性？

五、计算题

1. 某电力用户进户线电流互感器额定容量为 20VA，变比为 600A/5A，采用完全星形接线，其二次侧接电流表与电能表。其中 U 相和 W 相电流互感器各负担 7.5VA，V 相负担 4.9VA，互感器安装处距电能表为 80m。若二次导线采用铜导线，接触电阻为 0.1Ω，试选择二次导线截面积。（铜导线的电阻率 0.0175 Ω·mm²/m）

2. 某电力用户装有一只三相四线电能表，其铭牌说明与 300/5A 的电流互感器配套使用，用户私自更换了一组 400/5A 的电流互感器，运行三个月抄见用电量为 3000kW·h，试计算该期间电量更正值为多少？若电价 0.42 元/kW·h，试问该户应补交的电费为多少元？（三相负载平衡）

项目9 智能电能表及用电信息采集系统

项目简介

本项目包括四个工作任务：智能电能表、用电信息采集系统组成及功能、用电采集系统的安装、用电信息采集系统调试验收。通过对智能电能表、用电信息采集系统的工作原理的介绍，了解智能电能表、用电信息采集系统的组成、参数及主要功能，掌握智能电能表、用电信息采集系统安装方法。

任务41 智能电能表

任务描述

本任务介绍了智能电能表的基本概念、特点及功能。通过知识讲解，掌握智能电能表的主要技术参数和质量监督的相关要求以及实际应用情况。

一、智能电能表的发展与背景

近年来，电子式多功能电能表技术发展迅速，其中信息采集、防窃电、预付费等功能技术不断成熟和完善。然而，在电子式电能表新技术迅猛发展的同时，由于地域差别、管理模式等因素，供电系统存在电能表技术应用和管理水平参差不齐的现象。统一电能表的技术要求，整合近年来电能表发展的技术成果，有利于规范电能表的设计与生产、提高产品质量，优化电能表资源配置，发展电能表智能化检测技术，提高工作效率，从而促进供电系统电能表应用水平的整体提高。

2009年9月，国家电网公司发布了智能电能表技术标准，首次对智能表进行了定义，对智能电能表的功能、技术要求、外观尺寸进行了统一。根据电能表采用的费控类型、通信方式、准确度等级等功能的不同，智能电能表共分为36种类型，并统一编制形成了智能电能表系列技术标准共12份。标准的建立支撑了统一智能电网的建设，为大规模生产奠定了良好的基础，保障了电能表集中规模招标采购顺利实施；推动了电能表检定、仓储、配送的自动化和智能化；提高了电能表质量监督管理水平；实现了计量监督管理的集约化、精益化、标准化。

二、智能电能表的特点及功能

智能电能表是一种新型全电子式电能表,由测量单元、数据处理单元、通信单元等组成,具有电能量计量、信息存储及处理、实时监测、自动控制、信息交互等功能。

(一)特点

与传统的机械式、电子式、预付费电能表相比,智能电能表具备强大的通信、数据管理与存储、密钥及安全身份认证等新功能,实现了客户用电信息的"全覆盖、全采集、全费控",促进电能计量、抄表、收费、检查工作的准确性、标准化、自动化,全面提升供电服务水平。

(二)主要功能

1. 预付费功能

传统与预付费电能表购电时购买的是电量,当电价发生变化时,已购的电量无法随之调整,给交易双方造成损失;智能电能表购电时存入表中的是金额,电价信息存储在表计中,当电价调整时,可以通过采集主站更改表计中的电价信息,不会给交易双方带来损失。

2. 远程采集功能

通过用电信息采集系统,可以远程采集智能电能表内的数据,包括用电量、剩余金额、电价等参数。

3. 费控功能

智能电能表中的控制芯片可以根据客户的缴费情况和用电情况对客户进行拉/合闸控制。实现费控的负荷开关可采用内置或外置方式,注意当采用内置负荷开关时,电能表最大电流不宜超过 60 A。

4. 多种方式计费功能

(1)费率功能。根据不同时间段的用电负荷,制定不同的电价。利用电价手段调节用电负荷,引导客户错峰用电。

(2)阶梯功能。在阶梯电量范围内的电价不变,超过阶梯电量的电价将有一定程度的增加。保证在电力客户基本用电电价不变的情况下,增加对于过渡耗能用电的收费,以达到节能减排的效果。

(3)费率阶梯混合计费功能。以上两种方式的组合,既引导客户错峰用电,又促进客户自觉节能减排。

5. 用电信息密钥管理功能

智能电能表具备本地交易、远程对时、远程充值等功能,为保障智能电能表本地/远程数据交互的安全性,必须对表计本地/远程介质间数据交互进行加密。密钥管理系统是用电信息采集系统安全防护体系的根本保障,承担着实现密钥的生成、传递、备份、恢复、更新、应用的全过程管理,是保障智能电能表和采集终端安全运行的前提。其主要通过在智能电能表及采集终端中增加 ESAM 安全芯片来实现。

6. 丰富的显示和足量的存储功能

智能电能表通过丰富的显示功能,可显示电能量、需量、功率、剩余金额、阶梯电价等各类数值以及费率、象限、通信、故障等符号,能够让客户实时观测到自己家中的用电情况。

智能表至少能存储上 12 个结算日的单向或双向总电能和各费率的电能数据;至少能存储上 12 个结算日的单向或双向最大需量、各费率最大需量及其出现的日期和时间数据;同时支持定时冻结、瞬时冻结、日冻结、约定冻结、整点冻结等功能。强大的数据存储和冻结功能,能够辅助分析客户用电情况和特点,为处理各类电费纠纷和窃电问题提供技术支持。

思考与练习

1. 智能电能表的概念及主要特点是什么?
2. 智能电能表具备哪些主要功能?

任务 42　用电信息采集系统的组成和功能

任务描述

本任务介绍用电信息采集系统的基本概念、系统的组成和功能,通过知识讲解,掌握系统建设的整体方案和进一步的发展方向。

一、用电信息采集系统的定义

电力客户用电信息采集系统(以下简称"采集系统")是对电力客户的用电信息进行采集、处理和实时监控的系统,实现用电信息的自动采集、计量异常监测、电能质量监测、用电分析和管理、相关信息发布、分布式能源监控、智能用电设备的信息交互等功能。

二、用电信息采集系统的组成

用电信息采集系统建设内容包括主站、通信信道、采集终端、电能表及辅助项目。采集系统覆盖五类电力客户和公用配变考核计量点,其中五类电力客户分别是大型专变客户、中小型专变客户、三相一般工商业客户、单相一般工商业客户和居民客户。系统在逻辑上自上而下可分为主站层、通信信道层、采集设备层三个层次。

（一）主站

主站由数据库服务器、应用服务器、接口服务器以及相关的网络设备等部分组成，承担了采集任务的处理、数据解析及数据交互任务，通过任务调度服务实现集群组内各节点的负载均衡以及故障节点的快速切除，维护系统的运行和安全。

主站应用部署模式根据各省级电力公司管理模式和实际需求可采取集中式和分布式部署两种方式。集中式部署是按照省、市、县大规模集中的模式进行设计，按照"一个平台、两级应用"的原则，各地市及县公司以工作站的方式接入系统。分布式部署是按照分级管理的要求，系统分为省、市公司两个层面，利用现有通信信息网络，汇集市公司的采集数据，形成省级数据中心，统计分析全省的电能信息数据。市公司采集系统独立运行，完成市公司的数据采集和业务应用。

（二）通信信道

通信信道是主站系统通过采集设备实现对用电信息采集的网络通道，是主站和采集设备的纽带。从功能上可分为远程通信信道和本地通信信道两种。

远程通信信道主要采用光纤专网、230 MHz 无线专网和 GPRS/CDMA/3G 无线公网等方式，实现采集设备与主站的远程数据通信。

本地通信信道组网模式主要采用集中器＋采集器＋RS－485 表方式，集中器、采集器和电能表组成二级数据传输网络，采集器采集多个电能表电能信息，集中器与多个采集器交换数据。集中器与采集器的本地数传通信采用窄带或宽带电力线载波方式。集器与电能表之间的抄表数传通信采用 RS－485 总线方式。

（三）采集设备

用电信息采集设备是对各信息采集点用电信息采集的设备，又简称采集终端。可以实现电能表数据的采集、数据管理、数据双向传输以及转发或执行控制命令的设备。用电信息采集终端按应用场所分为专变采集终端、集中抄表终端（包括集中器、采集器）、分布式能源监控终端等类型。

专变采集终端是对专变客户用电信息进行采集的设备，可以实现电能表数据的采集、电能计量设备工况和供电电能质量监测以及客户用电负荷和电能量的监控，并对采集数据进行管理和双向传输。

集中抄表终端是对低压客户用电信息进行采集的设备，包括集中器、采集器。集中器是指收集各采集器或电能表的数据，并进行处理储存，同时能和主站或手持设备进行数据交换的设备。采集器是用于采集多个或单个电能表的电能信息，并可与集中器交换数据的设备。采集器依据功能可分为基本型采集器和简易型采集器。基本型采集器抄收和暂存电能表数据,并根据集中器的命令将储存的数据上传给集中器。简易型采集器直接转发集中器与电能表间的命令和数据。

分布式能源监控终端是对接入公用电网的客户侧分布式能源系统进行监测与控制的设备,可以实现对双向电能计量设备的信息采集、电能质量监测,并可接受主站命令对分布式能源系统接入公用电网进行控制。

三、系统的基本功能

采集系统主要功能包括系统数据采集、数据管理、定值控制、综合应用、运行维护管理、系统接口等。

（一）数据采集

根据不同业务对采集数据的要求,编制自动采集任务,包括任务名称、任务类型、采集群组、采集数据项、任务执行起止时间、采集周期、执行优先级、正常补采次数等信息,并管理各种采集任务的执行,检查任务执行情况。系统采集的主要数据项有:电能量数据(总电能示值、各费率电能示值、总电能量、各费率电能量、最大需量等)、交流模拟量(电压、电流、有功功率、无功功率、功率因数等)、工况数据(采集终端及计量设备的工况信息)、电能质量越限统计数据(电压、电流、功率、功率因数、谐波等越限统计数据)、事件记录数据(终端和电能表记录的事件记录数据)、其他数据(费控信息等)。采集的方式主要有定时自动采集、随机召测、主动上报三种。

1. 定时自动采集

按采集任务设定的时间间隔自动采集终端数据,自动采集时间、间隔、内容、对象可设置。当定时自动数据采集失败时,主站应有自动及人工补采功能,保证数据的完整性。

2. 随机召测

根据实际需要随时人工召测数据。如出现事件告警时,随即召测与事件相关的重要数据,供事件分析使用。

3. 主动上报

在全双工通道和数据交换网络通道的数据传输中,允许终端启动数据传输过程(简称为主动上报),将重要事件立即上报主站以及按定时发送任务设置将数据定时上报主站。主站应支持主动上报数据的采集和处理。

（二）数据管理

1. 数据合理性检查

提供采集数据完整性、正确性的检查和分析手段,发现异常数据或数据不完整时自动进行补采;提供数据异常事件记录和告警功能;对于异常数据不予自动修复，并限制其发布，保证原始数据的唯一性和真实性。

2. 数据计算、分析

根据应用功能需求，可通过配置或公式编写，对采集的原始数据进行计算、统计和分析。

包括但不限于：按区域、行业、线路、自定义群组、单客户等类别，按日、月、季、年或自定义时间段，进行负荷、电能量的分类统计分析。电能质量数据统计分析，对监测点的电压、电流、功率因数、谐波等电能质量数据进行越限、合格率等分类统计分析。支持计算线损、母线不平衡、变损等。

3. 数据存储管理

采用统一的数据存储管理技术，对采集的各类原始数据和应用数据进行分类存储和管理，为数据中心及其他业务应用系统提供数据共享和分析利用。按照访问者受信度、数据频度、数据交换量的不同，对外提供统一的实时或准实时数据服务接口，为其他系统开放有权限的数据共享服务。提供系统级和应用级完备的数据备份和恢复机制。

4. 数据查询

系统支持数据综合查询功能，并提供组合条件方式查询相应的数据页面信息。

(三)定值控制

系统通过对终端设置功率定值、电量定值、电费定值以及控制相关参数的配置和下达控制命令，实现系统功率定值控制、电量定值控制和费率定值控制功能。系统具有点对点控制和点对面控制两种基本方式。

1. 功率定值控制

功率控制方式包括时段控、厂休控、营业报停控、当前功率下浮控等。系统根据业务需要提供面向采集点对象的控制方式选择，管理并设置终端负荷定值参数、开关控制轮次、控制开始时间、控制结束时间等控制参数，并通过向终端下发控制投入和控制解除命令，集中管理终端执行功率控制。控制参数及控制命令下发、开关动作应有操作记录。

2. 电量定值控制

系统根据业务需要提供面向采集点对象的控制方式选择，管理并设置终端月电量定值参数、开关控制轮次等控制参数，并通过向终端下发控制投入和控制解除命令，集中管理终端执行电量控制。控制参数及控制命令下发、开关动作应有操作记录。

3. 费率定值控制

系统可向终端设置电能量费率时段和费率以及费控控制参数，包括购电单号、预付电费值、报警和跳闸门限值，向终端下发费率定值控制投入或解除命令，终端根据报警和跳闸门限值分别执行告警和跳闸。控制参数及控制命令下发、开关动作应有操作记录。

4. 远方控制

主站可以根据需要向终端或电能表下发遥控跳闸命令,控制客户开关跳闸。主站可以根据需要向终端或电能表下发允许合闸命令,由客户自行闭合开关。同时主站还可以向终端下发保电投入命令,保证终端的被控开关在任何情况下不执行任何跳闸命令。也可以向终端下发剔除投入命令,使终端处于剔除状态,此时终端对任何广播命令和组地址命令(除对时命令外)均不响应。

(四)综合应用

1. 自动抄表管理

根据采集任务的要求,自动采集系统内电力客户电能表的数据,获得电费结算所需的用电计量数据和其他信息。

2. 费控管理

费控管理由主站、终端、电能表多个环节协调执行,实现费控控制方式也有主站实施费控、终端实施费控、电能表实施费控三种形式。

3. 有序用电管理

根据有序用电方案管理或安全生产管理要求,编制限电控制方案,对电力客户的用电负荷进行有序控制,并可对重要客户采取保电措施,可采取功率定值控制和远方控制两种方式。执行方案确定参与限电的采集点并编制群组,确定各采集点的控制方式,负荷定值参数、开关控制轮次、控制开始时间、控制结束时间等控制参数。控制参数批量下发给参与限电的所有采集点的相应终端。通过向各终端下发控制投入和控制解除命令,终端执行并有相应控制参数和控制命令的操作记录。

4. 用电情况统计分析

按区域、行业、线路、电压等级、自定义群组、客户等类别对象,以组合的方式对一定时段内的负荷性质、负荷率、电能量数据进行查询统计,形成负荷曲线趋势、电能量同比环比分析、电能量峰谷分析、电能量突变分析、客户用电趋势分析和用电高峰时段分析、排名等,同时可找出负荷变化规律,为负荷预测提供支持。

对于三相供电客户,支持三相平衡度分析,通过分析配电变压器三相负荷或者台区下所属客户按相线电能量统计数据,确定三相平衡度,进而适当调整客户相线分布,为优化配电管理奠定基础。

5. 异常用电分析

异常用电分析包括:计量及用电异常的监测、重点客户监测、事件处理和查询功能。主要通过对实时和历史采集数据以及现场设备运行工况的监测,通过比对、统计分析,发现用电异常;对重点客户提供用电情况跟踪、查询和分析功能;同时支持将终端记录的告警事件类别进行设置,可定期查询终端的一般事件或重要事件记录,并能存储和打印相关报表。

6. 电能质量数据统计

按照不同客户的负荷特点,通过系统设置,能够分类统计电压监测点的电压合格率、电压不平衡度等,对功率因数进行考核统计分析,对电压谐波、电流谐波进行分析,实现分类功率因数越限统计、电压越限统计、谐波数据统计功能。

7. 线损、变损分析

根据各供电点和受电点的有功和无功的正/反向电能量数据以及供电网络拓扑数据,按电压等级、分区域、分线、分台区进行线损的统计、计算、分析。可按日、月固定周期或指定时间段统计分析线损。主站应能人工编辑和自动生成线损计算统计模型。变损分析,是指将计算出的电能量信息作为原始数据,将原始数据注入指定的变损计算模型中,生成对应计量点各变压器的损耗率信息。变损计算模型可以通过当前的电网结构自动生成,也支持对于个别特殊变压器进行特例配置。

8. 增值服务

系统采用一定安全措施后,可以实现以下增值服务功能:系统具备通过 WEB 进行综合查询功能,满足业务需求。能够按照设定的操作权限,提供不同的数据页面信息及不同的数据查询范围。

(五)运行维护管理

运行维护管理方面主要包括:系统对时、权限和密码管理、采集终端管理、档案管理、通信和路由管理、运行状况管理、维护及故障记录、报表管理及安全防护等。

(六)系统接口

通过统一的接口规范和接口技术,实现与营销管理业务应用系统连接,接收采集任务、控制任务及装拆任务等信息,为抄表管理、有序用电管理、电费收缴、用电检查管理等营销业务提供数据支持和后台保障。系统还可与其他业务应用系统连接,实现数据共享。

思考与练习

1. 什么是电力客户用电信息采集系统?

2. 电力客户用电信息采集系统有哪些主要组成部分?

3. 电力客户用电信息采集系统主要具备哪些功能?

任务 43　用电信息采集系统的安装

任务描述

本任务介绍用电信息采集系统安装施工的技术、安全要求，提出具体安装内容和施工方案，以掌握对专变采集终端、集中器、采集器的安装施工技术。

一、安装施工的技术要求

（一）通用要求

1. 基础型钢安装应符合表 43-1 的规定。

表 43-1　基础型钢安装允许偏差

项目	允许偏差（mm/m）	允许偏差（mm/全长）
不直度	1	5
水平度	1	5
不平行度	/	5

2. 屏、柜、箱相互间或与基础型钢应用镀锌螺栓连接，且防松零件齐全。

3. 屏、柜、箱安装垂直度允许偏差为 1.5‰，相互间接缝不应大于 2 mm，成列盘面偏差不应大于 5 mm。

4. 屏、箱、柜内所有的紧固件及元件都应采取防松措施，暂不接线的螺钉也应拧紧。

5. 回路结线应整齐美观，不应贴近具有不同电位的裸露带电部件或有尖角的边缘进行敷设，布线时应采用适当的支撑固定或装入行线槽内。

6. 各功能室门开启应≥90°，开启时不能使电器受到冲击，不损坏油漆，门销应坚固。

7. 安装后，设备各功能室内应无灰尘及杂物。

8. 屏、箱、柜外喷涂层应完整、无损伤。

（二）接地

屏柜箱的接地应牢固可靠。装有电器的可开启的门及电器元件的接地端子，应以裸铜软线与接地的金属构架可靠连接。

屏柜箱主的接地装置的敷设应参照下原则：

1. 接地体顶面埋设深度应符合设计规定。当无规定时，不宜小于 0.6 m。角钢及钢管接地体应垂直配置。除接地体外，接地体引出线的垂直部分和接地装置焊接部位应作防腐处理。

2. 电气装置的接地应以单独的接地线与接地干线相连接，不得在一个接地线中串接几个需要接地的电气装置。

3. 接地线沿建筑物墙壁水平敷设时，离地面距离宜为 250～300 mm；接地线与建筑物墙壁间的间隙宜为 10～15 mm。

4. 设备安装后任一裸露导电部件到主接地之间应连续有效。接地电阻应小于 4 Ω。

(三)结线工艺

1. 信号采集线的布线应规范，采用多股铜芯软电线，敷设长度留有适当裕量。

2. 线束应有外套塑料管等加强绝缘的保护层。

3. 与电器连接时端部绞紧，且有不开口的终端端子或搪锡，不松散、断股。

4. 可转动部位的两端用卡子固定。

5. 接头要求接触紧密，接触电阻小，稳定，可靠。

6. 接头的绝缘强度应与导线的绝缘强度一致。

7. 对于中间连接的信号线或电源线应用绝缘包带进行包扎不得裸露，以保证导线的绝缘强度。

8. 相间和相对地间的绝缘电阻值应大于 10 MΩ。

9. 遥控与遥信回路应采用不小于(2×1.5)mm^2 的铜芯铠装电缆，且不应共用。

10. 专变采集终端的电源引线采用不小于(4×2.5)mm^2 的铜芯控制电缆。采集器工作电源应取自低压计量柜、低压计量箱进线侧，电源回路的导线不小于 1.0 mm^2，RS485 线不小于 0.75 mm^2。

11. 新装、增容公变、专变客户应预留光纤通道，宜同步敷设光缆至用电信息采集屏(箱)。

二、专变终端的安装

(一)专变终端安装施工前准备

1. 现场勘查

在 SG186 营销业务应用系统中查询记录客户基本信息，包括：客户号、客户名称、用电地址、所属线路、合同容量、计量方式等内容。

到客户现场进行现场勘查工作核对：线路、变压器、电能计量装置、开关等信息；根据现场实际确定：安装位置、通信方式、线缆敷设走向、遥测量、遥信量、遥控量方案、电源和接地线方案等内容。若为预购电客户,要根据《用电信息采集预购电协议》,确定受控开关及受控轮次。若通信方式采用 230 MHz 无线专网,还应确定天线、馈线的安装方案。若通信方式采用光纤方案,还应现场确定光缆通道施工和光设备安装方案。

2. 设备、材料准备

根据采集点方案准备相应型号、规格和数量的专变终端设备;根据勘查结果准备电源线、通信线、控制线、套管等材料;准备相关工作工器具;准备相关安全工器具。

（二）专变终端安装、施工内容

1. 终端设备安装;

2. 终端通信信道设备安装;

3. 电源、接地线敷设;

4. 遥测量接取(包括脉冲量、交流采样、RS－485 数据等);

5. 遥控量接取;

6. 遥信量接取;

7. 清理工作现场;

8. 填写竣工资料。

（三）专变终端安装施工安全要求

1. 现场施工队必须具备电力工程施工资质;

2. 现场工作应严格执行《电业安全工作规程》和《专变终端施工安装"三措一案"》;

3. 工作中如需停电或可能造成停电,则应提前向客户说明清楚;

4. 工作中应防止误碰客户运行设备,造成客户损失。

（四）专变终端典型安装范例

本方案中,客户电房只有单路电源,配置 1 台配电变压器,高供高计,安装 1 块总表 1 块分表,客户高、低压开关都为分励开关。

经过勘察发现光纤通道已进入客户电房,通讯方式为光纤,电源接 PT 柜电压端子,终端 RS－485 接口采集 2 块多功能电能表的信息,通过交流采样的接入计算客户的用电信息。终端接三轮控制,第 1 轮接客户办公楼出线开关,第 2 轮接包装车间开关,第 4 轮接高压出线开关。遥控和遥信端子分别与被控开关的跳闸回路和辅助接点连接,实现对开关的控制和开关状态监测。

三、集中器/采集器的安装

（一）集中器/采集器安装施工前准备

1. 现场勘查

勘查内容是施工的主要依据,所勘查主要内容有:电表信息、表箱信息、采集器

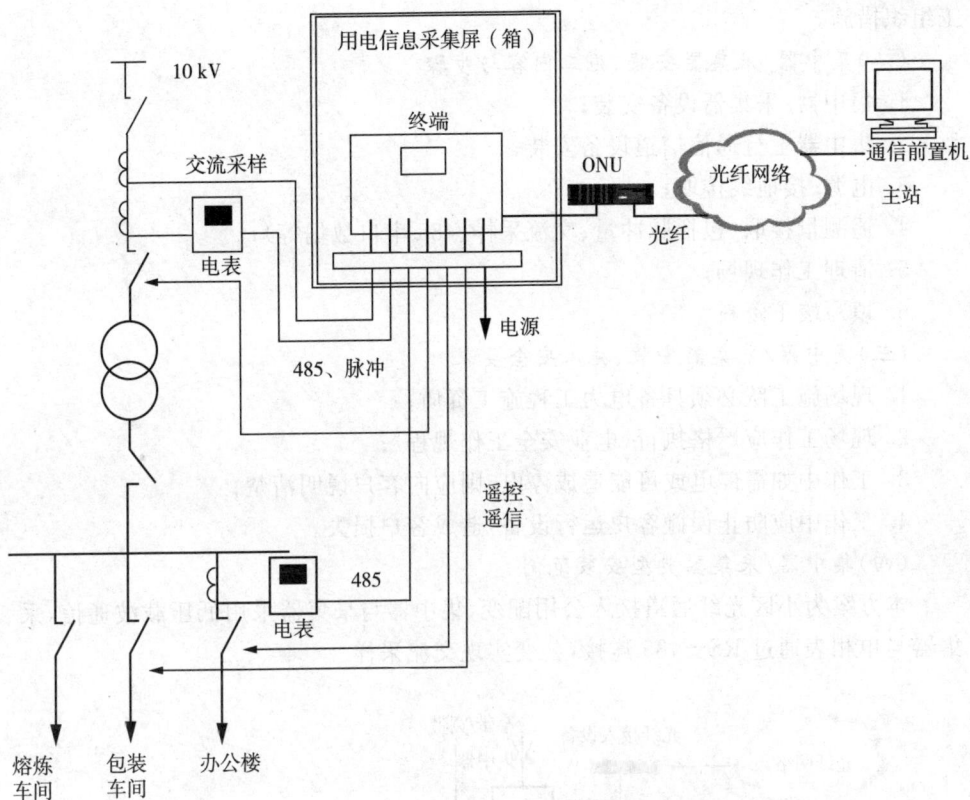

图 43-1　光纤专网通道专变终端典型应用示意图

箱信息、辅材信息、台变信息；需更换表箱门数量、表箱数量、表箱锁数量；小区位置、台区位置、表箱位置。

2. 制订施工计划与方案

制定施工计划必须兼顾抄表例日及设备的利用效率，不得在抄表至结算期内进行换表，设备在安装当月就可以进行调试并投入使用。施工方案必须包含以下内容：综合箱施工方案、集中器上传方式、表箱改造方案、布线方式、调试方案。

3. 准备辅材及施工工具

材料：专用屏蔽信号线、电压线（宜采用 4 mm×2.5 mm 电缆）、电流线（宜采用 6 mm×4 mm 电缆）、扎带、端子排、绝缘胶布、PVC 管、管卡、水泥钉等。

工具：螺丝刀（十字、一字）、斜口钳、尖嘴钳、万用表、试电笔、电工刀、安全带、冲击钻、手枪钻，笔记本电脑等。

作业条件:配套工程的设计施工图、小区电源分配图、施工警示牌、安全护栏施工组织措施。

(二)集中器/采集器安装、施工内容与步骤

1. 集中器/采集器设备安装;

2. 集中器上行通信信道设备安装;

3. 电源、接地线接取;

4. 遥测量接取(包括脉冲量、交流采样、485串口数据等);

5. 清理工作现场;

6. 填写竣工资料。

(三)集中器/采集器安装、施工安全要求

1. 现场施工队必须具备电力工程施工资质;

2. 现场工作应严格执行《电业安全工作规程》;

3. 工作中如需停电或可能造成停电,则应向客户说明清楚;

4. 工作中应防止误碰客户运行设备,造成客户损失。

(四)集中器/采集器典型安装范例

本方案为小区光纤通道接入公用配变,集中器与采集器采用低压载波通信,采集器与单相表通过RS-485连接,公变实现交流采样。

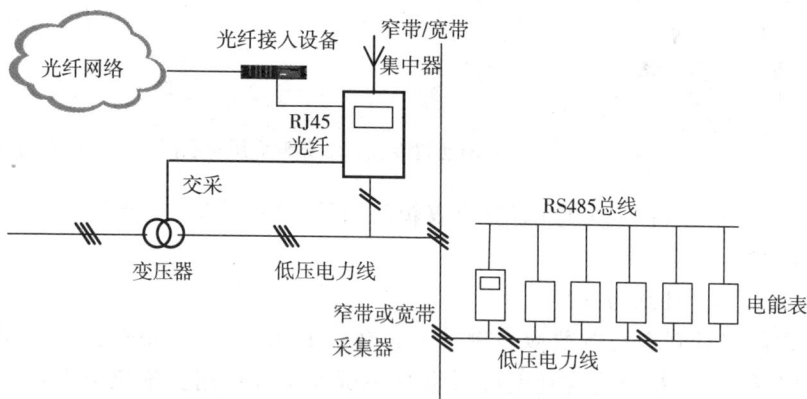

图43-2　光纤专网通道公变及居民客户采集终端典型应用示意图

思考与练习

1. 采集设备安装对接地有何要求?

2. 专变采集终端安装的具体内容和步骤是什么?

3. 集中器/采集器安装前现场勘查内容和施工方案具体包括哪些内容?

任务 44　用电信息采集终端的调试验收

任务描述

本任务介绍用电信息采集系统终端设备调试的基本方法,终端设备验收的主要技术指标,掌握基本的调试步骤、注意事项,满足采集系统设备验收的基本条件。

一、用电信息采集设备的调试

终端设备安装、调试分三种方式:即专变终端的设备安装及调试、集中器载波电能表方式的设备安装及调试、集中器加采集器加带 485 口电能表采集方式的安装及调试。

(一)专变采集终端调试

1. 现场调试人员进行上电前检查和调试准备。检查设备外观(含通信单元部分)有无损坏,接线是否正确、牢固,插件有无松动。对于公网终端还应确认 SIM 卡或 UIM 卡正确插入终端。

2. 专变终端通电后,检查终端启动是否正常;启动后检查显示屏显示内容和指示灯状态是否正确、终端按钮是否操作正常、终端时钟是否准确、终端地址是否正确。

3. 通信单元现场调试检查。

对于 230 MHz 无线专网信道,应检查驻波比。使用功率计测试天馈线驻波比,一般不大于 1.3 用以检测天馈线匹配状况及接头是否良好。

对于无线公网信道,应在终端上电启动后,检查和设置相关通信参数(GPRS 信道应检查和设置 APN 参数和网关 IP 地址;CDMA 信道应检查和设置 VPDN 登录客户名及口令以及网关 IP 地址)。在终端显示屏上通过观测、记录信号强度、上线标志等确认终端通信单元是否正常。

对于光纤信道,应在终端通电后,检查和设置相关通信参数(终端 IP 地址以及网关 IP 地址),并检查 ONU 设备网络连接线与终端网络接口连接是否正确。在终端显示屏上通过观测记录网络状态指示灯、上线标志等确认终端通信单元是否正常。

4. 在 SG186 营销业务应用系统中采集点新装流程和业务流程归档后,主站运行人员及时在用电信息采集系统中检查档案同步情况,并通过检查和设置,确保终端参数的正确性和完整性。

5. 主站调试人员在用电信息采集系统中确认终端是否正常上线。检查各类终端参数下发是否正确,对于下发失败的参数,应及时进行手动下发。

6. 现场调试人员与主站调试人员共同确认各类终端参数下发正确后,及时检查终端 RS-485 抄表、遥测量采集等数据正确性和完整性。对于接入交流采样的终端,还应检查交流采样数据的正确性和完整性。

7. 现场调试人员在经客户同意拉合闸操作后,采取必要安全措施,由主站调试人员对被控开关依次进行拉合闸调试并核查开关状态量采集正确性,现场调试人员检查被控开关动作正确性。

8. 购电控等控制投入。

9. 现场调试人员进行掉电试验,终端掉电 5 分钟后重新启动,检查终端参数是否保持完好。

10. 调试工作结束后,现场调试人员清理现场,并对用电信息采集屏(箱)、计量柜(屏或箱)进行加封或加锁,并完成《专变终端调试记录》填写。

(二)集中器加载波电能表方式调试

1. 按主站系统的要求注册集中器。

2. 集中器配置到对应的台区。

3. 集中器号、SIM 卡号一一对应记录登记。

4. 建立集中器下所有载波电能表号、表型号及户号对应关系表。

5. 将对应关系表在主站注册至集中器内。

6. 统计集中器在线情况,对不在线集中器进行现场检查调试。

7. 统计载波电能表抄表成功率情况,对采集失败的载波电能表进行现场检查调试。

8. 调试结果应达到《电力客户用电信息采集系统建设验收管理规范》的指标要求。

9. 填写调试记录,调试记录应按台区建立,归入设备档案管理。

(三)集中器、采集器、RS-485 通讯口电能表采集方式调试

1. 用手持抄表终端,通过红外通讯方式,抄收电能表实时表示数,以验证采集器与电能表连接正确。

2. 对不能正确抄收的,检查 RS-485 连线,调整后直至通讯正常,确保连接正确。

3. 建立采集器、表号、表型号、户号对应关系表,并注册至采集器内

4. 按主站系统的要求注册集中器。

5. 把集中器配置到对应的台区。

6. 集中器号、SIM 卡号一一对应记录登记。

7. 建立集中器下所有采集器、电能表表号、表型号及户号对应关系表。

8. 将对应关系表在主站注册至集中器内。

9. 统计集中器在线情况，对不在线集中器进行现场检查调试。

10. 统计抄表成功率情况，对采集失败的电能表进行现场检查调试。

11. 调试结果应达到《电力客户用电信息采集系统建设验收管理规范》的指标要求。

12. 填写调试记录，调试记录应按台区建立，归入设备档案管理。

（四）调试过程注意事项

1. 调试前现场调试人员应与主站调试人员确认调试对象、核对调试项目内容，无误后方可进行调试操作。

2. 调试过程中可能引起客户停电的，应采取有效预防措施保证客户的正常用电。

3. 终端工作参数的设置（除部分通信参数外）、功能调试必须采用由主站调试人员下发，现场维护人员核对的方式。

4. 填写调试记录时，调试记录应分户建立，归入设备档案管理。

5. 对施工工艺达不到要求的施工人员，建议在施工的同时利用掌机测试采集器与电表是否连通，并将电能表信息注册到采集器。

6. 对不清楚台变与小户对应关系、用电环境恶劣的小区，建议在通电的同时，使用载波测试仪检测集中器侧与采集器的载波通信效果。

二、用电信息采集终端设备验收

单项、整体工程建设竣工后，应组织设计、施工、监理单位进行分级验收。由建设单位提请验收，提请验收时应提交《验收申请报告书》及有关文件。验收依据《电力客户用电信息采集系统验收管理规范》进行。通过验收，各级验收小组应出具验收合格的报告；若验收不合格，各级验收小组应提出整改意见，并下发整改意见通知单，督促进行整改。

（一）采集系统终端设备验收的内容

1. 终端设备安装、调试应符合电力客户用电信息采集系统建设工程现场施工管理规范的要求。

2. 采集终端安装及计量装置安装要符合设计要求；施工工艺严格按照电力客户用电信息采集终端与计量装置建设规范进行验收。

3. 系统采集指标满足电力客户用电信息采集系统相关规范要求。抄收功能要根据组网方式满足《电力客户用电信息采集系统功能规范》要求终端设备安装、调试验收满足采集系统建设要求。

4. 设备清单、图纸等工程文件资料完整齐全。

5. 安装调试符合工程内业管理要求,各类工程资料齐全,视为终端设备安装、调试验收合格。

(二)采集终端验收指标

1. 终端通信成功率指标

230M 终端通信成功率不小于 95％；上行公网终端通信成功率不小于 95％；上行光纤通讯终端通信成功率不小于 99％；下行载波通信成功率不小于 95％。

2. 终端采集数据完整率指标

专变终端各类抄表数据完整率 100％；集中器、采集器各类抄表数据完整率 95％以上。

3. 遥控成功率、遥信准确率指标

遥控成功率 100％；遥信准确率 100％。

思考与练习

1. 用电信息采集终端设备调试有哪几种方式?

2. 终端设备调试的注意事项有哪些?

3. 采集终端设备调试验收的主要技术指标有哪些?

综合练习

一、单选题

1. 单相智能电能表在 Q/GDW 1355—2013 中规定的标定电流为(　　)。

    A. 1.5A,0.3A　　B. 1.5A,5A　　　C. 5A,10A　　　D. 10A,20A

2. 智能电能表上电(　　)内可以进行载波通信。

    A. 1s　　　　　B. 3s　　　　　C. 5s　　　　　D. 10s

3. Q/GDW 1354—2013 中,手拉手线路联络点、变电站内等考核计量点,推荐选用智能表为(　　)。

    A. 0.5S 级三相智能电能表　　　　B. 1 级三相智能电能表

    C. 1 级三相费控智能电能表(无线)　D. 以上 A、B、C 均可

4. 集中抄表终端包含(　　)。

    A. 集中器、采集器　　　　　　　B. 集中器、智能电能表

    C. 采集器、智能电能表集中器　　D. 采集器、智能电能表

5. 智能电能表中测得的当月最大需量是该用户当月在 15min 内用电有功功率的(　　)。

A. 瞬时值   B. 有效值   C. 平均值   D. 最大值

6. 智能电能表一般能够存储( )结算日的电量数据,结算时间可以设定为每月任何一天的整点时刻。

A. 5   B. 10   C. 12   D. 24

7. 如果一只电能表的型号为 DDZY811 型,这只表应该是一只( )。

  A. 三相复费率电能表   B. 机电式单相电能表

  C. 智能电能表   D. 三相预付费电能表

8. 智能电能表辅助电源为( )。

  A. 交流   B. 直流

  C. 交、直流自适应   D. 交、直流选择其一

9. 用电信息采集系统是对电力用户的( )进行采集、处理和实时监控的系统。

  A. 用电量   B. 用电功率   C. 用电信息   D. 电能表度示

10. 用电信息采集系统实现用电信息的( )用电分析和管理、相关信息发布、分布式能源监控、智能用电设备的信息交互等功能。

  A. 自动采集   B. 计量异常监测

  C. 电能质量监测   D. 以上都是

11. 用电信息采集终端是对各信息采集点用电信息采集的设备,简称( )。

  A. 终端   B. 采集器   C. 集中器   D. 采集终端

12. 采集终端可以实现电能表数据的采集、数据管理、( )及转发或执行控制命令的设备。

  A. 数据传输   B. 数据双向传输   C. 数据单向传输   D. 数据无线传输

13. 用电信息采集终端按应用场所分为( )等类型。

  A. 专变采集终端

  B. 集中抄表终端(包括集中器、采集器)

  C. 以上都是

  D. 分布式能源监控终端

14. 专变采集终端是对专变用户用电信息进行采集的设备,可以实现电能表数据的采集、电能计量设备工况和供电电能质量监测,以及( )的监控,并对采集数据进行管理和双向传输。

  A. 客户用电负荷   B. 客户电能量

  C. 客户用电负荷和电能量   D. 客户用电信息

15. 集中抄表终端是对低压用户用电信息进行采集的设备,包括( )。

  A. 集中器、采集器   B. 集中器

C. 采集器　　　　　　　　　　　D. 集中器、采集器、采集模块

16. Q/GDW 1373—2013《电力用户用电信息采集系统功能规范》要求,系统的主要采集方式有:定时自动采集、人工召测、(　　)。

A. 主动上报　　B. 被动上报　　C. 按命令上报　　D. 按要求上报

二、多选题

1. 智能电能表具有以下哪些功能(　　)。

A. 电能量计量　　　　　　　　　B. 信息存储及处理

C. 实时监测　　　　　　　　　　D. 费率控制

E. 信息交互

2. 三相智能电能表的显示要求有(　　)。

A. 具备自动循环显示、按键循环显示、自检显示,循环显示内容可设置

B. 至少显示各费率累计电能量示值和总累计电能量示值、最大需量、有功电能方向、日期、时间、时段、当月和上月月度累计用电量、费控电能表必要信息、表地址

C. 需要时应能显示电能表内的预置参数

D. 可选择显示冻结量、记录/事件等内容

E. 具有停电后唤醒显示功能

F. 显示时(包含停电唤醒显示)应显示密钥状态

3. 采集系统逻辑架构构成是(　　)。

A. 主站层　　　　　　　　　　　B. 通信信道层

C. 采集设备层　　　　　　　　　D. 计量及用电设备层

4. 主站层主要由(　　)组成。

A. 前置采集　　　　　　　　　　B. 控制逻辑平台

C. 数据平台　　　　　　　　　　D. 业务应用

5. 用电信息采集系统采集方式包括(　　)。

A. 定时自动采集　　　　　　　　B. 典型日数据采集

C. 随机召测数据　　　　　　　　D. 主动上报数据

6. 专变采集终端是对专变用户用电信息进行采集的设备,可以实现(　　)。

A. 与集中器交换数据　　　　　　B. 电能表数据采集

C. 供电电能质量监测　　　　　　D. 客户用电负荷和电能量监控

7. 用电信息采集系统采集的主要数据项有(　　)。

A. 电能量数据　　　　　　　　　B. 电压

C. 功率　　　　　　　　　　　　D. 采集终端的工况

8. 集中抄表终端是对低压用户用电信息进行采集的设备,包括(　　)。

    A. 集中器　　　　B. 采集器　　　　C. 电表　　　　D. 485导线

9. 通信方式可采用(　　)等。

    A. 无线　　　　　B. 有线　　　　　C. 电力线载波　D. RS485通信

10. 用电信息采集系统采集的主要方式有:(　　)

    A. 定时自动采集　　　　　　B. 请求上报

    C. 主动上报　　　　　　　　D. 人工召测

11. 用电信息采集终端按应用场所分为(　　),分布式能源监控终端等类型。

    A. 专变采集终端　　　　　　B. 集中抄表终端

    C. 抄表掌机　　　　　　　　D. 电能表

三、判断题

1. 国网智能电能表红外通信接口默认通信速率为1200bit/s。(　　)

2. 智能电能表可存储60天零点的电能量。(　　)

3.《单相智能电能表技术规范》规定了单相智能电能表的规格要求、环境条件、显示要求、外观结构、安装尺寸、材料及工艺等型式要求。(　　)

4. 智能电能表ESAM模块嵌入在设备内,实现安全存储、数据加/解密、双向身份认证、存取权限控制、线路加密传输等安全控制功能。(　　)

5. 智能电能表仓储和配送环节均应采取防受潮、防震动、防腐蚀、防电磁干扰等措施,并应防止仓储时间超过规定时限,安装现场亦应采用可靠的保护措施,确保安装到客户的每一只智能电能表都是合格产品。(　　)

6. 智能电能表与普通电子式电能表的计量"灵敏度"不一样的。(　　)

7. 智能电能表是由测量单元、数据处理单元、通信单元等组成,具有电能量计量、信息存储及处理、实时监测、自动控制、信息交互等功能的电能表。(　　)

8. 三相智能电能表技术规范中规定当采用负荷内置开关时,电能表最大电流不宜超过60A。(　　)

9. 三相智能电能表技术规范中规定当采用负荷外置开关时,电能表处于允许合闸状态下,表内继电器直接合闸,用户不需按电能表按键,只需合上外置负荷开关即可。(　　)

10. 用电信息采集系统"全费控"中的"费控"是指按电费控,不是指电量控。(　　)

11. 专变采集终端是对专变用户用电信息进行采集的设备,可以实现电能表数据的采集、电能计量设备工况和供电电能质量监测,以及客户用电负荷和电能量的监控,并对采集数据进行管理和单向传输。(　　)

12. 集中器是指收集各采集器或电能表的数据,并进行处理储存,同时能和主站或手持设备进行数据交换的设备。(　　)

四、问答题

1. 采集系统逻辑架构构成是什么？

2. 电力用户用电信息采集系统建设的总体建设目标是什么？

3. 简述用电信息采集与监控远程、本地通信模式各有哪几种？

4. 什么是智能电能表？

5. 智能电能表的主要功能有哪些？

项目 10 综合实训

本项目包括四个工作任务：电能计量装置接线检查、电能计量装置安装、电流互感器二次负荷测试、实负荷下电能表的误差测量。通过对四个工作任务的实操训练，掌握计量装置接线检查、计量装置现场安装、互感器测试及电能表现场校验的工作方法。

任务 45 电能计量装置接线检查

任务描述

本任务主要介绍电能计量装置带电接线检查的方法，并通过对各种案例的分析，使学员能够熟练掌握电能计量装置带电接线检查的方法，并学会根据检查结果判断故障类型并进行退补电量的计算。

一、训练学时

8 学时。

二、训练条件

1. 环境温度：适宜的温度；相对湿度：不大于 80%。

2. 表记安装的地点应清洁，空气中不含腐蚀性气体和霉菌。

三、训练内容

(一)准备工作和电能计量装置故障处理前的检查

1. 使用工具，绝缘良好，仪器、仪表性能良好。

2. 制定电能计量装置故障处理的措施，准备好所需仪器仪表、开关接头、测试中所需导线。

3. 了解仪器、仪表、电能表、互感器的工作原理、内部结构、性能、接线方式等。搜集被检查的电能表、互感器的以往试验报告，做到心中有数。

4. 工作现场办理工作票，并出示安全措施卡，检查安全措施。

5. 按安全规程有关规定并结合现场实际情况做好安全措施,必须满足试验要求。

6. 电能计量装置故障处理前应对被检查的电能表、互感器的资料、环境温度、湿度作详细记录。

(二)外观检查

1. 检查电能表、互感器表面是否有被熏黑、裂纹及铭牌标示受损情况。

2. 检查电能表检定标记、封铅和防止非授权人员改变接线。

3. 检查二次回路导线绝缘受损情况。

(三)故障检查项目

1. 互感器变比。

2. 电能表与互感器接线。

3. 倍率。

4. 电能表机械故障与电气故障(包括卡字、倒转、擦盘、跳字、潜动)。

5. 电流互感器开路或匝间短路。

6. 电压互感器开路或匝间短路。

7. 电压互感器断熔丝或二次回路接触不良。

8. 雷击或过负荷烧表、烧互感器。

四、接线检查记录

(一)三相三线接线检查

1. 测量电能表电压、电流和相位,记录填入下表。

数据测试及相序判断:

$U_1 =$ $U_2 =$ $U_3 =$

$I_1 =$ $I2 =$ $I_3 =$

$\overset{\wedge}{\dot{U_1}\dot{I_1}} =$ $\overset{\wedge}{\dot{U_2}\dot{I_2}} =$ $\overset{\wedge}{\dot{U_3}\dot{I_3}} =$

电压相序:正(   )逆(   ) _____

---

2. 根据测量数据,画出相量图,判别故障类型。

		电压回路			电流回路	
故障类型	PT 一次断线	A 相	B 相	C 相	a 相电流反	
	PT 二次断线	a 相	b 相	c 相	c 相电流反	
	PT 二次极性反	U_{ab}反		U_{cb}反	电流相序错	
	电压相序错				电流断线或短路	

3. 把错误接线和改正后的正确接线端子号填入表中。

电能表错误接线端子排列：（填写实际接线电压、电流接入情况）

1　2　3　4　5　6　7　8　9　10

○○○○○○○○○○

更正后的接线端子排列：（只能填写序号）

1　2　3　4　5　6　7　8　9　10

○○○○○○○○○○

端子号	1	2	3	4	5	6	7
	I_a 进	U_a	I_a 出	U_b	I_c 进	U_c	I_c 出
实际接线							
改正后接线							

4. 画出实际电能表接线图。

错接线相量图（有功）：	错误接线形式：
	第一元件： 第二元件：

（二）三相四线接线检查方法

1. 测量电能表电压、电流和相位，记录填入下表。

电流（A）		电压（V）		角度（°）	相序
I_a		U_{an}	U_{ab}	$\overset{\wedge}{\dot{U}_{ab}\dot{I}_a}$	
I_b		U_{bn}	U_{bc}	$\overset{\wedge}{\dot{U}_b\dot{I}_b}$	
I_c		U_{cn}	U_{ca}	$\overset{\wedge}{\dot{U}_{cb}\dot{I}_c}$	

2. 根据测量数据,画出相量图,判别故障类型。

<table>
<tr><td rowspan="5">故障
类型</td><td colspan="3">电压回路</td><td colspan="2">电流回路</td></tr>
<tr><td>PT 一次断线</td><td>A 相　　B 相　　C 相</td><td></td><td>a 相电流反</td><td></td></tr>
<tr><td>PT 二次断线</td><td>a 相　　b 相　　c 相</td><td></td><td>c 相电流反</td><td></td></tr>
<tr><td>PT 二次极性反</td><td>U_{ab}反</td><td>U_{cb}反</td><td>电流相序错</td><td></td></tr>
<tr><td>电压相序错</td><td></td><td></td><td>电流断线或短路</td><td></td></tr>
</table>

3. 画出错误接线和改正后的正确接线端子。

电能表错误接线端子排列:(填写实际接线电压、电流接入情况)

1　　2　　3　　4　　5　　6　　7　　8　　9　　10

○○○○○○○○○○

更正后的接线端子排列:(只能填写序号)

1　　2　　3　　4　　5　　6　　7　　8　　9　　10

○○○○○○○○○○

端子号	1	2	3	4	5	6	7	8	9	10
实际接线										
改正后接线	I_a 进	U_a	I_a 出	I_b 进	U_b	I_b 出	I_c 进	U_c	I_c 出	U_n

4. 画出实际电能表接线图。

错接线相量图(有功):	错误接线形式:
	第一元件:
	第二元件:

（三）更正系数计算：

更正率表达式为

$$G' = \frac{W_0}{W}$$

式中，G——更正率；

W_0——电能表应计的电量；

W——电能表实计的电量。

追补电量

$$\Delta W = (G - 1)W$$

五、结尾工作

1. 收好所使用的测量仪器、仪表、工具。

2. 清理工作现场。

3. 结束工作票。

4. 电能计量装置故障处理工作票及时转送。

六、安全事项、防护措施

（一）安全注意事项

1. 严格遵守电业安全工作规程，工作人员与监护人员应职责分明，工作人员应听从监护人员的工作命令。

2. 对仪器、仪表、电能表、互感器应做到轻拿、轻放，防止撞击、损坏。

3. 严禁电流互感器二次回路开路。

4. 严禁电压互感器二次回路短路或接地。

（二）危险点及防护措施

1. 电能计量装置故障处理人员在全部工作过程中应有监护人监护，应精力集中，不得与他人闲谈；看清带电间隔，并与带电设备保持足够的安全距离。

2. 工作场所不准带入食物，更不准就地饮食与吸烟。

对电能表、互感器应做到轻拿、轻放，防止撞击、损坏。

七、思考与练习

1. 哪些场合下应装设三相四线电能计量装置？

2. 试用向量分析方法判断以下三相三线计量装置错接线类型。

故障现象：有功电能表正转。

已知条件:三相三线电能表、感性负荷,$\cos\varphi=0.866$,功率因数角为$30°$。测量结果如下。

(1)测线电压:$U_{12}=U_{23}=U_{13}=100V$。

(2)测相电压:$U_{10}=100V$,$U_{20}=0V$,$U_{30}=100V$。

(3)测相序:用相序表测为正相序。

(4)测电流:$I_1=I_2=5A$。

(5)测相位:U_{uv}超前I_1为$60°$,U_{wv}超前I_2为$0°$。

任务46 电能计量装置安装工艺

任务描述

本训练项目根据DL/T825—2002《电能计量装置安装接线规则》及DL447—1991《电能计量柜》编写,包含安装工艺一般要求、安装程序及注意事项。通过安装步骤介绍、图解说明,掌握安装工艺操作程序、工艺要求及质量标准。

一、训练学时

8学时。

二、训练场地、主要设备和工器具、材料

训练场地:装表接电训练室。

主要设备:计量箱(柜)、二次导线、电能表、互感器、剥线钳、扳手、尖嘴钳、万用表等。

三、训练内容

电能计量装置安装的基本要求包括以下几个方面:

(1)环境条件:相对干燥、无机械震动、安装环境空气中不具有引起腐蚀的有害物质、电能表避免阳光直射。

(2)安装条件:便于互感器、电能表的安装、撤卸。

(3)抄表条件:抄表员读抄便利(具有清晰的透明读表窗口)。

(4)管理条件:便于用电检查、防窃电管理。

(一)计量箱、柜安装工艺

(1)电力用户处的电能计量点应采用标准规范的电能计量柜(箱),柜(箱)应满足运行安全、封闭可靠的条件,低压计量柜(箱)应紧靠电源进线处。

（2）居民用户的计费电能计量装置,应采用满足装、换、抄表方便,维护安全简单,封闭可靠的计量箱。

（3）变电站模式主要是站用电计量涉及低压计量装置安装,其安装方式由设计部门按照标准设计选择。

（4）电源线进入计量箱应穿管并与出线分开敷设。

（二）电能表安装工艺

（1）电能表应安装在电能计量柜(屏)上,每一回路的有功和无功电能表应垂直排列或水平排列,无功电能表应在有功电能表下方或右方,安装在变电站的电能表下端应加有回路名称的标签,两只三相电能表相距的最小距离应大于 80mm,单相电能表相距的最小距离为 30mm,电能表与屏、柜边的最小距离应大于 40mm。

（2）室内电能表宜装在 0.8m～1.8m 的高度(表水平中心线距地面尺寸)。

（3）机电式电能表安装必须垂直牢固,表中心线向各方向的倾斜不大于 1°,这主要是与电能表的结构有关,当电能表倾斜时,转盘上下轴承会受到侧向作用力,并产生负误差,该误差随倾斜度增大而增加。电子式电能表安装垂直度没有技术要求,除非生产厂家有要求,安装垂直主要是美观。

（4）在具有明显机械振动的场所不选用机电式电能表。

（5）无腐蚀性气体、易蒸发液体的侵蚀,无非自然磁场及烟灰影响。

（6）环境温度应不超过电能表规定的工作温度范围,电子式电能表应避免夏日阳光直射。

（7）电能表原则上装于室外的走廊、过道内及公共的楼梯间,或装于专用配电间内。高层住宅户表,宜集中安装于公共楼梯间配电装置内,装置内电能表部分应能抄读方便,封闭可靠。

（三）互感器安装工艺

1. 互感器

（1）同一组的电流互感器应采用制造厂、型号、额定电流变比、准确度等级、二次容量均相同的互感器。

（2）两只或三只电流互感器进线端极性符号应一致,以便确认该组电流互感器一次及二次回路电流的正方向。

（3）低压电流互感器二次负荷容量不小于 10VA。对于配置电子式电能表,二次回路较短的装置,也可以采用二次负荷容量为 5VA 的 S 级电流互感器,必要时可以使用专用二次负载在线测试仪器,对安装完毕并投入运行的计量装置二次回路负载进行测试,确认回路配置是否合理。

（4）计量装置选用减极性电流互感器。

（5）互感器二次回路应安装试验接线盒,便于实负荷校表和带电换表。对于负荷重要程度不高的装置,也可以不用试验接线盒,互感器出线直接进电能表,当需要更换计量装置时,采取停电更换。

(6)低压穿芯式电流互感器应采用固定单一的变比,以防发生互感器倍率差错。

(7)电流互感器的安装位置应尽可能使铭牌向外,便于投入运行后的检查管理。

2. 一次回路部分

主要指直接接入式电能表一次回路。

(1)导线应按表计容量选择。施工配线中不得使用钳口弯曲绝缘导线,导线进出计量箱柜时,金属板开孔要做护口处理,防止导线被金属板材切压绝缘引起导线绝缘损伤。

(2)禁止使用铝质绝缘导线连接电能表。

(3)遇若选配的导线过粗时,应采用断股后再接入电能表端钮盒的方式。

(4)当导线小于端子孔径较多时,应在接入导线压接部分加扎直径适当的裸铜线后再接入电能表。

3. 二次回路部分

(1)二次回路接线应注意电流互感器的极性端符号和一次负载电流潮流方向,保证按照减极性关系连接电能表。分相接线的电流互感器二次回路宜按相色逐相接入。电流回路简化接线时,公共线(N411)只与电能表每一相的流出端、互感器非极性端(S2)连接(贸易结算用电能计量装置电流回路不宜采用简化接线),低压三相四线接线图如图 46-1 所示,10kV 三相三线接线图如图 46-2 所示。

(2)电流互感器二次回路每只接线螺钉只允许接入两根导线。

(3)当导线接入的端子是接触螺钉,应根据螺钉的直径将导线的末端弯成一个环,其弯曲方向应与螺钉旋入方向相同,螺钉(或螺帽)与导线间、导线与导线间应加镀锌垫圈。

(4)禁止使用铝质绝缘导线做互感器与电能表之间的连接导线。

(5)二次回路接好后,应进行接线正确性检查。

(四)工艺及质量

(1)按图施工、接线正确。

(2)电气连接可靠、接触良好。

(3)配线整齐美观。

(4)导线无损伤、绝缘良好。

(五)安装程序

(1)依据工作票核对计量器具规格、型号、功能是否与计量方案相同。检查计量器具的完好性。内、外部完好,连接线齐备。

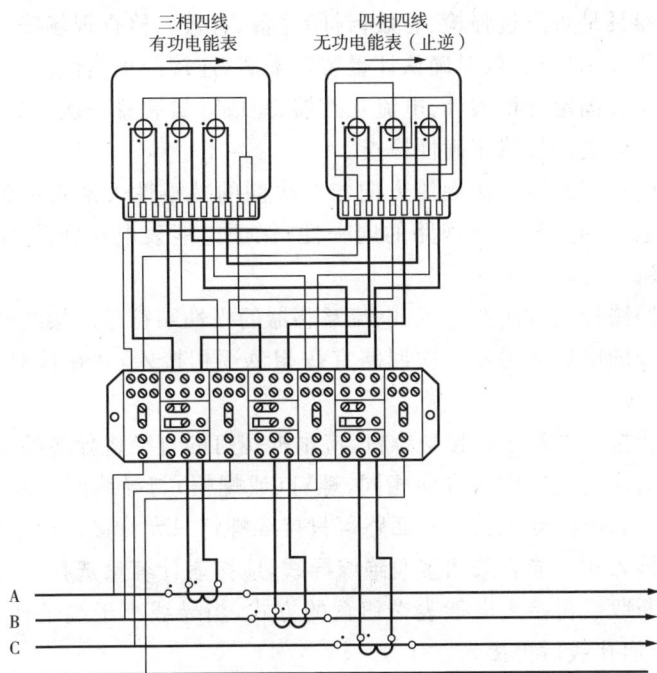

图 46-1 低压三相四线经 TA 有、无功电能表联合接线图

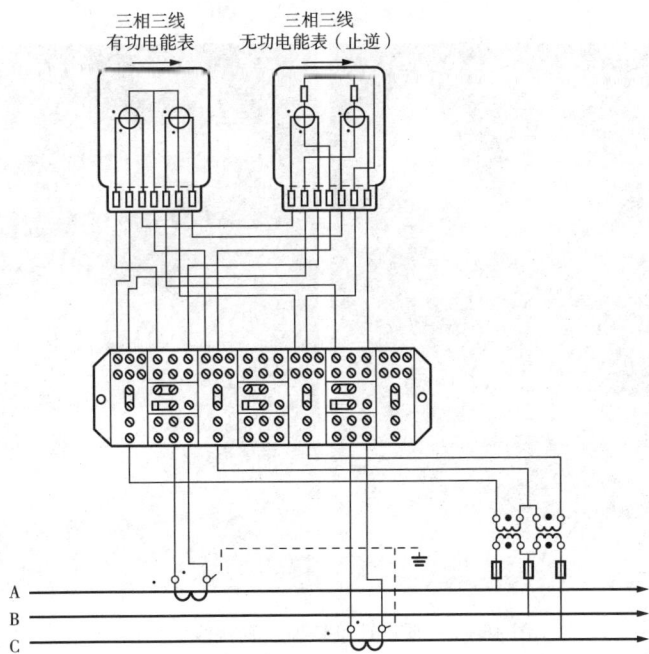

图 46-2 三相三线经 TA 有、无功电能表联合接线图

(2)计量器具是否经过强检、有效;封印完备、有效。检查现场安装位置是否满足安装、管理的技术要求;核对确认计量装置安装、连接的正确性。

(3)正确安装固定计量表计、电流互感器、完成计量装置一次、二次连接,一、二次回路接好后,应进行接线正确性检查。

(4)保证电流互感器一次潮流方向与二次侧的减极性关系满足正确计量的要求;认真核对电压回路与电流回路的同一性;保证电能表电压回路N线与电源N线的可靠连接。

(5)二次回路接线应注意电压、电流互感器的极性端符号。接线时可先接电流回路,分相接线的电流互感器二次回路宜按相色逐相接入,并在核对无误后,再连接各相的接地线。

(6)当导线接入的端子是接触螺钉,应根据螺钉的直径将导线的末端弯成一个环,其弯曲方向应与螺钉旋入方向相同,螺钉(或螺帽)与导线间、导线与导线间应加装镀锌平垫圈,电流互感器二次回路每只接线螺钉只允许接入两根导线。

(7)直接接入式电能表采用多股绝缘导线,应按表计容量选择。若选择的导线过粗,应采用断股后再接入电能表端钮盒的方式,当导线小于端子孔径较多时,应在接入导线上加扎线后再接入。

(8)施工结束后,电能表端钮盒盖、试验接线盒盖及计量柜(屏、箱)门等均应加封,清理工作现场,不得遗留任何施工器材在工作现场。

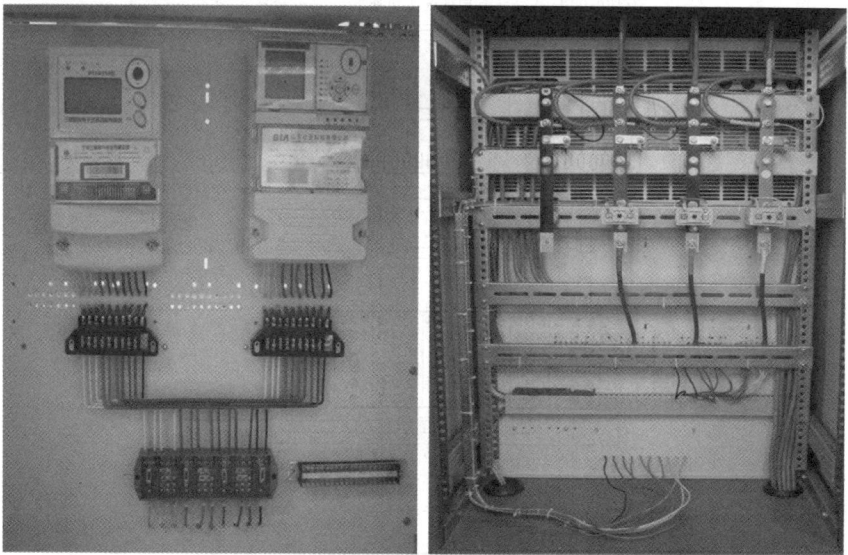

图46-3　低压计量培训装置接线实物图

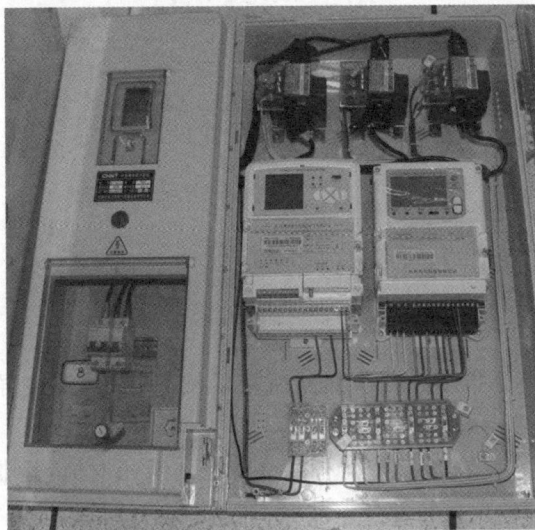

图 46-4 低压计量电能计量箱接线实物图

四、注意事项

(1)办理并认真阅读工作任务书。

(2)至少有两名工作人员一起工作(其中一人承担工作负责人及监护人)。

(3)应在工作位置设立标示牌或安全护栏。

(4)确认计量装置安装位置的停电范围,并做验电、回路可靠开断的确认。

(5)工作时应戴安全帽、棉质手套,操作工具完好。

五、思考题

1. 电能表安装的基本要求是什么?

2. 为什么机电式电能表安装有倾斜度要求,而电子式电能表却没有?

3. 为什么不能使用铝质导线连接电能表?

任务 47 电流互感器二次负荷测试

任务描述

本任务包含电流互感器二次负荷测试程序及注意事项。通过操作程序介绍,掌握电流互感器二次负荷测试方法。

一、训练学时

8 学时。

二、训练场地、主要设备和工器具、材料

训练场地：计量设备测量训练室。
主要设备：计量箱(柜)、二次负荷测试仪等。

三、训练内容

TA 的二次负荷是指 TA 二次回路所接的测量仪表、连接导线、继电保护、数据采集装置及回路接触电阻的总和。

与 TV 一样，TA 二次负载特性与误差特性曲线相对应，呈非线性关系。负载过重或过轻，都会导致误差特性变差从而引起较大的计量偏差。在必要时，对运行中的 TA 二次回路负载进行测量是掌握和调整电能计量装置综合误差的一个重要途径。

(一)人员、设备、安全工作要求

1. 安全工作要求

(1)进行电流互感器(以下简称：TA)二次负荷测试工作，应办理第二种工作票。

(2)至少有两人一起工作，其中一人进行监护。

(3)应在工作区范围设立标示牌或护栏。

(4)工作时，按规定着装，戴手套、安全帽，穿绝缘鞋，并站在绝缘垫上，操作工具绝缘良好。

(5)在带电的 TA 二次回路上工作时，严禁将 TA 二次侧开路。

2. TA 二次负荷测试设备

进行互感器二次负荷测试，广泛采用二次回路负荷在线测试仪(以下简称：二次负荷测试仪)。对二次负荷测试仪的要求如下：

(1)二次负荷测试仪应具有经权限部门检测合格的有效证书。

(2)二次负荷测试仪的允许误差应不低于 ±2.0%(允许误差应包含测试引线所带来的附加误差，实际使用时应进行修正)(实际上仪器已达到 ±1% 电阻读数 + ±1% 电抗读数)。

(3)二次负荷测试仪的分辨力应不小于：电阻读数 R:0.01%(单位：Ω)，电抗读数 X:0.01%(单位：Ω)。数字电流表：±1.0% 读数 + 末位 1 个字(单位：V)。

(4)电流采样钳精度等级：1A、5A 时，0.2 级。

(二)TA 二次负荷测试方法和步骤

1. 准备工作

(1)测试前用兆欧表(或万用表高阻挡)检查各测试导线的绝缘情况。

(2)检查测试导线接头与二次负荷测试仪的接触是否紧密、牢固。

(3)检查 TA 二次回路接线是否正确,接线端子处连接是否牢固。

(4)检查二次负荷测试仪工作电源是否充电完好。

2. 测试

(1)正确的采样应靠近 TA 出口侧。按照二次负荷测试仪要求,接入测试导线。打开二次负荷测试仪电源,分别接入电压采样线和电流采样钳。注意,钳形电流表测点应在取样电压测点的前方(靠近互感器侧)。使用二次负荷测试仪实现 TA 二次负载在线测量接线示意图如图47-1。

电流互感器二次负荷容量按下式计算:

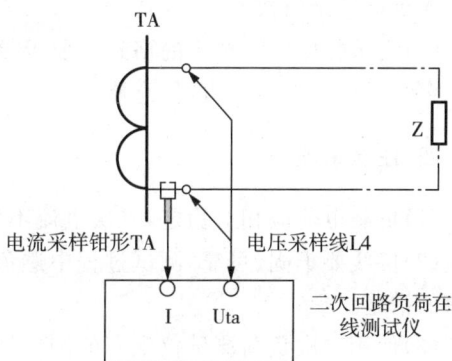

图 47-1 在线测量 TA 二次负荷接线图

$$S=I_{2N}^2(K_{jx}R_L+K'_{jx}Z_m+R_k)$$

式中,K_{jx}——二次回路导线接线系数,分相接法为 2,不完全星形接法为 $\sqrt{3}$,星形接法为 1;

K'_{jx}——串联线圈总阻抗接线系数,不完全星形接法时如存在 V 相串联线圈(例:接入 90°跨相无功电能表)则为 $\sqrt{3}$,其余均为 1;

I_{2N}——电流互感器二次额定电流,A,一般为 5A;

Z_m——计算相二次接入电能表电流线圈总阻抗,Ω;

R_L——二次回路导线电阻,Ω;

R_k——二次回路接头接触电阻,Ω,一般取 $0.05\Omega\sim0.1\Omega$,此处取 0.1Ω。

(2)严格按照二次负荷测试仪使用说明书,正确操作二次负荷测试仪,完成测量工作。完整地记录和保存测试数据。

(3)测试工作结束,先拆除测试导线,然后关闭测试仪电源。

(4)测试完成后,清理现场,恢复原状,确认无误后方可撤离现场。

(三)TA 二次负荷测试结果分析与处理

(1)根据 TA 额定二次负荷和测试情况判断其实际二次负荷状态,对不符合要求的,应在原始记录上说明原因。如果涉及电量退补,应保全现场接线状态,通知用电管理部门介入处理。

(2)测试中发现因设计原因产生的不符合项,只能上报管理部门,不允许本工种现场做任何整改。

(3)测试数据应包含回路中全部影响因素,如果存在未包括项目,在原始记录中注明。

(4)判断 TA 二次负荷是否负荷要求,应以修约后的数据为准。电流互感器实际二次负荷记录值按 0.1VA 修约。

(5)测试数据应按规定的格式和要求填写在原始记录单中,原始记录的填写应用签字笔或钢笔书写,不得任意修改。

四、注意事项

(1)负载电流应相对稳定,二次电流不低于二次负荷测试仪的启动电流。

(2)接线要牢固、可靠,测试过程中避免碰触接线,有防止电压采样线鳄鱼嘴夹脱落的措施。

(3)使用二次负荷测试仪配套的测试导线及标准钳形电流互感器。

(4)保持标准钳形电流互感器钳口的清洁及闭合良好。

(5)二次负荷测试仪标准配置有 1A、5A 钳形电流互感器,应根据被测 TA 二次电流选择适当的钳形电流互感器,以提高测量精度。

五、思考题

1. 进行电流互感器二次负荷测量时,应注意哪些问题?
2. 技术管理规程对 TA 二次运行负载有什么要求?

任务 48　测量实际负荷下电能表的误差

任务描述

本任务包含电子式多功能电能表现场检验项目、实际运行中电能表误差测试的工作程序及注意事项。通过操作程序介绍、图解列表说明,掌握实际负荷下电能表误差的测试方法。

一、训练学时

8 学时。

二、训练场地、主要设备和工器具、材料

训练场地：计量设备测量训练室。

主要设备：计量箱（柜）、电能表、电能表现场校验仪等。

三、训练内容

电能表是电能计量装置的重要组成部分，运行中的误差变化，会直接影响电能计量的准确性。为保证电能计量装置现场运行合格率，按 SD109—83《电能计量装置检验规程》、JJG1055—97《交流电能表现场校准技术规范》的规定，应在现场具有一定负荷条件下对电能表进行误差测试。鉴于计量装置的数量众多，按照计量装置月计电量的多少或装见容量的大小，将计量装置进行五类划分，在规定的时间周期内，对其中的Ⅰ～Ⅳ类高压计量装置中的电能表开展现场实负荷检验。

（1）新投运或改造后的Ⅰ、Ⅱ、Ⅲ、Ⅳ类高压电能计量装置，应在一个月内进行首次现场检验。

（2）Ⅰ类电能表至少每 3 个月现场检验一次；Ⅱ类电能表至少每 6 个月现场检验一次；Ⅲ类电能表至少每年现场检验一次；Ⅳ类高压电能表至少两年现场检验一次。

（一）人员、设备、安全工作要求

1. 安全技术要求

（1）根据计量装置安装位置办理第二种工作票或现场标准化作业指导书。

（2）至少有两人一起工作，其中一人进行监护。

（3）在工作区范围设立标示牌或护栏。

（4）工作时，按规定着装，戴手套，穿绝缘鞋，并站在绝缘垫上，操作工具绝缘良好。

（5）在接通和断开电流端子时，必须用仪表进行监视；

（6）在运行中的计量装置二次回路上工作时，电压互感器二次严格防止短路和接地，电流互感器二次严禁开路。

2. 现场检验条件

在现场检验时，工作条件应满足下列要求：

（1）环境温度：0℃～35℃之间；相对湿度≤85％。

（2）频率对额定值的偏差不应超过±2％。

（3）电压对额定值的偏差不应超过±10％。

（4）现场负载功率应为实际常用负载，当负载电流低于被检电能表标定电流的10％（S 级的电能表为 5％）或功率因数低于 0.5 时，不宜进行现场误差检验。

(5)负荷相对稳定。

3. 现场检验常用仪器

电能表现场检验标准广泛采用电能表现场校验仪(以下简称现校仪)。现校仪应满足下列要求:

(1)现校仪准确度等级至少应比被检电能表高两个准确度等级。现校仪的电压、电流、功率测量的准确度等级应不低于 0.5 级。现校仪的准确度等级和对电能的测量误差应符合表 48-1 规定。

表 48-1　现校仪的准确度等级和对电能的测量误差

被检电能表的准确度等级	0.2	0.5	1	2
现校仪准确度等级	0.05	0.1	0.2	0.3

(2)现校仪应至少每三个月在试验室比对一次。每一年送标准检定机构做周期检定。允许使用标准钳形电流互感器(以下简称电流钳)作为现校仪的电流输入组件,校准时,现校仪与电流钳应整体校准;在现场校验 0.5 级及以上精度电能表时,现校仪电流回路应采用直接接入方式串入计量装置二次电流回路,避免电流钳自身的误差影响检验结果。

(3)现校仪应适用各种接线方式:Y 形、V 形;单相、三相三线、三相四线。

(4)现校仪必须按固定相序使用,且有明显的相别标志。

(5)现校仪和被检计量装置之间的连接导线应有良好的绝缘,中间不允许有接头,并应有明显的极性和相别标志,其中,现校仪的电流连接端子应具有自锁功能。

(6)现校仪接入电路的通电预热时间,应遵照仪器使用说明的要求。

(7)现校仪必须具备运输和保管中的防尘、防潮和防震措施。

(二)现场检验步骤

现场实负荷测定电能表误差时,采用标准电能表法(即现校仪)。使现校仪与受检电能表同时工作在连续条件下,利用光电采样控制或被检表校表脉冲输出控制等方式,将受检电能表转数(脉冲数)转换成脉冲数,控制现校仪计数来确定受检电能表的相对误差。

(1)现校仪引出线检查。引出线应是专用分相色测试软线,导线两端固化有通用插接头,插接头插入部分应有锁紧装置(或钢丝应力针)。在使用前,应检查导线绝缘良好无破损。

(2)打开被检电能表接线盒、试验端子盒盖,检查所有端子与导线连接应紧密、牢固。

(3)检查现校仪电源设置开关位置,应与选择的仪器电源方式匹配。可选择外接 220V 电源或内接电源(100V),接通现校仪电源。

（4）按规定顺序接连接测试导线,安全可靠地从接线盒（试验端子）接入与被检表相同的电流、电压回路,满足电流回路串联,电压回路并联的原则。经联合试验盒接入现校仪前后的接线如图 48-1、图 48-2 所示。

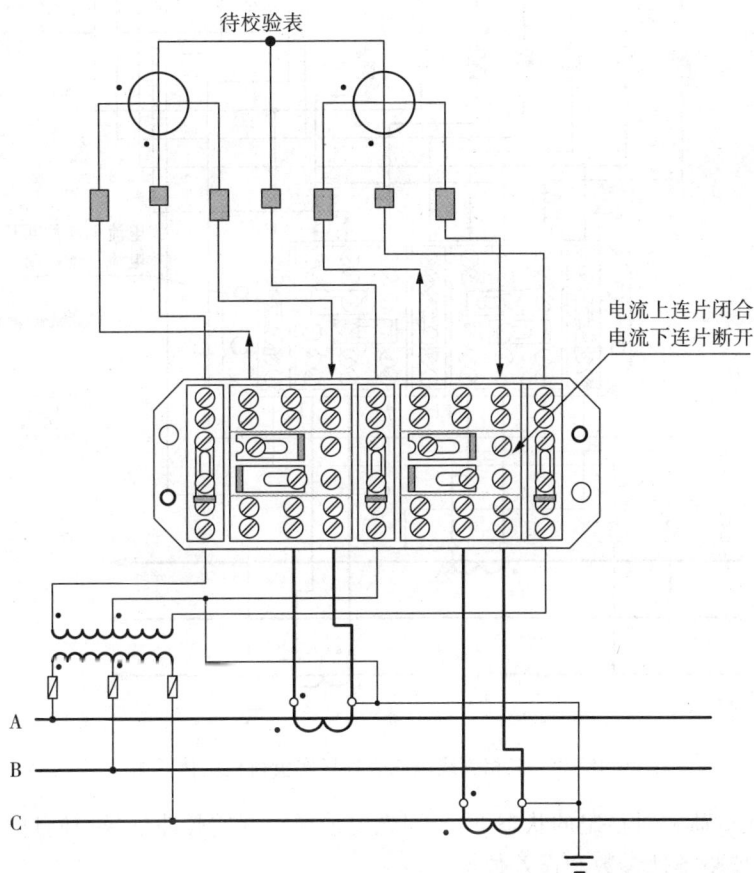

图 48-1 三相三线电能表现场实负荷运行接线图

如果仪器选择内接电源,则应先将仪器电压测试线接入计量装置,然后开启仪器电源开关,再接入电流测试信号。

（5）根据被校表型式设置校验仪工作参数。

（6）打开电流试验端子连接片,用现校仪的电流指示值界面进行监视,接线人员、监视仪表人员要前后呼唤应答。现校仪的电流指示应为流经被检电能表电流线圈的电流值。

（7）从校验仪界面上检查计量装置的向量关系和实负荷各项参数是否满足技术要求。

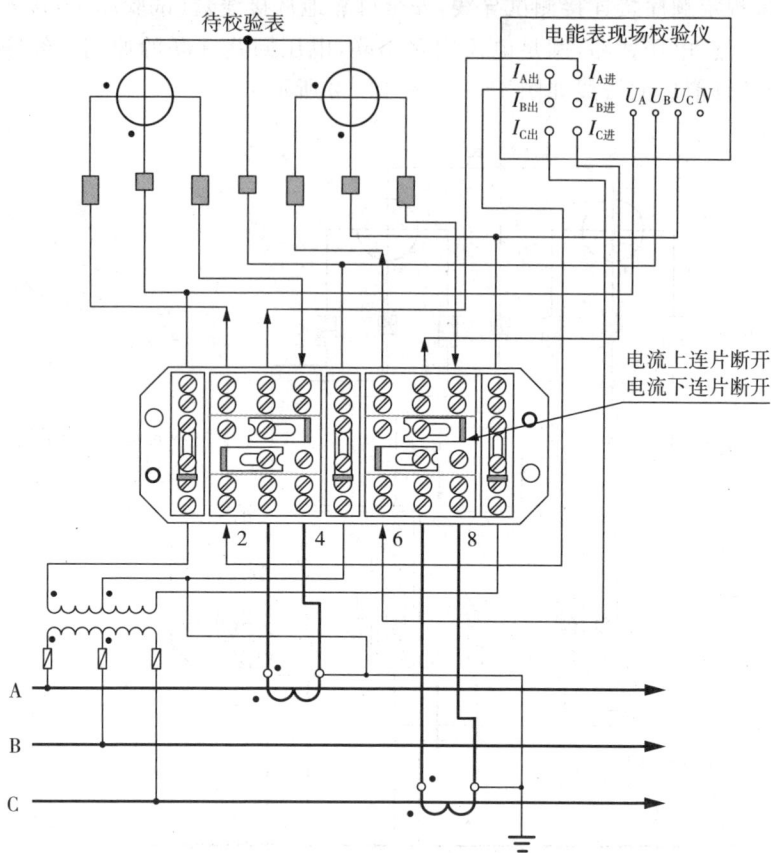

图 48-2　三相三线电能表现场实负荷检验接线图

(8)在负荷相对稳定的状态下,采用光电采样控制或脉冲信号控制进行误差测试并记录校验条件参数和误差数据。

(9)检验结束,短接电流试验端子。用现场校验仪电流指示值界面监视并确认短接良好,流经校验仪的电流趋于零值。接线人员、监视仪表人员要前后呼唤应答。

(10)从计量装置二次回路拆除试验导线。关闭校验仪电源开关,盖好试验接线盒盖,紧固所有的封装螺丝。

(11)粘贴现场检验证,给被检表接线盒盖及装置加装封印。清理现场,恢复原状。请客户对现场检验记录、检验结果和现场计量装置恢复确认签字。

(三)现场检验注意事项

(1)现校仪的接线要核对正确、牢固,特别要注意电压与电流不能接反。

(2)现校仪的接入和拆除不应影响被检电能表的正常工作。

（3）现校仪与被检电能表对应的元件接入的是同一相电压和电流。

（4）接线过程中,严禁电压回路短路或接地,电流回路开路。

（5）现场检验时,本工种人员无权打开电能表大表盖。

（6）在打开电流端子的过程中,动作要慢,发现异常应立即停止并进行还原操作。

（7）如采用校表脉冲信号控制线测试误差时,控制线在连接被检表校表脉冲输出端时,应小心谨慎,避免与其他带电体接触。控制线如有多余的金属线头,应做绝缘处理

（8）测试线连接完毕后,应有专人检查,确认无误后,方可进行检验。

（9）现场检验三相三线电能表时,应将捆扎成束的测试线中的空置导线做临时绝缘处理,避免误碰带电体造成事故。

（10）电能表现场校验过程中不应插、拔电流钳插头。

（11）电流钳使用前应检查钳口结合部是否清洁,如有污垢杂质应仔细清理后再使用,否则会带来较大的测量误差。使用时钳口闭合接触应良好,测量时不要用手挪动钳口,或用手施力夹紧钳头。

（12）与现校仪配用的标准电流钳在出厂前已与现校仪一起做配对调试,使用中,必须按照原配相色使用,更不能与另外的仪器互换,否则会带来额外的测量误差。

（四）现场检验结果处理

1. 电能表现场检验误差限的管理

电能表现场检验的外部条件达不到试验室规定的检定条件,因此判定现场运行的电能表是否超差,以电能表室内检定标准规定的误差限判定是不合适的。JJG1055—97《交流电能表现场校准技术规范》中规定,现场校验时,运行中电能表检验误差均做适当放大,电能表现场检验允许误差限见表 48－2、表 48－3 和表 48－4 所列。

表 48－2　电子式电能表现场检验时允许的工作误差限

类别	负载电流	功率因数②	工作误差限（%）			
			0.2 级	0.5 级	1 级	2 级
安装式有功电能表③	$0.1 \sim I_{max}$①	$\cos\varphi = 1.0$	±0.3	±0.7	±1.5	±3.0
	$0.1 I_b$	$\cos\varphi = 0.5$（感性）	±0.5	±1.0	±2.5	±4.0
		$\cos\varphi = 0.8$（容性）	±0.5	±1.0	±2.5	±4.0
	$0.2 I_b \sim I_{max}$	$\cos\varphi = 0.5$（感性）	±0.5	±1.0	±2.0	±3.4
		$\cos\varphi = 0.8$（容性）	±0.5	±1.0	±2.0	±3.4

（续表）

类别	负载电流	功率因数②	工作误差限（%）			
			0.2 级	0.5 级	1 级	2 级
安装式无功电能表③	$0.1 \sim I_{max}$①	$\sin\varphi = 1.0$（感性或容性）			±1.5	±3.0
	$0.1 I_b$	$\sin\varphi = 0.5$（感性或容性）			±2.0	±4.0
	$0.2 I_b \sim I_{max}$	$\sin\varphi = 0.5$（感性或容性）			±1.7	±3.4
	$0.5 I_b \sim I_{max}$	$\sin\varphi = 0.25$（感性或容性）			±2.0	±4.0

注：① I_b——标定电流，I_{max}——额定最大电流；

② 角 φ 是指相电压与相电流之间的相位差；

③ 包括由电子测量单元组成的电能表；

④ 表中未给定值［如 $1.0 > \cos\varphi > 0.5(L)$］用内插法求出。

表 48-3 机电式电能表现场检验时允许的工作误差限

类别	负载电流	功率因数②	工作误差限（%）			
			0.5 级	1.0 级	2 级	3 级
安装式有功电能表③	$0.1 \sim I_{max}$①	$\cos\varphi = 1.0$	±1.0	±1.5	±3.0	
	$0.1 I_b$	$\cos\varphi = 0.5$（感性）	±2.0	±2.5	±4.0	
		$\cos z = 0.8$（容性）	±2.0	±2.5	±4.0	
	$0.2 I_b \sim I_{max}$	$\cos\varphi = 0.5$（感性）	±1.5	±2.0	±3.4	
		$\cos\varphi = 0.8$（容性）	±1.5	±2.0	±3.4	
安装式无功电能表③	$0.1 I_b$	$\sin\varphi = 1.0$（感性或容性）			±4.0	±5.0
	$0.2 I_b \sim I_{max}$	$\sin\varphi = 1.0$（感性或容性）			±3.0	±4.0
	$0.2 I_b$	$\sin\varphi = 0.5$（感性或容性）			±5.0	±7.4
	$0.5 I_b \sim I_{max}$	$\sin\varphi = 0.5$（感性或容性）			±3.4	±5.0
	$0.5 I_b \sim I_{max}$	$\sin\varphi = 0.25$（感性或容性）			±6.0	±8.0

注：① I_b——标定电流，I_{max}——额定最大电流；

② 角 φ 是指相电压与相电流之间的相位差；

③ 包括由电子测量单元组成的电能表；

④ 表中未给定值［如 $1.0 > \cos\varphi > 0.5(L)$］用内插法求出。

按照 JJG 1055—97《交流电能表现场校准技术规范》的定义，对于用于重要贸易结算和经济核算的电能表，经供用电双方同意，在现场校验时的工作误差，在满足现场校验条件下，可按照表 48-4 判断是否合格。

表 48-4 用于重要贸易结算 I～III 类电能表现场检验时允许工作误差限

类别	负载电流	功率因数②	工作误差限（%）		
			0.2 级	0.5 级	1 级
安装式有功电能表	$0.1 \sim I_{max}$①	$\cos\varphi = 1.0$	± 0.2	± 0.5	± 1.0
	$0.1 I_b$	$\cos\varphi = 0.5$（感性）	± 0.5	± 1.3	± 1.5
		$\cos\varphi = 0.8$（容性）	± 0.5	± 1.3	± 1.5
	$0.2 I_b \sim I_{max}$	$\cos\varphi = 0.5$（感性）	± 0.3	± 0.8	± 1.0
		$\cos\varphi = 0.8$（容性）	± 0.3	± 0.8	± 1.0
安装式无功电能表	$0.1 I_b$	$\sin\varphi = 1.0$（感性或容性）			± 1.5
	$0.2 I_b \sim I_{max}$	$\sin\varphi = 1.0$（感性或容性）			± 1.0
	$0.2 I_b$	$\sin\varphi = 0.5$（感性或容性）			± 2.0
	$0.5 I_b \sim I_{max}$	$\sin\varphi = 0.5$（感性或容性）			± 1.0
	$0.5 I_b \sim I_{max}$	$\sin\varphi = 0.25$（感性或容性）			± 2.0

在各网省公司的电力营销管理标准中,也制定相关的现场检验标准,以上表格中列出的现场检验时允许的工作误差限供参考。

2. 电能表现场检验误差的处理

按照 JJG 1055—97《交流电能表现场校准技术规范》的规定,现场校准的结果应进行做修约化整处理并出具校准证书。在实际运用中,由于现场检验的条件不可控,按趋势性判定检定结果更符合实际,因此,对于电能表现场检验(不是检定或校准)结果不做化整修约,不出具证书,只记录检测误差数据。原始记录填写应用签字笔或钢笔书写,不得任意修改。

电能表现场检验误差测定次数一般不得少于 2 次,取其平均值作为实际误差,对有明显错误的读数应舍去。当实际误差在最大允许值的 80%～120% 时,至少应再增加 2 次测量,取多次测量数据的平均值作为实际误差。当现场检验电能表的相对误差超过规定值时,不允许现场调整电能表误差,应在三个工作日内换表。

需要特别指出的是,按照《供用电营业规则》的规定,电能表现场检验获得的误差数据不得作为计算退补电量的依据。

四、思考与练习

1. 电能表现场校验时主要检查内容有哪些?

2. 电能表现场校验时注意事项有哪些?

3. 采用现校仪校表时的步骤有哪些?

4. 画出用标准表对三相三线电能表进行现场校验的接线原理图。

参考答案

项目1 电能表

一、单选题

1. C	2. C	3. B	4. C	5. C	6. B	7. B	8. A
9. A	10. A	11. C	12. A	13. A	14. A	15. D	16. B
17. D	18. D	19. A	20. C	21. C	22. C	23. A	24. D
25. B	26. A	27. D	28. B	29. D	30. B	31. B	32. C
33. A	34. A	35. C	36. B	37. C	38. C	39. A	40. B
41. D	42. C	43. B	44. A	45. C	46. A	47. B	48. D
49. C	50. C	51. B	52. B	53. D	54. B	55. B	56. C
57. B	58. C	59. C	60. A	61. A	62. D	63. C	64. B

二、多选题

1. ABC	2. ABCD	3. ACD	4. ABC	5. AB	6. ACD

三、判断题

1. √	2. √	3. ×	4. √	5. √	6. ×	7. √	8. √
9. ×	10. ×	11. ×	12. ×	13. ×	14. √	15. ×	16. ×
17. √	18. ×	19. ×	20. √	21. √	22. ×		

四、问答题

1. 答:(1)电能表必须牢固地安装在可靠及干燥的墙板上,其周围环境应干净明亮,便于装卸、维修。

(2)电能表安装的场所必须时干燥、无震动、无腐蚀性气体。

(3)电能表的进线、出线,应使用铜芯绝缘线,芯线截面根据负荷而定,单不能小于 $2.5mm^2$,中间不能有接头。接线要牢,裸露的线头不可露出接线盒。

(4)自总熔断器盒电能表之间的距离不宜超过 10 米。

(5)在进入电能表时,一般"左进右出"原则接线。

(6)电能表接线必须正确。如果电能表则经过电流互感器接入电路中,电能表和互感器要尽量靠近些,还要特别注意绝缘和相序。

2. 答:(1)电能表的电流线圈必须与火线串联,电压线圈并联接入电源侧。此时电能表所测得电能为负载和电流线圈的消耗电能之和。如果电压线圈接在负荷侧,电能表测得的电能将包括电压线圈消耗的电能,当负载停用时,容易引起电能表潜动。

(2)必须弄清楚电能表内部接线和极性,防止电能表电流线圈并接在电源上,造成短路而烧毁电能表。还应注意,当电能表经互感器接入电路时,电流互感器应按"减极性"接线。

3. 答:能精确地测量正、反向有功和四象限无功电能、需量、失压计量等各种数据。

五、计算题

解:$I = (80 + 40 \times 2 + 120 + 800)/220 = 4.91A$

答:可选择单相220V,5(20)A 的电能表。

项目2 互感器

一、单选题

1. B	2. B	3. D	4. A	5. A	6. B	7. B	8. B
9. D	10. C	11. A	12. C	13. D	14. A	15. A	16. C
17. C	18. C	19. B	20. A	21. C	22. B	23. B	24. C
25. C	26. A	27. C	28. B	29. B	30. D		

二、判断题

1. √	2. √	3. √	4. √	5. √	6. ×	7. √	8. √
9. ×	10. ×	11. ×	12. √	13. √			

三、多选题

1. AC	2. ABC	3. BC	4. ACD	5. BCD

四、问答题

1. 答:(1)电流互感器的配置应满足测量表计、继电保护和自动装置的要求,应分别由单独的二次绕组供电。

(2)极性应连接正确,连接测量表计必须注意电流互感器极性。

(3)运行中的电流互感器二次绕组不允许开路。

(4)电流互感器二次回路应设保护性接地点。

2. 答:(1)可扩大仪表和继电器的量程。

(2)有利于仪表和继电器的规范化生产,降低生产成本。

(3)用互感器将高电压与仪表、继电器加回路隔开,能保证仪表、继电器回路及工作人员的安全。

3. 答:应采用以下安全措施:

(1)严禁将电流互感器二次侧开路。

(2)短路电流互感器二次绕组,必须使用短路片或短路串,短路应妥善可靠,严禁用导线缠绕。

(3)严禁在电流互感器与短路端子之间的回路和导线上进行任何工作。

(4)工作必须认真、谨慎,不得将回路的永久接地点断开。

(5)工作时,必须有专人监护,使用绝缘工具,并站在绝缘垫上。

4. 答:有如下要求。

(1)电流互感器的额定电压应与运行电压相同。

(2)根据预计的负荷电流,选择电流互感器的变比。其额定一次电流的确定,应保证其在正常运行中的实际负荷电流达到额定值的 60% 左右,至少应不小于 30%,否则应选用动热稳定电流互感器以减小变比。

(3)电流互感器的准确度等级应符合规程规定的要求。

(4)电流互感器实际二次负荷应在 25%~100% 额定二次负荷范围内,额定二次负荷的功率因数就为 0.8~1.0 之间。

(5)应满足动稳定和热稳定的要求。

五、计算题

1. 解:按题意有

$$P = \sqrt{3}UI\cos\varphi$$

$$I = \frac{P}{\sqrt{3}\cos\varphi} = \frac{1000}{\sqrt{3} \times 10 \times 0.8} = 72.17\text{A}$$

答:配置 75/5A 的电流互感器。

2. 解:按题意有

$$I_1 N_1 = I_2 N_2$$

$$N_2 = 150 \times 2/100 = 3 \text{ 匝}$$

答:变比改为 100/5 时,一次侧应穿 3 匝。

项目3 电能计量装置的接线及差错电量计算

一、单选题

1. D	2. B	3. C	4. B	5. A	6. B	7. B	8. B
9. D	10. D	11. D	12. B	13. D	14. C	15. A	16. C
17. C	18. B	19. D	20. B	21. B	22. B	23. C	24. C
25. D	26. A	27. A	28. C	29. C	30. D	31. D	32. D
33. B	34. D	35. B	36. C	37. B	38. A		

二、判断题

1. ×	2. ×	3. √	4. ×	5. √	6. √	7. ×	8. ×
9. √	10. ×	11. ×	12. ×	13. √	14. √	15. ×	16. √
17. ×	18. ×	19. ×	20. ×	21. ×			

三、多选题

1. ABCD	2. ABCD	3. ABD	4. ACD	5. ABD	6. ABC
7. ABC	8. ABCD				

四、简答题

1. 答:月平均用电量500万 kW·h及以上或变压器容量为10000kVA及以上的高压计费用户、200MW及以上发电机、发电企业上电量、电网经营企业之间的电量交换点、省级电网经营企业与其供电企业的供电关口计量点的电能计量装置。

2. 答:月平均用电量100万 kW·h及以上或变压器容量为2000kVA及以上的高压计费用户、100MW及以上发电机、供电企业之间的电量交换点的电能计量装置。

3. 答:月平均用电量10万 kW·h及以上或变压器容量为315kVA及以上的计费用户、100MW及以下发电机、发电企业厂(站)用电量、供电企业内部用于承包考核的计量点、考核有功电量平衡的110kV及以上的送电线路电能计量装置。

4. 答:电能计量装置包括各种类型电能表、计量用电压、电流互感器及二次回路、电能计量柜(箱)等。

5. 答:在现场没有仪器设备的情况下,可以用断开 V 相电压的方法进行判断,如果断开 V 相电压后,电能表的转盘转速比未断开前慢一倍,则认为电能表接线正确,如果不是一倍的关系,需要进一步检查接线,还可以交换 U、W 相电压的方法,此时电能表基本不转。

6. 答:(1)一相断开或短接时,一个元件的测量值为零,电能表仅计量两相电量;

(2)二相断开或短接时,两个元件的测量值为零,电能表仅计量一相电量;

(3)三相断开或短接时,三个元件的测量值均为零,电能表停转。

7. 答:电能计量装置配置的基本原则为:

(1)具有足够的准确度;

(2)具有足够的可靠性;

(3)功能能够适应营业抄表管理的需要;

(4)有可靠的封闭性能和防窃电性能;

(5)装置要便于工作人员现场检查和带电工作。

8. 答:方法有:

(1)电能计量装接工作必须两人以上进行,并相互检查;

(2)把验收项目作为现场装接作业指导书的重要内容;

(3)条件允许的情况下,装接完毕应立即通电检查;

(4)完善现场计量器具装接的管理制度;

(5)加强对现场装接人员的培训力度,把此类风险发生的概率降低到最小程度。

五、计算题

1. 解:先求更正系数

$$K=\frac{\sqrt{3}UI\cos\varphi}{UI\cos(30°-\varphi)}=1.5$$

该表应计有功电量为

$$A=KA'=1.5\times10=15\ 万(千瓦时)$$

应追补电量为

$$\Delta A=A-A'=15-10=5\ 万(千瓦时)$$

2. 解:由题意可知,B相电流互感器极性接反的功率表达式

$$P_{inc}=U_A I_A\cos\varphi+U_B(-I_B)\cos\varphi_B+U_C I_C\cos\varphi_C$$

三相负载平衡:$U_A=U_B=U_C=U_{P-P}I_A=I_B=I_C=I_{P-P},\varphi_A=\varphi_B=\varphi_C=\varphi$,则

$$P_{inc}=U_{P-P}I_{P-p}\cos\varphi$$

正确接线时的功率表达式为

$$P_{cor}=3U_{P-P}I_{P-p}\cos\varphi$$

更正系数:

$$K = P_{\text{cor}} / P_{\text{inc}} = 3U_{\text{P-P}}I_{\text{P-P}}\cos\varphi / U_{\text{P-P}}I_{\text{P-P}}\cos\varphi = 3$$

差错电量:

$$\Delta W_1 = (K-1)W = (3-1) \times 2000 = 4000 \text{ kW} \cdot \text{h}$$

答:应补收差错电量 ΔW 为 $4000 \text{ kW} \cdot \text{h}$。

3. 解:其接线和相量图如图所示。其接线方式为:$\dot{U}_{ab}$、$\dot{I}_c$、$\dot{U}_{cb}$、$\dot{I}_a$。

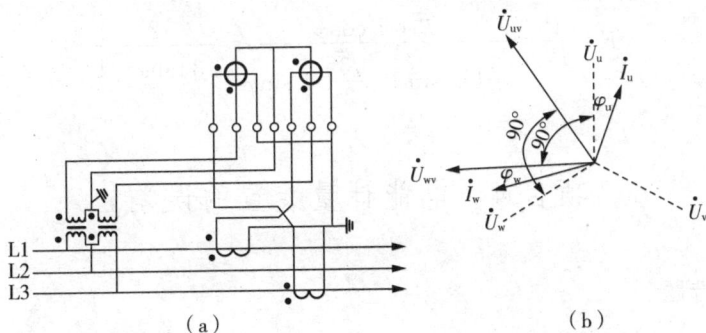

(a)　　　　　　　(b)

错误接线时功率为:

$$P' = P'_1 + P'_2 = U_{ab}I_c\cos(90° - \varphi) + U_{cb}I_a\cos(90° + \varphi)$$

$$= UI\cos(90° - \varphi) - UI\cos(90°^{\text{∪}} - \varphi)$$

$$= 0$$

不能计算更正系数。

4. 解:其接线和相量图如图所示。其接线方式为:$\dot{U}_{bc}$、$\dot{I}_a$、$\dot{U}_{ac}$、$\dot{I}_c$。

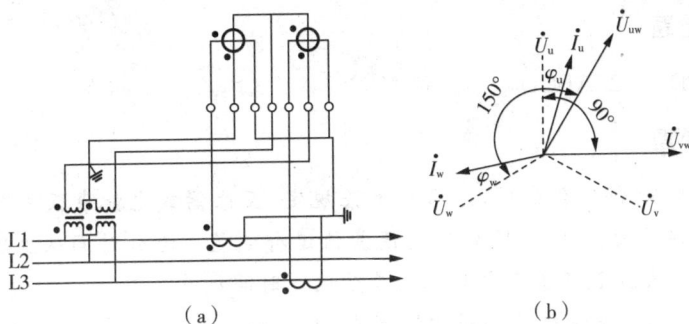

(a)　　　　　　　(b)

错误接线时功率为:

$$P_1 = U_{bc} I_a \cos(90° - \varphi)$$

$$P_2 = U_{ac} I_c \cos(150° - \varphi)$$

$$P' = P_1 + P_2 = UI(\cos90°\cos\varphi + \sin90°\sin\varphi + \cos150°\cos\varphi + \sin150°\sin\varphi)$$

$$= \frac{3}{2}UI \sin\varphi - \frac{\sqrt{3}}{2}UI \sin\varphi = 0$$

更正系数为:

$$K = \frac{P}{P'} = \frac{\sqrt{3}UI \cos\varphi}{\frac{3}{2}UI \sin\varphi - \frac{\sqrt{3}}{2}UI \sin\varphi} = \frac{2}{\sqrt{3}\tan\varphi - 1}$$

项目 4 电能计量装置的误差

一、单选题

1. C	2. C	3. A	4. C	5. A	6. B	7. A	8. B
9. A	10. A	11. B	12. B	13. B	14. A	15. B	16. A
17. B	18. D	19. A	20. B	21. B	22. B	23. C	24. D
25. B	26. A	27. C	28. C	29. B	30. B	31. D	32. B
33. A	34. A	35. A	36. B	37. B			

二、判断题

1. × 　2. × 　3. × 　4. √ 　5. × 　6. √ 　7. × 　8. ×

9. √

三、多选题

1. ABCD 　2. ABCD

四、简单题

1. 答:根据《供电营业规则》第八十条规定,互感器或电能表误差超出允许范围时,以"0"误差为基准,按验证后的误差值退补电量。退补时间从上次校验或换装后投入之日起至误差更正之日止的二分之一时间计算。

2. 答:对同一被试样品相同的测试点,在负荷电流为 I_b(In)、功率因数为 1.0 和 0.5L 的负载点进行重复测试,相邻测试结果间的最大误差变化的绝对值不应超过 0.2%。

五、计算题

1. 解:(1)计算负载瞬间功率 $P_2(\text{kW})$

$$P_2 = N \times 3600 \times K_{\text{TA}} \times K_{\text{TV}}/(C \times t)$$

$$= 10 \times 3600 \times 30/(1000 \times 15)$$

$$= 72(\text{kW})$$

求该套计量表计误差 r

$$r = [(P_2 - P_1)/P_1] \times 100\%$$

$$= [(72 - 100)/100] \times 100\%$$

$$= -28\%$$

故该套计量表计的误差为 -28%。

2. 解:$100t = 1/3000$

$$t = (1 \times 3600)/(0.1 \times 3000) = 12\text{s}$$

$$r = (12 - 11)/11 \times 100\% = 9.1\%$$

答:电表 1r 时需 12s,如测得 1r 的时间为 11s,实际误差 9.1%。

3. 解:因为 $r \ll Z_b$,所以可以认为

$$I = \frac{W_b}{U_2} = \frac{25}{100} = 0.25\text{A}$$

$$\varepsilon = \frac{-2Ir\cos\varphi_b}{U_2} \times 100\% = \frac{-2 \times 0.8 \times 0.25 \times 0.4}{100} \times 100\% = -0.16\%$$

$$\delta = \frac{2Ir\sin\varphi_b}{U_2} \times 3438' = \frac{2 \times 0.8 \times 0.25 \times 0.92}{100} \times 3438' = 12.6'$$

答:ε 为 -0.16%,δ 为 $12.6'$。

项目5 电能计量装置的安装与验收

一、单选题

1. B	2. D	3. B	4. C	5. B	6. A	7. A	8. A
9. B	10. B	11. D	12. A	13. A	14. C	15. A	16. B

17. A   18. C   19. A   20. D   21. A   22. D   23. D   24. C
25. B   26. A   27. D

二、多选题

1. ABD   2. ABC   3. ABCD   4. ABCD   5. ABCD   6. ABCD
7. ABC   8. ABCD   9. ABCD   10. ACD   11. ABCD   12. ABCD
13. ABCE   14. AC   15. ABCDE   16. ABCDE   17. ABCD

三、判断题

1. √   2. ×   3. √   4. ×   5. √   6. ×   7. √   8. √
9. ×

四、计算题

1. 解:实际视在功率

$$S = \frac{P}{\cos\varphi} = \frac{2000}{0.9} = 2222(\text{KVA})$$

10kV 侧电流

$$I = \frac{S}{\sqrt{3}U} = \frac{2222}{\sqrt{3} \times 10} = 128.3A$$

答:10kV 侧负载电流为 128.3A 应配备 150/5 0.5(或 0.2)S 级电流互感器。

2. 解:根据公式 $S_2 = \frac{U^2}{Z}$ 得

$$Z = \frac{100^2}{50} = 200(\Omega)$$

答:电压互感器的二次负载总阻抗为 200 欧姆。

项目 6　电能计量装置的检查及故障处理

一、单选题

1. A   2. A   3. D   4. B   5. D   6. A   7. A   8. B
9. A   10. A   11. D   12. B   13. C   14. C   15. D   16. A
17. A   18. A   19. A   20. D   21. A   22. C   23. C   24. B
25. D   26. B

二、多选题

1. ABC　　2. ABCD　　3. BCD　　4. ABCD　　5. ABCD　　6. ABCDE

7. ABCD

三、判断题

1. √　　2. √　　3. √　　4. ×　　5. √　　6. √　　7. √　　8. √

9. √　　10. √　　11. √

四、问答题

1. (1)量器具型号、规格、计量法制标志、出厂编号应与计量检定证书和技术资料的内容相符；(2)品外观质量应无明显瑕疵和受损；(3)装工艺质量应符合有关标准要求；(4)能表、互感器及其二次回路接线情况应和竣工图一致。

2. 答：(1)电压回路和电流回路发生短路或断路。(2)电压互感器和电流互感器一二次极性接反。(3)电能表原件中没有接入规定相别的电压和电流。

五、计算题

1. 解：一元件功率为：$P_1 = UI\cos(150° + \varphi)$

　　二元件功率为：$P_2 = UI\cos(90° - \varphi)$

总功率为：

$$P = P_1 + P_2 = UI[\cos(150° + \varphi) + \cos(90° - \varphi)]$$

$$= -UI\cos(30° + \varphi)$$

更正系数为：

$$k = \frac{\sqrt{3}UI\cos\varphi}{-UI\cos(30° + \varphi)} = \frac{2\sqrt{3}}{\tan\varphi - \sqrt{3}} = \frac{2\sqrt{3}}{\tan36.1° - \sqrt{3}} = -3.54$$

答：这种接线方式电能计量更正系数是-3.54。

分析：当 G>0 时，表计正转，此时：$\tan\varphi > \sqrt{3}$，即 $\varphi > 60°$；当 G<0 时，表计反转，此时：$\tan\varphi < \sqrt{3}$，即 $\varphi < 60°$；当 $\varphi = 60°$ 时，G∞无穷，表计停走。

2. 解：(1)计算负载瞬间功率 P_2(kW)

$$P_2 = N × 3600 × K_{电流互感器} × K_{电压互感器}/(C × t)$$

$$= 10 × 3600 × 30/(1000 × 15)$$

$$= 72(kW)$$

求该套计量表计误差 r

$$r = [(P_2 - P_1)/P_1] \times 100\%$$

$$= [(72 - 100)/100] \times 100\%$$

$$= -28\%$$

故该套计量表计的误差为 -28%。

3. 解:根据图分析

一元件:U_{ba} z_a

二元件:U_{cb} I_c

$$P_1 = U_{ba} I_a \cos(150° - \varphi)$$

$$P_2 = U_{cb} I_c \cos(30° - \varphi)$$

$$P' = P_1 + P_2 = UI \sin\varphi$$

更正系数:

$$k = \frac{P}{UI\sin\varphi} = \frac{\sqrt{3}UI\cos\varphi}{UI\sin\varphi} = \frac{\sqrt{3}}{\tan\varphi}$$

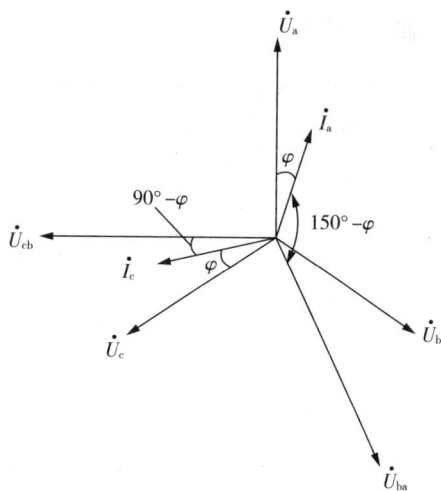

项目 7   低压进户线、进户线及配套设备安装

一、单选题

1. B   2. C   3. A   4. C   5. D   6. C   7. A   8. D

9. B   10. C   11. A   12. C   13. A   14. C   15. C   16. C

17. D   18. B   19. A   20. A   21. D   22. C   23. B   24. A

25. B   26. A   27. C

二、多选题

1. ABC   2. BCD   3. ABCD   4. ABCD   5. AC   6. AD

7. ABD   8. ABCD   9. ABCD   10. BCD   11. ABCD   12. ACD

三、判断题

1. ×　　2. √　　3. √　　4. √　　5. ×　　6. ×　　7. √　　8. √

9. ×　　10. ×　　11. ×　　12. √　　13. ×　　14. ×　　15. ×　　16. ×

四、问答题

1. 答:(1)从供电公司配电线路的接户杆直接接至进户杆之间的一段配电线路部分,称为接户线。

(2)从计量装置到客户屋内第一支持物(或配电装置)的一段导线,称为进户线。

2. 答:低压客户新装用电时,对其电源进户点的要求如下所述:(1)进户点应尽量接近供电电源线路处。(2)用电容量较大的客户应尽量接近负荷中心。(3)进户点应错开泄雨水的水沟,墙内烟道,并与煤气管道、暖气管道保持一定的安全距离。(4)一般应在墙外地面上能看到进户点,以便于检查和维护。(5)进户点距地平面的最小距离不得小于2.5米,如条件不能满足时,其低于2.5米的导线应穿塑料管等保护。(6)进户点的墙面应能牢固安装接户线支持物。

3. 答:(1)进户点应尽量靠近配电线路和用电负荷中心;(2)进户点的结构形式应尽可能与邻近房屋的进户点尽可能取得一致;(3)进户点的建筑物应牢固不漏水;(4)进户点的位置应明显易见,便于施工和维修。

1. 答:二次回路电缆的选择常与它所使用的回路种类有关。

按机械强度要求选择:当使用在交流回路时,最小截面应不小于2.5mm^2;当使用在交流电压回路或直流控制及信号回路时,不应小于1.5mm^2。

按电气要求选择:一般应按表计准确度等级或电流互感器10%的误差曲线来选择在交流电压回路中,则应按允许电压降选择。

项目8　互感器的现场检查与测量

一、单选题

1. B　　2. B　　3. C　　4. A　　5. A　　6. D　　7. A　　8. D

9. B　　10. C　　11. D　　12. D　　13. C　　14. B　　15. B　　16. B

17. A　　18. C　　19. A　　20. B　　21. D　　22. C　　23. B　　24. A

25. B

二、判断题

1. ×　　2. ×　　3. ×　　4. ×　　5. ×　　6. ×　　7. ×　　8. ×

9. ×　　　10. ×　　　11. √　　　12. ×　　　13. ×

三、多选题

1. BCD　　　2. ABC　　　3. BC　　　4. BCD　　　5. ABCD　　　6. ABCD

四、问答题

1. 答:在发电厂和变电所中,测量用电压互感器与装有测量表计的配电盘距离较远,而且由电压互感器二次端子互配电盘的连接导线较细,电压互感第二次回路接有刀闸辅助触头及空气开关。由于触头氧化,使其电阻增大。如果二次表计和继电保护装置共用一组二次回路,则回路中电流较大,它在导线电阻和接触电阻上会产生电压降落,使得电能表端的电压低于互感器二次出口电压,这就是压降产生的原因。

2. 答:运行中电流互感器二次侧开路会产生以下后果:(1)产生很高的电压,对设备和运行人员有危险;(2)铁芯损耗增加,严重发热,有烧坏的可能;(3)在铁芯中留下剩磁,使电流互感器误差增大。所以,电流互感器二次开路是不允许的。但在运行中或调试过程中因不慎或其他原因造成二次开路。发现电流互感器二次开路现象处理的方法是:(1)运行中的高压电流互感器,其二次出口端开路时,因二次开路电压高,限于安全距离,人不能靠近,必须停电处理。(2)运行中的电流互感器发生二次开路,不能停电的应该设法转移负荷,在低峰负荷时作停电处理。(3)若因二次接线端子螺丝松造成二次开路,在降低负荷电流和采取必要的安全措施(有人监护,处理时人与带电部分有足够的安全距离,使用有绝缘柄的工具)的情况下,可不停电将松动的螺丝拧紧。

3. 答:(1)将电池"+"接放单相电压互感器一次侧的"A",电池"—"极接入其中"X";

(2)将电压表(直流)"+"极接入单相电压互感器的"a","—"接放其"x";

(3)在开关合上或电池接通的一刻,直流电压表应正指示,在开关拉开或电池断开一刻,直流电压表应为反指示,则为极性正确;

(4)若电压表指示不明显,则可将电压表和电池接地电压互感器一、二侧对换,极性不变,但测试时,手不能接触电压互感器的一次侧,并注意电压表的量程。

4. 答:(1)将电池"+"极接在电流互感器一次侧的"L1",电池"—"极在其"L2";

(2)将万用表的"+"接在电流互感器二次侧的"K1","—"接在其"K2"上;

(3)在开关合上或电池接通的一刻,万用表的毫安档指示应从零向正方向偏转,在开关拉开或电池断开的一刻,万用表指针反向偏转,则为极性正确。

5. 答:按题意分述如下。

（1）电流互感器的极性是指它的一次绕组与二次绕组间电流方向的关系。所谓减极性，是指当一次电流从一次绕组首端流入、从尾端流出时，二次电流则从二次绕组首端流出、从尾端流入。一、二次电流在铁芯中产生的磁通方向相反，称为减极性。

（2）电流互感器极性是否正确，实际上是反映二次回路中电流瞬时方向是否按应有的方向流动。如果极性接错，则二次回路中电流的瞬时值按反方向流动，将可能使有电流方向要求的继电保护装置拒动和误动或者造成电能表计量错误。所以，应认真测量并明确标明电流互感器的极性。

五、计算题

1. 解：允许导线最大电阻为

$$R = \frac{20 - 7.5}{5^2} - 0.1 = 0.4\Omega$$

则导线截面积为：

$$A = \rho \frac{l}{R_L} = \frac{0.0175 \times 80}{0.4} = 3.5 \text{mm}^2$$

答：导线截面积选择 4mm^2。

2. 解：设：正确电量 $A-1$
错误电量为：

$$A' = \frac{1}{3} + \frac{1}{3} \frac{\dfrac{300}{5}}{\dfrac{400}{5}} = \frac{11}{12}$$

更正率为

$$\varepsilon = \frac{\text{正确电量} - \text{错误电量}}{\text{错误电量}} \times 100\% = \frac{1 - \dfrac{11}{12}}{\dfrac{11}{12}} 100\% = \frac{1}{11} 100\%$$

更正电量为

$$\Delta A = \varepsilon A' = \frac{1}{11} \times 100\% \times 3000 = 9.90\% \times 3000 = 272.7 \text{kW} \cdot \text{h}$$

应补交电费：$272.7 \times 0.42 = 114.53$ 元

项目9 智能电能表与用电信息采集系统

一、单选题

1. C   2. C   3. D   4. A   5. C   6. C   7. C   8. C
9. C   10. D   11. D   12. B   13. C   14. C   15. A   16. A

二、多选题

1. ABCDE   2. ABCDEF   3. ABC   4. ACD   5. ACD   6. BCD
7. ABCD   8. AB   9. ABCD   10. ACD   11. AB

三、判断题

1. ×   2. ×   3. ×   4. √   5. √   6. ×   7. √   8. √
9. √   10. ×   11. ×   12. √

四、问答题

1. 答:用电信息采集系统在逻辑上分为主站层、通信信道层、采集设备层三个层次。

2. 答:采集系统建设的总体目标是实现对直供直管电力用户的"全覆盖、全采集、全费控"。

3. 答:远程通信网络包括光纤通信、无线公网通信、无线专网通信、中压电力线载波通信、PSTN 和 ADSL 等公用有线信道通信等。

本地通信网络包括窄带电力线载波通信、宽带电电力线载波通信、微功率无线通信、RS485 通信等。

4. 答:由测量单元、数据处理单元、通信单元等组成,具有电能量计量、信息存储及处理、实时监测、自动控制、信息交互等功能的电能表。

5. 答:计量功能、需量测量功能、时钟功能、费率和时段功能、数据存储功能、电量冻结、事件记事功能、通信功能、信号输出功能、显示功能、测量功能、安全保护功能、费控功能、负荷记录功能、停电抄表功能、报警功能、安全认证功能。

参 考 文 献

[1] 国家电网公司人力资源部. 国家电网公司生产技能人员职业能力培训规范[M]. 北京:中国电力出版社,2008.

[2] 国家电网公司人力资源部. 国家电网公司生产技能人员职业能力培训通用教材——电能计量[M]. 北京:中国电力出版社,2008.

[3] 张冰. 国家电网公司生产技能人员职业能力培训专用教材——装表接电[M]. 北京:中国电力出版社,2008.

[4] 李文娟. 电能计量学[M]. 北京:水利电力出版社,1986.

[5] 吴琦. 国家电网公司生产技能人员职业能力培训专用教材——用电检查[M]. 北京:中国电力出版社,2008.

[6] 刘利华,吴琦. 用电检查岗位资格培训教材[M]. 北京:中国水利水电出版社,2006.

[7] 吴琦. 电能计量技能考核培训教材配套习题与解答[M]. 北京:中国电力出版社,2007.

[8] 吴琦,徐阳,吴巍,等. 基于3G的智能表远程监测系统的研究[J]. 电测与仪表,2011,48(18):68-71.

[9] 吴义纯,吴琦. 两元件无功电能表错接线时更正系数的计算[J] 合肥工业大学学报:自然科学版,2008,31(4):561-564.

[10] 吴琦,乐文静. 互感器检定仿英实训软件系统的设计与实现[J]. 自动化与仪器仪表,2012(3):78-79.

[11] 吴琦,马璐瑶,李婷婷. 智能电能表及其检定仿英培训软件的研制[J]. 安徽水利水电职业技术学院学报,2015,15(4):47-51.

[12] 吴琦,谭玉茹. 计量异常事件分析与培训系统的设计与实现[J]. 电工技术,2016,3.

[13] 谭玉茹,吴琦. 用于计量异常事件分析系统的数据模拟算法[J]. 国网技术学院学报,2016.1